# 建 筑 力 学

主　编 ◎ 田北平　刘文方　李　翔

副主编 ◎ 张应迁　李　俊

西南交通大学出版社
·成　都·

**图书在版编目（ＣＩＰ）数据**

建筑力学 / 田北平，刘文方，李翔主编. —成都：
西南交通大学出版社，2023.2
ISBN 978-7-5643-9136-2

Ⅰ．①建… Ⅱ．①田… ②刘… ③李… Ⅲ．①建筑力
学 Ⅳ．①TU311

中国版本图书馆 CIP 数据核字（2022）第 255242 号

Jianzhu Lixue
**建筑力学**

主　编／田北平　刘文方　李　翔　　　责任编辑／姜锡伟
　　　　　　　　　　　　　　　　　　　封面设计／GT 工作室

西南交通大学出版社出版发行
（四川省成都市金牛区二环路北一段 111 号西南交通大学创新大厦 21 楼　610031）
发行部电话：028-87600564　　　028-87600533
网址：http://www.xnjdcbs.com
印刷：四川煤田地质制图印务有限责任公司

成品尺寸　185 mm×260 mm
印张　20.5　字数　512 千
版次　2023 年 2 月第 1 版　　印次　2023 年 2 月第 1 次

书号　ISBN 978-7-5643-9136-2
定价　58.00 元

课件咨询电话：028-81435775

本书根据高等学校土建类专业建筑力学课程的基本要求编写，从一般地方高校的教学实际和培养目标出发，以工程实际为背景，注重力学概念、力学解题能力的培养，力求理论与应用并重、知识传授与能力培养兼顾，反映了课程教学内容和课程体系改革的研究成果。为落实应用性人才培养的要求，通过校企合作，我们与四川远建建筑工程设计有限公司联合编写了本书。本书在注重基本理论和基本方法讲授的基础上，注重培养解决实际问题的能力，力求论述简明扼要、层次清楚，使学生能熟练掌握基本概念、基本理论、基本方法和计算技能并能结合实际工程情况进行分析研究。

本书共分 16 章和 3 个附录，主要内容包括：物体的受力分析、力系的简化、力系的平衡、拉伸和压缩、扭转、弯曲应力、梁弯曲时的位移、简单的超静定问题、应力状态和强度理论、组合变形及连接件部分的计算、压杆稳定、平面体系的几何组成分析、静定结构的内力分析、静定结构的位移计算、超静定结构的内力计算和截面图形的几何性质等。我们在选材、阐述问题的角度与方式、措施、行文等方面力求深入浅出、通俗明晰、层次分明，注意启发式教学，为读者的独立思维留下较大空间，以利于培养创新能力。在教学内容和例题、习题的编排上，我们归类精选了各类概念性强的例题、习题。例题少而精，且为课程重点，其分析与讨论由浅入深，有利于读者掌握解题方法。本书的编排主要照顾了土建类专业中、少教学时数需求，减少了课堂授课时数，增大了学生自学和思考空间。

本书全部内容需要 60~70 学时，适合作为土木工程、建筑材料、给水排水、采暖通风、动力机械、工程管理、环境保护等土建类本科专业建筑力学课程的教材，同时也可供有关工程技术人员参考。

参加本书编写的有：四川轻化工大学张应迁（第 1 章、第 2 章、第 3 章）、田北平（第 10 章、第 13 章）、刘文方（第 12 章）、钟小兵（第 7 章）、李佳（第 4 章）、胡庸（第 6 章）、杨霞（第 9 章）、叶建兵（第 11 章）、杨浪（第 14 章、附录）、李俊（第 15 章）、王培懿（第 16 章）、攀枝花学院岳华英（第 5 章）、四川远建建筑工程设计有限公司李翔（第 8 章）。全书由田北平主编并统稿。

本书的编写出版得到了西南交通大学出版社的大力支持，编者谨在此表示诚挚的谢意。

由于编者水平有限、时间仓促，书中不妥之处在所难免，希望采用本教材的教师和读者，对使用中发现的问题，提出宝贵的意见和建议。（作者 E-mail：tianbeiping@126.com）

编　者

2023 年 1 月

CONTENTS  目 录

# 第1章 结构计算简图 物体受力分析

**静力学研究物体在力系的作用下相对于惯性系静止的力学规律**。静力学在工程中有广泛的应用，同时也是学习其他力学分支的基础。

理论力学中的静力学以理想化的力学模型——刚体和刚体系为研究对象，也称为**刚体静力学**。

本书前 3 章主要研究以下三个基本问题：

1. 物体的受力分析

研究工程中的力学问题，首先要选取一个适当的研究对象（它可以是一个物体或者是由几个相互联系的物体所组成的一个系统），并将它从周围物体中分离出来，周围物体对它的作用用力来代替。分析研究对象所受的全部力并将其表示在受力图中，这样一个过程就是**物体的受力分析**。

显然，物体的受力分析是研究力学问题最基本的步骤，正确的受力分析对于研究任何力学问题都是至关重要的。

2. 力系的等效替换及简化

作用于同一刚体的一组力称为**力系**。各力的作用线都在同一平面内的力系称为**平面力系**。平面力系是工程应用中最常见的力系，是静力学研究的重点。如果两个不同的力系对同一刚体产生同样的作用，则称此二力系互为**等效力系**，与一个力系等效的力称为该力系的**合力**。

如何判断任意两个力系是否等效，怎样寻求一个已知力系的更简单的等效力系，对于工程实践中力学问题的简化显然具有十分重要的意义。力系的简化是静力学要研究的基本问题之一。

3. 力系的平衡条件及其应用

使刚体的原有运动状态不发生改变的力系称为**平衡力系**，平衡力系所要满足的数学条件称为**平衡条件**。显然，刚体在平衡力系的作用下并不一定处于静止状态，它也可能处于某种惯性运动状态，例如作匀速直线平动或绕固定轴作匀速转动。因此，力系平衡仅仅是刚体处于静止状态的必要条件。但在静力学中它们被认为是等同的，因为刚体静力学研究的是在惯性系中静止的物体在力系作用下继续保持静止的规律。

各种力系的平衡条件及其应用是静力学研究的重点内容，在工程实践中有十分广泛的应用。

静力学的基本概念、基本假设及物体的受力分析是静力学理论的基础，对于静力学研究的重要性是不言而喻的。本章的基本内容包括：力的概念、力在坐标轴上的投影、力对点的矩和力对轴的矩、力系的主矢和主矩、力偶的概念、约束和约束力的概念，力系等效原理及其推论，物体的受力分析。

本章阐述静力学中的 5 条公理，得出 2 条推理。此外，本章还介绍了工程中常见的约束类型及其约束力分析，同时介绍了力学模型与力学建模的概念。

## 1.1 静力学公理

力是物体间的相互作用，其作用结果是使物体的运动状态发生改变，或使物体产生变形。对刚体而言，力的作用只改变其运动状态。

力对物体的作用效果取决于力的大小、方向和作用点，它们被称为**力的三要素**。具有大小和方向，且其加法满足平行四边形法则的物理量称为**矢量**。由于力不但有大小和方向，而且两个共点力的合成满足平行四边形法则，因而**力是矢量**。考虑到力的作用效果与其作用点的位置有关，更确切地说，力是**定位矢量**。本书用粗斜体字母来标记矢量，例如 $\boldsymbol{F}$、$\boldsymbol{P}$、$\boldsymbol{r}$ 等，对应的细斜体字母 $F$、$P$、$r$ 等表示相应矢量的模。当在书写中不便用粗斜体字母来表示矢量时，一般在字母上方加横线来表示，例如 $\overline{L}$、$\overline{L}$、$\overline{r}$ 等。必须注意：矢量和标量是两类不同类型的物理量，在任何情况下标记的符号都应严格加以区别，不可混淆。

在图中通常用有向线段来表示力，如图 1-1 所示，箭头表示力的方向，线段的起点或终点为**力的作用点**，线段所在的直线 $AB$ 称为**力的作用线**。

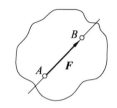

图 1-1 力在图中的表示

度量力的大小的单位，在国际单位制（SI）中为牛[顿]（N）或千牛[顿]（kN）。

公理是人们在生活和生产实践中长期积累的经验总结，又经过实践反复检验，被确认是符合客观实际的最普遍、最一般的规律。

### 公理 1 力的平行四边形法则

作用在物体同一点上的两个力可以合成一个合力。合力的作用点也在该点，合力的大小和方向由这两个力为边构成的平行四边形的对角线确定，如图 1-2 所示。或者说，合力矢等于这两个力矢的几何和，即

$$F_R = F_1 + F_2 \qquad (1-1)$$

应用我们所熟知的求合矢量的平行四边形法则可以求得两个共点力 $\boldsymbol{F}_1$ 和 $\boldsymbol{F}_2$ 的合力 $\boldsymbol{F}_R$，如图 1-2（a）所示。有时也可将其中任意一个分力平移到平行四边形的对边构成一个三角形，如图 1-2（b）所示，这种求合力的方法称为力的三角形法则。但要注意应用力三角形仅仅是为了方便地表示出各力矢的大小和方向，并不表示力（例如图中 $\boldsymbol{F}_1$）的作用位置已经改变。

这个公理是复杂力系简化的基础。

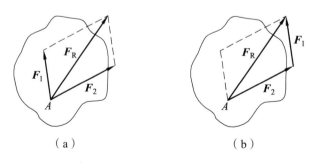

（a） （b）

图 1-2 力的平行四边形法则和力的三角形法则

### 公理 2　二力平衡条件

刚体在两个力的作用下处于平衡的充分必要条件是此二力大小相等、方向相反且作用线重合（图 1-3）。上述结论由平衡定理立即可得。读者应注意二力平衡条件与牛顿第三定律之间的区别。

工程上常见的只受两个力作用而平衡的构件，称为二力构件（二力杆、二力体等）。根据二力平衡条件，此二力必作用在沿其作用点的连线上，且大小相等、方向相反。

这个公理表明了作用于刚体上最简单力系平衡时所必须满足的条件。

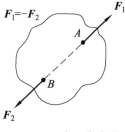

图 1-3　二力平衡条件

### 公理 3　加减平衡力系公理

在作用于刚体的任一力系上加上或减去任意的平衡力系，并不改变原力系对刚体的作用。根据力系等效原理，上述结论是显然的。

这个公理是研究力系等效替换的重要依据。

根据上述公理可以导出下列推理：

### 推理 1　力的可传性

作用于刚体上某点的力可沿其作用线移至刚体内任一点而不改变该力对刚体的作用。作用于刚体上的力可以沿着作用线移动，这种矢量称为**滑移矢量**，于是作用于刚体的力由定位矢量变成了滑移矢量。

由此可见，对于刚体来说，力的作用点已不是决定力的作用效应的要素，它已为作用线所代替。因此，作用于刚体上的力的三要素是：力的大小、方向和作用线。

### 推理 2　三力平衡汇交定理

作用于刚体上的三个相互平衡的力，若其中两个力的作用线汇交于一点，则此三力必在同一平面内，且第三个力的作用线通过汇交点。

**证明**　设不平行的三力 $F_A$、$F_B$ 和 $F_C$ 分别作用于刚体上的点 $A$、$B$ 和 $C$，首先证明平衡时此三力必共面。如图 1-4（a）所示，根据平衡定理，力系对 $A$ 点的主矩要等于零，即

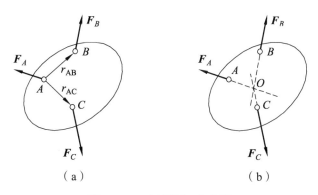

（a）　　　　　　　　　　　（b）

图 1-4　三力平衡汇交定理

$$M_A = \sum M_A(F_i) = 0$$

故有

$$r_{AB} \times F_B + r_{AC} \times F_C = 0$$

要上式成立，上式左边的两个矢量积必须是方向相反的，于是由 $r_{AB}$ 和 $F_B$ 决定的平面与由 $r_{AC}$ 和 $F_C$ 决定的平面必须相互平行或者重合。注意到这两个平面有一个公共点 $A$，因此它们必然重合，换句话说，$F_B$ 和 $F_C$ 是共面的。完全类似的，由力系对 $B$ 点的主矩等于零，可以推断出 $F_A$ 和 $F_C$ 共面。这样我们就证明了平衡时 $F_A$、$F_B$ 和 $F_C$ 必然共面。既然三力共面且相互又不平行，则其中任意两个力的作用线必然要相交于一点。如图 1-4（b）所示，假设 $F_A$ 和 $F_B$ 的作用线相交于 $O$ 点，根据平衡定理，力系对 $O$ 点的主矩等于零，而 $F_A$ 和 $F_B$ 对 $O$ 点的矩显然为零，由此可得 $M_O(F_C) = 0$，于是 $F_C$ 的作用线也要通过 $O$ 点。定理得证。

三力平衡汇交定理是刚体受不平行的三力作用而平衡的必要条件，可用于确定未知力的方向。

### 公理 4　作用和反作用公理

**作用力和反作用力总是同时存在，两力的大小相等、方向相反、沿着同一直线分别作用在两个相互作用的物体上。** 若用 $F$ 表示作用力，又用 $F'$ 表示反作用力，则

$$F = F'$$

这个公理概括了物体间相互作用的关系，表明作用力和反作用力总是成对出现的。由于作用力和反作用力分别作用在两个物体上，因此，不能将它们视为平衡力系。

### 公理 5　刚化原理

作为刚体静力学理论基础的力系等效原理，在一定的条件下也可应用于变形体。经验证明：**如果变形体在力系作用下已处于平衡状态，则将此变形体刚化（变为刚体）后其平衡状态仍然保持不变。** 这个结论称为**刚化原理**。刚化原理表明：变形体平衡时，作用于其上的力系一定满足刚体静力学的平衡条件。但刚体静力学的平衡条件并不能保证变形体的平衡，变形体的平衡还需要满足某些附加条件。因此，刚体平衡的充分必要条件对于变形体而言只是必要条件而不是充分条件。例如一段柔绳在两个力（拉力）的作用下平衡时，此二力一定要满足等值、反向、共线的条件（二力平衡条件），如图 1-5（a）所示。但柔绳在满足上述条件的二力作用下却不一定能平衡，而与柔绳是受拉还是受压有关，如图 1-5（b）所示。

（a）　　　　　　　　　　　　　（b）

图 1-5　静力等效替换破坏了柔绳的平衡

刚化原理建立了刚体静力学与变形体静力学之间的联系，变形体的平衡条件必然包括刚体的平衡条件，力系等效原理及其推论可以有条件地应用于变形体，这就是刚化原理的意义所在。

适用于刚体的力系等效原理及其推论应用于变形体时要受到一定的限制，因为静力等效替换可能破坏变形体的平衡状态，或使变形体的变形和内力发生变化。首先来看下面的例子。

如图 1-5（a）所示的柔绳 $AB$，在大小相等、方向相反的两个力 $F_1$ 和 $F_2$ 的作用下平衡。若用与原力系等效的力系替代原力系，如图 1-5（b）所示，则使柔绳的平衡状态遭到破坏。

又如图 1-6（a）中所示的弹性杆件，$A$ 端固定，$B$ 端受拉力 $F_P$ 作用，杆重忽略不计。根据二力平衡条件，$A$ 端的作用力 $F_N = F_P$。若以作用于杆件 $C$ 点处的等效力 $F_P$ 代替原作用于 $B$ 端的拉力 $F_P$，如图 1-6（b）所示，则 $AB$ 杆依然保持平衡，固定端 $A$ 的反力 $F_N$ 不变，但杆件由 $AB$ 整段受拉变成了只是 $AC$ 段受拉，因而整个杆件的变形和内力都与原来的情况明显不同。

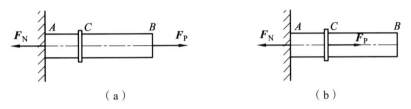

（a）　　　　　　　　　　　　　　（b）

图 1-6　静力等效替换改变了弹性杆的变形和内力

从上述两个例子可以看出，静力等效替换对变形体的影响并不总是相同的。对弹性体而言，静力等效替换将使其变形和内力发生变化。一般地讲，在研究整个弹性体的平衡时，或当我们用截面法假想将弹性体截取出一部分来研究它的平衡时，力系等效原理的应用都是合理的。但当我们的研究涉及弹性体的变形和内力时，在应用截面法以前，原则上不容许静力等效替换。

这里所提到的静力等效替换，是指任何形式的等效力系之间的相互替换，当然也包括后面要讲到的力偶等效替换、力线平移定理等，后文我们将不再重复陈述上面这些结论。

## 1.2　物体的受力分析

### 1.2.1　约束与约束力

在空间的位移不受预加限制的物体称为**自由体**，例如在空中飞行的飞机、卫星等；而其位移受到某些预加限制的物体称为**非自由体**，例如沿轨道行驶的火车、转动中的飞轮等。限制物体运动的条件，或者更直观地说，对物体运动施加限制的周围物体称为**约束**。约束是对物体运动强加的限制，这种限制本身与物体运动要遵循的力学规律无关，物体的运动必须是在不破坏约束的前提下遵循力学规律。

约束既然限制了物体的运动，那么约束与被约束物体之间必然存在力的相互作用。我们将约束施于被约束物体的力称为**约束力**。因为约束力阻止物体运动是通过约束与被约束物体之间的相互作用来实现的，那么约束与被约束物体之间必然存在力的相互作用，约束必然承受被约束物体的作用力，同时按照牛顿第三定律给予被约束物体反作用力，即约束力。因此，约束力被认为是一种被动力，有时也称它为**约束反力**。因为约束作用是通过接触来实现的，故约束也是一种接触力，其作用点在被约束物体上与约束相互接触处。

静力学中常常把力分为**主动力**和**约束力，主动力**是指除约束力之外的一切力。工程中也把主动力称为**荷载**。刚体静力学问题往往表现为如何运用平衡条件，根据已知荷载去求未知的约束力，以此作为工程设计和校核的依据。为达此目的，需将工程中常见的约束理想化，归纳为几种基本类型，再分别表明其约束力的特征。

下面是工程中常见约束的基本类型及其约束力的特征。

### 1. 柔 索

工程中的绳索、链条、皮带等物体可简化为**柔索**。理想化的柔索不可伸长，不计自重，且完全不能抵抗弯曲。因此，柔索的约束力是沿绳向的拉力。如图 1-7 所示为两根绳索悬吊一重物，绳索作用于重物的约束力是沿绳向的拉力 $F_1$ 和 $F_2$。

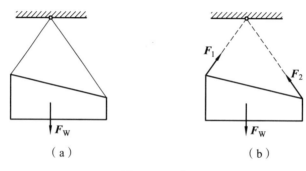

（a） （b）

图 1-7 柔索

### 2. 光滑接触面

若两物体的接触面上摩擦力很小而可忽略不计时，该接触面就可简化为**光滑接触面**。这类约束只能阻碍物体沿接触处的公法线方向往约束内部运动，而不能阻碍它在切线方向的运动，也不能阻碍它脱离约束。因此，光滑接触面的约束力沿接触处的公法线方向，作用于接触点，且为压力，如图 1-8 所示。

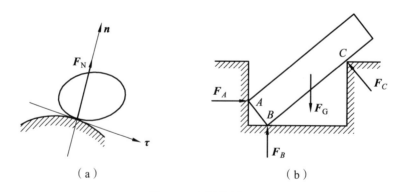

（a） （b）

图 1-8 光滑接触面

### 3. 光滑圆柱铰链

如图 1-9（a）所示，用圆柱销钉 3 将两个具有相同圆孔的零件 1 和 2 连接在一起，并假设接触面是光滑的，这样构成的约束称为**光滑圆柱铰链**，简称**铰链**。被连接的两个构件可绕销钉轴作相对转动，但在垂直于销钉轴线平面内的相对移动则被限制。尽管光滑圆柱铰链是由 3 个零件组成的，但通常我们并不需要单独分析销钉的受力，为不失一般性，可以认为销钉与被它连接的其中一个零件是固接在一起的，而只考虑两个零件之间的相互作用。由于销钉与圆柱孔是光滑曲面接触，故约束力应在垂直于销钉轴线平面内沿接触处的公法线方向，即在接触点与圆柱中心的连线方向上，如图 1-9（b）所示。但因为接触点的位置不可预知，约束力的方向也就无法预先确定。因此，光滑圆柱铰链的约束力是一个大小和方向都未知的二维矢量 $F_N$。在受力分析时，为了方便起见，我们常常用两个大小未知的正交分力 $F_x$ 和 $F_y$ 来表示它。

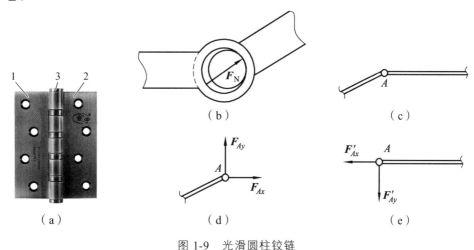

图 1-9　光滑圆柱铰链

连接两个构件的铰链用简图 1-9（c）表示，其约束力如图 1-9（d）和（e）所示。当铰链连接的两个构件之一与地面或机架固结则构成**固定铰链支座**，见图 1-10（a），其简图和约束力如图 1-10（b）所示。

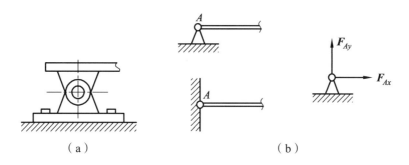

图 1-10　固定铰链支座

### 4. 光滑球形铰链

固连于构件的小球嵌入另一构件上的球窝内[图 1-11（a）]，若接触面的摩擦可以忽略不计，即构成**光滑球形铰链**，简称**球铰**。例如某些汽车变速箱的操纵杆及机床上的工作灯就是用球铰支承的。与铰链相似，球铰提供的约束力是一个过球心、大小和方向都未知的三维空间矢量 $F_N$，常用三个大小未知的正交分力 $F_x$、$F_y$ 和 $F_z$ 来表示它。球形铰链支座的计算简图和约束力如图 1-11（b）所示。

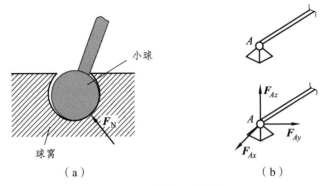

图 1-11 光滑球形铰链

### 5. 可动铰链支座

在铰链支座与支承面之间装上辊轴，就构成**可动铰链支座**或**辊轴铰链支座**，如图 1-12（a）所示。这种支座不限制物体沿支承面的运动，而只阻碍垂直于支承面方向的运动。因此，可动铰链支座的约束力过铰链中心且垂直于支承面，可动铰链支座的简图和约束力如图 1-12（b）所示。

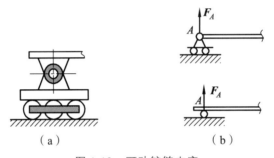

图 1-12 可动铰链支座

### 6. 链　杆

两端用光滑铰链与其他构件连接且中间不受力的刚性轻杆（自重可忽略不计）称为**链杆**。工程中常见的拉杆或撑杆多为链杆约束，如图 1-13（a）中的 AB 杆。链杆处于平衡状态时是二力杆，根据二力平衡条件，链杆的约束力方向必然沿其两端铰链中心的连线，且大小相等、方向相反[图 1-13（b）]。

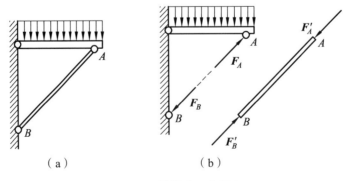

图 1-13 链杆（二力杆）

固定铰链支座可用两根相互不平行的链杆来代替，如图 1-14（a）所示；而可动铰链支座则可用一根垂直于支承面的链杆来代替，如图 1-14（b）所示。它们是这两种支座在图中的另一种表示方法。

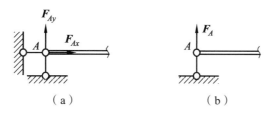

（a）　　　　　　　　（b）

图 1-14　固定铰链支座

### 7. 固定端

物体的一部分嵌固于另一物体的约束称为**固定端约束**，例如夹紧在车床刀架上的车刀[图 1-15（a）]、固定在车床卡盘上的工件[图 1-15（b）]、放置在杯形基础中杯口周围用细石混凝土填实的预制混凝土柱[图 1-15（c）]、深埋的电线杆等。固定端约束的特点是既限制物体的移动又限制物体的转动，即约束与被约束物体之间被认为是完全刚性连接的。

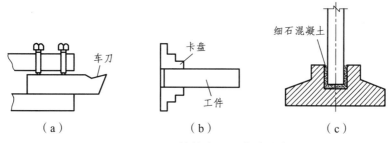

（a）　　　　　　　　　（b）　　　　　　　　　（c）

图 1-15　工程结构中的固定端约束

**判断每种约束的约束力未知量个数的基本方法是**：观察被约束物体在空间可能的各种独立位移中，有哪几种位移被约束所阻碍。阻碍相对移动的是约束力，阻碍相对转动的是约束力偶。对于任何形式的约束，都可用上述基本方法来确定它究竟存在哪些约束力的分量及约束力偶矩的分量。

在平面荷载的作用下，受平面固定端约束的物体[图 1-16（a）]既不能在平面内移动，也不能绕垂直于该平面的轴转动，因此平面固定端约束的约束力，可用两个正交分力和一个力偶矩表示[图 1-16（b）]。与铰链约束相比，固定端约束正是因为多了一个约束力偶，才限制了约束和被约束物体之间的相对转动。

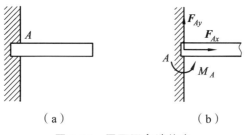

（a）　　　　　　　　（b）

图 1-16　平面固定端约束

### 1.2.2 结构计算简图

建筑物中支承荷载、传递荷载并起骨架作用的部分称为结构，例如在房屋建筑中由梁、板、柱、基础等构件组成的体系。

实际结构很复杂，完全根据实际结构进行计算很困难，有时甚至不可能。工程中常将实际结构简化，略去不重要的细节，抓住基本特点，用一个简化的图形来代替实际结构，这种图形称为结构计算简图。也就是说，结构计算简图是在结构计算中用来代替实际结构的力学模型。结构计算简图应当满足以下基本要求：

（1）基本上反映结构的实际工作性能——计算简图要反映实际结构的主要性能。

（2）计算简图要便于计算——分清主次，略去细节。从实际结构到结构计算简图的简化，主要包括支座的简化、节点的简化、构件的简化和荷载的简化。

#### 1. 支座的简化

一根两端支承在墙上的钢筋混凝土梁，受到均布荷载 **q** 的作用[图 1-17（a）]，对这样一个最简单的结构，如果要严格按实际情况去计算是很困难的。因为梁两端所受到的反力沿墙厚的分布情况十分复杂，反力无法确定，内力更无法计算。为了选择一个比较符合实际的计算简图，先要分析梁的变形情况。因为梁支承在砖墙上，其两端均不可能产生垂直向下的移动，但在梁弯曲变形时，两端能够产生转动；整个梁不可能在水平方向移动，但在温度变化时，梁端能够产生热胀冷缩。考虑到以上的变形特点，可将梁的支座作如下处理：通常在一端墙厚的中点设置固定铰（链）支座，在另一端墙厚的中点设置可动铰（链）支座，用梁的轴线代替梁，就得到了如图 1-17（b）所示的计算简图。这个计算简图反映了以下特点：梁的两端不可能产生垂直向下的移动，但可转动；左端的固定铰支座限制了梁在水平方向的整体移动，右端的可动铰支座允许梁在水平方向的温度变形。

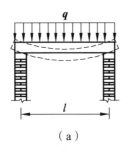
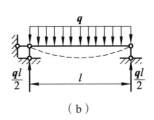

（a）　　　　　　　　　　　　　　（b）

图 1-17 结构简化简图

这样的简化既反映了梁的实际工作性能及变形特点，又便于计算，这就是所谓的**简支梁**。

假设某住宅楼的外廊，采用由一端嵌固在墙身内的钢筋混凝土梁支承空心板的结构方案[图 1-18（a）]。由于梁端伸入墙身，并有足够的锚固长度，所以梁的左端不可能发生任何方向的移动和转动。于是将这种支座简化为固定支座，其计算简图如图 1-18（b）所示，计算跨度可取梁的悬挑长加纵墙厚度的一半。

预制钢筋混凝土柱插入杯形基础的做法通常有以下两种：杯口四周用细石混凝土填实、地基较好且基础尺寸较大时，可简化为固定支座[图 1-19（a）]；在杯口四周填入沥青麻丝，柱端可发生微小转动时，则可简化为固定铰支座[图 1-19（b）]。当地基较软、基础尺寸较小时，图 1-19（a）的做法也可简化为固定铰支座。

支座通常可简化为可动铰支座、固定铰支座、固定支座三种形式。

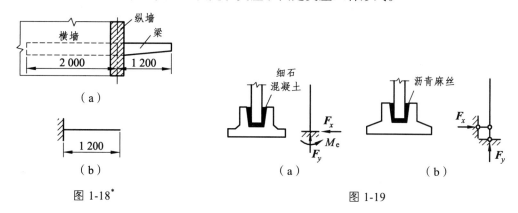

图 1-18*      图 1-19

## 2. 节点的简化

结构中两个或两个以上构件的连接处称为节点。实际结构中构件的连接方式很多，在计算简图中一般可简化为铰节点和刚节点两种方式。

（1）铰节点连接的各杆可绕铰节点作相对转动。铰节点是指相互连接的杆件在连接处不能相对移动，但可相对转动，即可传递力但不能传递力矩。如图 1-20（a）所示木屋架的端节点，在外力作用下，两杆间可发生微小的相对转动，工程中将它简化为铰节点[图 1-20（b）]。

（2）刚节点连接的各杆不能绕节点自由转动，也不能相对移动，即可传递力和力矩，在钢筋混凝土结构中刚节点容易实现。如图 1-21（a）所示为某钢筋混凝土框架顶层的构造，图中梁和柱的混凝土为整体浇筑，梁和柱的钢筋互相搭接，梁和柱在节点处不可能发生相对移动和转动，因此，可把它简化为刚节点[图 1-21（b）]。

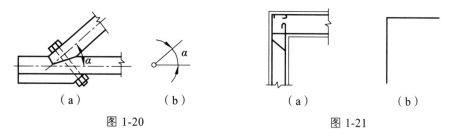

图 1-20      图 1-21

## 3. 构件的简化

构件的截面尺寸通常比长度小得多。在计算简图中构件用其轴线表示，构件之间的连接用节点表示，构件长度用节点间的距离表示。

## 4. 荷载的简化

在工程实际中，荷载的作用方式是多种多样的。在计算简图上通常可将荷载作用在杆轴上，根据其分布情况可简化为集中荷载和分布荷载。

---

* 编者按：本书图中尺寸单位，除特别说明者外，均为毫米（mm）。

在结构设计中，选定了结构计算简图后，还必须采取相应的措施，以保证实际结构的受力和变形特点与计算简图相符。同时，在按图施工时，必须严格遵守图纸中的各项规定。施工中如疏忽或随意修改图纸，就会使实际结构与计算简图不符，这将导致结构的实际受力情况与计算不符，就可能会出现大的事故。

### 1.2.3　受力分析

研究力学问题时，根据问题的不同要求，首先要选取适当的研究对象。为了弄清研究对象的受力情况，不仅要明确它所受的主动力，而且还必须把它从周围物体中分离出来，将周围物体对它的作用用相应的约束力来代替。这个过程就是物体的受力分析。

被选取作为研究对象，并已解除约束的物体称为**分离体**。当研究对象包括几个物体时，解除约束是指解除周围物体对它们的全部约束，但不包括这些物体相互之间的联系。画有分离体及其所受的全部主动力和约束力的图称为**受力图**。画受力图的步骤如下：

（1）根据问题的要求选取研究对象，画出分离体的结构简图。

（2）画出分离体所受的全部主动力，一般不要对已知荷载进行静力等效替换。

（3）在分离体上每一解除约束的地方，根据约束的类型逐一画出约束力。

在进行受力分析时，要注意到由**牛顿第三定律**所描述的作用力和反作用力之间的关系，即：**两个物体之间的作用力和反作用力总是同时存在，且大小相等、方向相反、沿同一直线，并分别作用在两个不同的物体上。**

当选取由几个物体所组成的系统作为研究对象时，系统内部的物体之间的相互作用力称为**内力**，系统之外的物体对系统内部的物体的作用力称为**外力**。显然，内力和外力的区分是相对的，完全取决于研究对象的选择。根据作用和反作用公理，内力总是成对出现，且彼此等值、反向、共线。因此系统的内力系的主矢及对任意点的主矩恒等于零，即内力系是一个平衡力系，去掉它并不改变原力系对刚体的作用。因此，在作受力图时不必画出内力。

对研究对象进行受力分析是研究力学问题的关键步骤之一。它看似简单，但只有准确地掌握了基本概念，才有可能正确地进行受力分析。对此，初学者一定要予以足够的重视。

**例 1-1**　试画出图 1-22（a）所示简支梁 AB 的受力图。

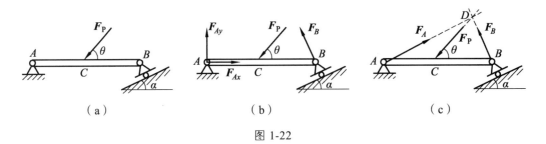

图 1-22

**解**　当梁的一端用固定铰支座而另一端用辊轴支承时称为简支梁，如图 1-22（a）所示。简支梁 AB 受的主动力只有 $F_P$。在 A 端和 B 端解除约束：A 端为固定铰支座，约束力用两个正交分力 $F_{Ax}$ 和 $F_{Ay}$ 表示；B 端为可动铰支座，约束力垂直于支撑面。梁 AB 的受力图如图 1-22（b）所示。其中正交分力 $F_{Ax}$ 和 $F_{Ay}$ 的指向可以任意假定，如果最终某个计算值为负，则表明它的实际方向与假定方向相反。

我们也可用三力平衡汇交定理来确定未知约束力的方向。梁 *AB* 受三力作用而平衡，固定铰支座 *A* 的约束力 $\boldsymbol{F}_A$ 的作用线必然要通过 $\boldsymbol{F}_P$ 和 $\boldsymbol{F}_B$ 作用线的交点 *D*，即 $\boldsymbol{F}_A$ 沿 *AD* 的连线，如图 1-22（c）所示。但是，后面我们将会看到，在很多情况下这样做并不一定比将 $\boldsymbol{F}_A$ 表示成两个正交分力来得方便。因此，应用三力平衡汇交定理并不是必须的，应视具体情况而定。

**例 1–2**　如图 1-23 所示结构为一提升重物的悬臂梁，试画出（1）*AB* 梁和（2）整体的受力图。

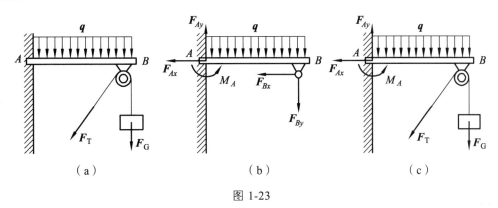

图 1-23

**解**　（1）*AB* 梁的受力图。主动力只有均布荷载 $\boldsymbol{q}$，注意不要将其简化为一个集中力。在 *A* 端和 *B* 端解除约束，*A* 端为平面固定端约束，*B* 端为光滑圆柱铰链。分别按其约束的特征画出约束力，如图 1-23（b）所示。其中正交分力 $\boldsymbol{F}_{Ax}$、$\boldsymbol{F}_{Ay}$ 和 $\boldsymbol{F}_{Bx}$、$\boldsymbol{F}_{By}$ 的指向以及力偶矩 $M_A$ 的转向可以任意假定。如果最终某个计算值为负，则表明它的实际方向与假定方向相反。但应注意，这种假定在同一问题的几个不同受力图中必须是一致的。

（2）整体的受力图。主动力有 $\boldsymbol{q}$、$\boldsymbol{F}_T$ 和 $\boldsymbol{F}_G$，仅 *A* 端解除约束，受力图如图 1-23（c）所示。

**例 1–3**　三铰拱结构简图如图 1-24（a）所示，不计拱的自重。试分别画出（1）右半拱、（2）左半拱和（3）整体的受力图。

**解**　（1）右半拱的受力图。由于拱的自重不计，右半拱仅在铰链 *B* 和 *C* 处各受一集中力的作用，因此 *BC* 拱为二力构件。根据二力平衡条件，约束力 $\boldsymbol{F}_B$ 和 $\boldsymbol{F}_C$ 沿连线 *BC*，且等值、反向、共线，如图 1-24（b）所示。

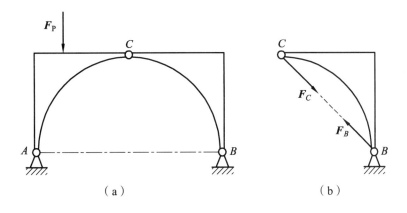

（a）　　　　　　　　　　　　　（b）

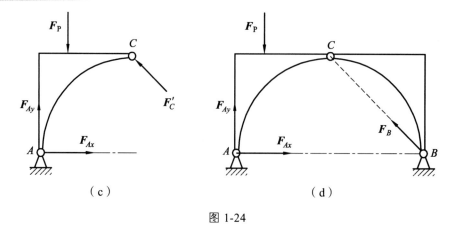

图 1-24

（2）左半拱的受力图[图 1-24（c）]。主动力只有荷载 $F_P$。在铰链 $C$ 处作用有 $F_C$ 的反作用力 $F_C'$，根据作用和反作用公理，$F_C$ 和 $F_C'$ 等值、反向、共线。固定铰链支座 $A$ 的约束力用两个正交分力 $F_{Ax}$ 和 $F_{Ay}$ 表示。

（3）整体的受力图[图 1-24（d）]。此时，在铰链 $C$ 处两个半拱之间的相互作用力 $F_C$ 和 $F_C'$ 为内力，对整个系统的作用效果相互抵消，因此不必在受力图中画出。

**例 1–4** 某结构如图 1-25（a）所示，试画出（1）滑轮 $B$ 和重物的受力图、（2）$AB$ 杆的受力图。

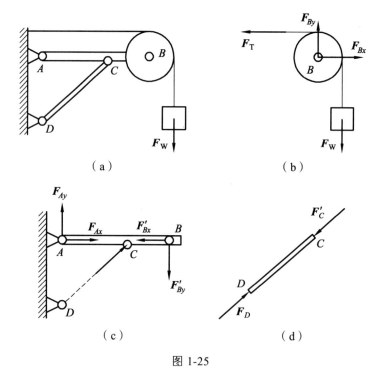

图 1-25

**解** （1）滑轮 $B$ 及重物的受力图[图 1-25（b）]。在滑轮中心铰链 $B$ 与 $AB$ 杆相连接，解除约束后，按铰链约束的特征表示为两个正交分力 $F_{Bx}$ 和 $F_{By}$，而 $F_T$ 为作用于滑轮上沿的绳的拉力。

（2）AB 杆的受力图。A 为固定铰链支座，约束力为两个正交分力 $F_{Ax}$、$F_{Ay}$。B 为连接滑轮的铰链，作用有正交分力 $F_{Bx}$、$F_{By}$ 的反作用力 $F'_{Bx}$ 和 $F'_{By}$。注意到撑杆 CD 是二力杆，故铰链 C 处的约束力 $F_C$ 应沿 CD 杆方向[图中假设为压力，见图 1-25（d）]，而不是用两个正交分力来表示，如图 1-25（c）所示。当事先不能确定链杆是受拉或是受压时，即二力杆的约束力指向不能确定时，可以任意假定。如果最终计算值为负，则表明它的实际方向与假定方向相反。

**例 1-5**　曲柄连杆机构如图 1-26（a）所示，试分别画出曲柄 OA、滑块 B 和整体的受力图。

**解**　曲柄 OA、滑块 B 和整体的受力图分别如图 1-26（b）、（c）和（d）所示。这里要注意到连杆 AB 是二力杆，解除约束后，两端铰链的约束力 $F_{AB}$ 和 $F'_{AB}$ 应沿杆向。另外，滑块 B 被约束在滑槽中运动，接触面是光滑的，约束力是沿接触处公法线方向的压力。但滑槽上下两侧到底是哪一侧接触可能事先无法确定，此时约束力 $F_B$ 的指向可任意假定，如果最终计算值为负，则表明它是在另一侧接触，实际方向与假定方向相反。

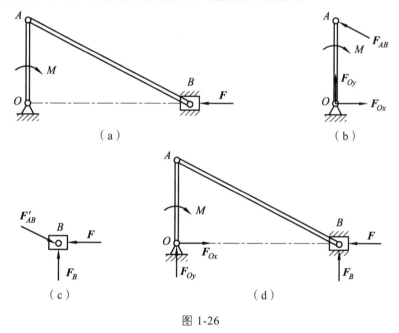

图 1-26

**例 1-6**　某构架如图 1-27（a）所示，试分别画出 AB、CE、滑轮和整体的受力图。

**解**　AB、CE、滑轮和整体的受力图分别如图 1-27（b）、（c）、（d）和（e）所示。

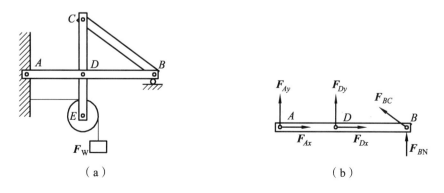

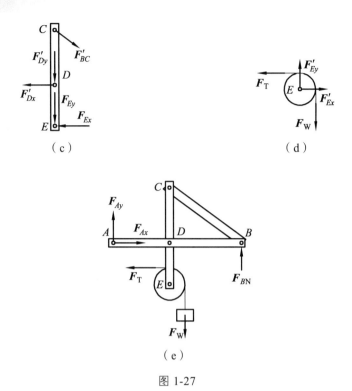

图 1-27

在对分离体进行受力分析时，首先要注意的是约束力与解除约束的地方是一一对应的，而约束力的特征完全取决于约束的类型。我们只需要正确地判断约束的类型，然后严格按照约束的类型去决定约束力，即可正确画出受力图。一定不要凭主观感觉根据主动力臆断。此外，要正确判断二力杆和二力构件，注意作用力和反作用力要配对，内力不要画出。有时也可用三力平衡汇交定理来确定未知约束力的方向，但这并不是在所有问题中都是必须的。

## 思 考 题

1-1　根据 $F_1 \cdot r = F_2 \cdot r$，或者 $r \times F_1 = r \times F_2$，能否断定 $F_1 = F_2$？为什么？

1-2　只有两点受力作用的杆件是否一定是二力杆？为什么？

1-3　刚体受汇交于一点的三个力作用，能否根据三力平衡汇交定理断定此刚体平衡？

1-4　力 $F$ 在 $xy$ 平面内，$x$ 轴和 $y$ 轴如图所示。试问力 $F$ 在 $x$ 轴和 $y$ 轴上的投影与其沿 $x$ 轴和 $y$ 轴方向的分量的大小是否分别相等？若设 $x$ 轴和 $y$ 轴方向的基矢量分别为 $e_x$ 和 $e_y$，试问力矢量 $F$ 的解析表达式是怎样的？

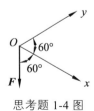

思考题 1-4 图

1-5　等腰直角三角形薄板 *ABC* 的三个顶点上分别作用有大小相等的三个力,如图所示。试问作用于该三角形的力系的主矢是否为零?为什么?

1-6　大小相等的 4 个力作用于正方形的 4 条边上,如图所示。该力系是否为一平衡力系?

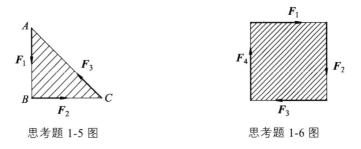

思考题 1-5 图　　　　　　　　思考题 1-6 图

# 习　题

1-1　试画出图中各圆柱或圆盘的受力图。与其他物体接触处的摩擦力均略去。

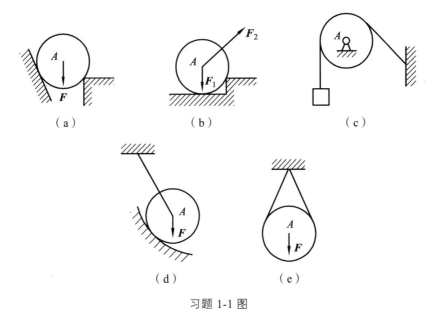

（a）　　　　　　（b）　　　　　　（c）

（d）　　　　　　（e）

习题 1-1 图

1-2　试画出图中 *AB* 杆的受力图。

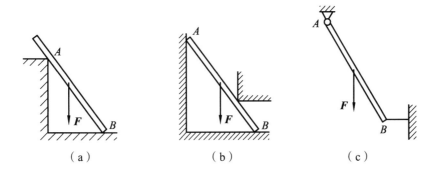

（a）　　　　　　（b）　　　　　　（c）

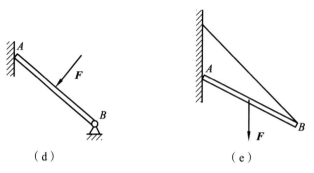

（d）　　　　　　　　　（e）

习题 1-2 图

1-3　试画出图中 $AB$ 梁的受力图。

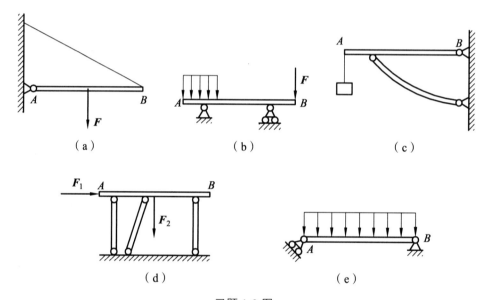

（a）　　　　　　　　（b）　　　　　　　　（c）

（d）　　　　　　　　　　　（e）

习题 1-3 图

1-4　试画出图中指定物体的受力图。

（a）拱 $ABCD$；（b）半拱 $AB$ 部分；（c）踏板 $AB$；（d）杠杆 $AB$；（e）方板 $ABCD$；（f）节点 $B$。

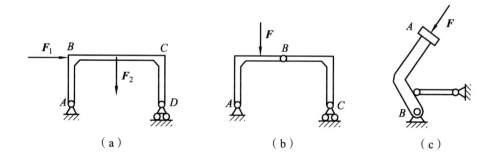

（a）　　　　　　　　（b）　　　　　　　　（c）

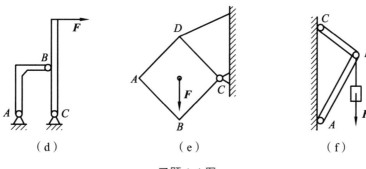

（d）　　　　　　（e）　　　　　　（f）

习题 1-4 图

1-5　试画出图中指定物体的受力图。

（a）节点 $A$，节点 $B$；（b）圆柱 $A$ 和 $B$ 及整体；（c）半拱 $AB$、半拱 $BC$ 及整体；（d）杠杆 $AB$、切刀 $CEF$ 及整体；（e）秤杆 $AB$、秤盘架 $BCD$ 及整体。

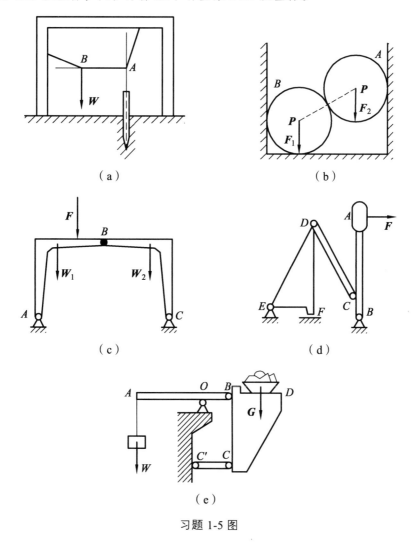

习题 1-5 图

# 第 2 章　力系的简化

## 2.1　力的投影

考虑平面力系中的任意力 $F$，在力 $F$ 所在的平面内任取直角坐标系 $Oxy$，应用平行四边形法则将力沿 $x$ 轴和 $y$ 轴进行正交分解，如图 2-1 所示，可得：

$$F = F_x + F_y$$

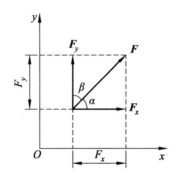

图 2-1　平面力系中力在坐标轴上的投影

设沿 $x$ 轴和 $y$ 轴的单位矢量分别为 $i$ 和 $j$，则上式可写成：

$$F = F_x i + F_y j \tag{2-1}$$

式（2-1）为力 $F$ 的解析表达式，式中的 $F_x$ 和 $F_y$ 分别表示力 $F$ 在 $x$ 轴和 $y$ 轴上的投影。为了求出式中的 $F_x$ 和 $F_y$，分别用单位矢量 $i$ 和 $j$ 去点乘式（2-1）两边，即有：

$$\left. \begin{array}{l} F_x = F \cdot i = F \cos\alpha \\ F_y = F \cdot j = F \cos\beta \end{array} \right\} \tag{2-2}$$

式中：$F$ 为力 $F$ 的大小；$\alpha$ 和 $\beta$ 为力 $F$ 的方位角，分别为 $F$ 与 $x$ 轴和 $y$ 轴正方向间的夹角。式（2-2）表明：**力在某轴上的投影等于力矢量与沿该轴正向的单位矢量的标量积，即等于力的大小乘以力与该轴正向间夹角的余弦。由于方向余弦 $\cos\alpha$、$\cos\beta$ 可正可负，故力在坐标轴上的投影是代数量。** 力在坐标轴上的投影的正负号也可直观地判断如下：当力的起点在轴上的投影至力的终点在轴上的投影与轴的指向一致时为正，反之为负。

反过来，如果已知力在各坐标轴上的投影，力矢量就完全确定，即可求得力的大小和它相对于各坐标轴的方向余弦：

$$F = \sqrt{F_x^2 + F_y^2} \tag{2-3}$$

$$\left.\begin{array}{l}\cos\alpha = \cos(\boldsymbol{F},\boldsymbol{i}) = F_x / F \\ \cos\beta = \cos(\boldsymbol{F},\boldsymbol{j}) = F_y / F\end{array}\right\}\qquad(2\text{-}4)$$

应当注意力在坐标轴上的投影 $F_x$ 和 $F_y$ 是代数量，而沿坐标轴的分力 $\boldsymbol{F}_x = F_x\boldsymbol{i}$ 和 $\boldsymbol{F}_y = F_y\boldsymbol{j}$ 是矢量，两者并不等同。特别是当 $x$ 轴不垂直于 $y$ 轴时，分力 $\boldsymbol{F}_x$ 和 $\boldsymbol{F}_y$ 在数值上也不等于力在 $x$ 轴和 $y$ 轴上的投影 $F_x$ 和 $F_y$。

## 2.2　力对点的矩

静止的刚体在力的作用下，不但可能产生移动的效果，而且可能产生转动的效果，或同时产生两种效果。我们已经知道，在平面问题中可应用**力矩**的概念来度量力使物体产生转动的效应。如图 2-2 所示，在力 $F$ 所在的平面内任取一点 $O$，称为**矩心**，$O$ 点到力 $F$ 的作用线的垂直距离 $h$ 称为**力臂**，则平面上力对点的矩定义为：

$$M_O(\boldsymbol{F}) = \pm Fh \qquad(2\text{-}5)$$

即平面力对点的矩是一个代数量，它的数值等于力乘力臂，正、负号用来区别转向，通常规定力使物体绕矩心逆时针转动时为正，反之为负。

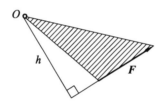

图 2-2　平面上力对点的矩

力矩的单位在国际单位制（SI）中为牛[顿]米（N·m）或千牛[顿]米（kN·m）。

**例 2-1**　平面力系如图 2-3（a）所示，力 $F_1$、$F_2$、$F_3$ 和 $F_4$ 分别作用于平面上的点 $A$、$B$、$C$ 和 $D$。若 $F_1 = F_4 = 40$ N，$F_2 = 30$ N，$F_3 = 45$ N。试求各力在各个坐标轴上的投影以及 $F_1$ 和 $F_2$ 对 $O$ 点的矩[图中的长度单位为米（m）]。

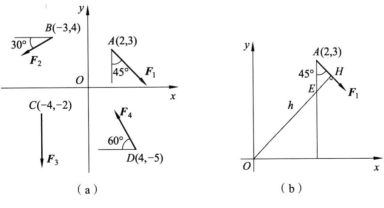

（a）　　　　　　　　　　　　　（b）

图 2-3

**解**　根据图 2-3（a）中各力的大小与方向可求得各力在 $x$ 和 $y$ 轴上的投影：

$$F_{1x} = F_1\sin 45° = 20\sqrt{2} \text{ N}, \quad F_{1y} = -F_1\cos 45° = -20\sqrt{2} \text{ N}$$

$$F_{2x} = -F_2\cos 30° = -15\sqrt{3} \text{ N}, \quad F_{2y} = -F_2\sin 30° = -15 \text{ N}$$

$$F_{3x} = 0, \quad F_{3y} = -F_3 = -45 \text{ N}$$

$$F_{4x} = -F_4\cos 60° = -20 \text{ N}, \quad F_{4y} = F_4\sin 60° = 20\sqrt{3} \text{ N}$$

要求 $\boldsymbol{F}_1$ 对 $O$ 点的矩，由图 2-3（b）中的几何关系可得力臂：

$$h = OE + EH = \frac{5\sqrt{2}}{2} \text{ m}$$

故有

$$M_O(\boldsymbol{F}_1) = -F_1 h = -100\sqrt{2} \text{ N·m}$$

负号表示力矩为顺时针转向。

### 2.3　力系等效原理

### 2.3.1　力系的主矢和主矩

作用于刚体的若干个力 $\boldsymbol{F}_1$，$\boldsymbol{F}_2$，$\cdots$，$\boldsymbol{F}_n$ 构成**平面任意力系**，通常表示为（$\boldsymbol{F}_1$，$\boldsymbol{F}_2$，$\cdots$，$\boldsymbol{F}_n$）。这 $n$ 个力的矢量和 $\boldsymbol{F}_R$ 称为该力系的**主矢**：

$$\boldsymbol{F}_R = \sum_{i=1}^{n} \boldsymbol{F}_i \tag{2-6}$$

注意力系的主矢与力系的合力是两个不同的概念。力系的主矢仅涉及力系中各力的大小和方向，而与其作用点无关，故**力系的主矢是一个自由矢量，而不是一个力**。任何力系都有主矢，尽管它可能等于零。但我们将会看到，并不是任何力系都有合力。仅仅是在力系有合力的情况下，合力矢才等于该力系的主矢。

引进任意直角坐标系 $Oxy$，将式（2-6）投影于各坐标轴可得：

$$F_{Rx}\boldsymbol{i} + F_{Ry}\boldsymbol{j} = \sum (F_{ix}\boldsymbol{i} + F_{iy}\boldsymbol{j})^*$$

即：

$$F_{Rx}\boldsymbol{i} + F_{Ry}\boldsymbol{j} = (\sum F_{ix})\boldsymbol{i} + (\sum F_{iy})\boldsymbol{j}$$

因此

$$F_{Rx} = \sum F_{ix}, \quad F_{Ry} = \sum F_{iy} \tag{2-7}$$

即**力系的主矢在坐标轴上的投影等于力系中各力在相应轴上投影的代数和**。这种求力系主矢的方法称为解析法。

---

* 注：这里省略了求和符号的上、下限。后文在不致引起混淆的情况下，均作此省略。

也可以用所谓几何法来求力系的主矢，即应用求合矢量的多边形法则来求力系的主矢，实际上它不过是逐次应用求矢量和的三角形法则所得到的最终结果。如图 2-4 所示，力系中各力矢首尾相连，且与其顺序无关，力系的主矢构成多边形的封闭边，并从第一个力矢的起点指向最后一个力矢的终点。

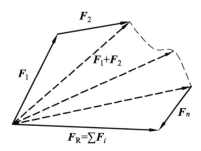

图 2-4　求力系的主矢的多边形法则

若空间任意力系（$F_1$，$F_2$，$\cdots$，$F_n$）中各力对某点 $O$ 的矩为：

$$M_O(F_i) = r_i \times F_i \quad (i = 1, 2, \cdots, n) \tag{2-8}$$

则矢量和

$$M_O = \sum M_O(F_i) = \sum (r_i \times F_i) \tag{2-9}$$

称为**该力系对于矩心 $O$ 的主矩**。式中 $r_i$ 是由矩心 $O$ 引向力 $F_i$ 的作用点的矢径。

通常用解析法来求力系的主矩，引入以矩心 $O$ 为原点的任意直角坐标系 $Oxy$，由式（2-9），并注意到式（2-7），可得主矩 $M_O$ 在各坐标轴上的投影表达式：

$$\left.\begin{aligned}
M_{Ox} &= \sum M_{Ox}(F_i) = \sum M_x(F_i) \\
M_{Oy} &= \sum M_{Oy}(F_i) = \sum M_y(F_i) \\
M_{Oz} &= \sum M_{Oz}(F_i) = \sum M_z(F_i)
\end{aligned}\right\} \tag{2-10}$$

即力系的主矩在通过矩心的任意轴上的投影等于该力系中各力对同一轴的矩的代数和。主矩 $M_O$ 在各个坐标轴上的投影得出之后，$M_O$ 的大小和方向即可完全确定。

**力系的主矩 $M_O$ 是位于矩心 $O$ 处的定位矢量，与力系的主矢不同，力系的主矩与矩心的位置有关，同一力系对不同点的主矩一般并不相等。**因此，说到"力系的主矩"时，一定要指明是对哪一点的主矩，否则就没有意义。

此外，由于平面力系中各力均在一个特定的平面内，因此平面任意力系的主矢是一个二维矢量，力系对平面内任意点的主矩是代数量。

## 2.3.2　力系的等效原理

在刚体静力学中，两个不同的力系互为等效力系是指这两个力系对同一刚体产生完全相同的作用。因为完全不受力作用的刚体其运动状态是不会发生改变的，故平衡力系即是与**零**

**力系**等效的力系。合力是指与一个力系等效的力，但要注意并不是任何一个力系都有合力。显然，等效力系的相互替换并不影响它们对刚体的作用。因此，原则上我们总是希望用最简单的等效力系来代替作用于刚体的已知力系，从而使问题得到简化。现在的问题是我们能否找到一个简单的法则来判断两个力系是否等效。

根据动力学中的动量定理和动量矩定理，我们看到自由刚体运动状态的变化完全取决于作用于刚体的外力系的主矢和对于刚体质心的主矩。换句话说，如果两个力系的主矢相等，对于刚体质心的主矩也相等，那么它们将对刚体产生完全相同的作用。因而下面的**力系等效原理**实际上只是动量定理和动量矩定理的一个推论。但在讲述动力学的这些定理之前，在刚体静力学中我们也可以把它看成一个基于经验事实的基本假设。

**力系等效原理：两个力系等效的充分必要条件是主矢相等，以及对同一点的主矩相等。**

力系等效原理是刚体静力学理论体系的基础，无论在理论上还是在实际应用中都具有重要意义。力系等效原理表明，力系对刚体的作用完全取决于它的主矢和主矩，因此主矢和主矩是力系的最重要的基本特征量。

**例 2-2** 如图 2-5 所示，在例 2-1 的平面力系中，$F_1 = F_4 = 40$ N，$F_2 = 30$ N，$F_3 = 45$ N。试求该力系的主矢以及对 $O$ 点的主矩[图中的长度单位为米（m）]。

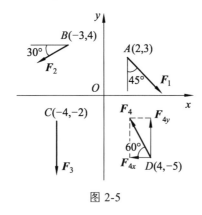

图 2-5

**解** 在例 2-1 中已求出各力在坐标轴上的投影分别为：

$$F_{1x} = F_1 \sin 45° = 20\sqrt{2}\text{ N}, \quad F_{1y} = -F_1 \cos 45° = -20\sqrt{2}\text{ N}$$

$$F_{2x} = -F_2 \cos 30° = -15\sqrt{3}\text{ N}, \quad F_{2y} = -F_2 \sin 30° = -15\text{ N}$$

$$F_{3x} = 0, \quad F_{3y} = -F_3 = -45\text{ N}$$

$$F_{4x} = -F_4 \cos 60° = -20\text{ N}, \quad F_{4y} = F_4 \sin 60° = 20\sqrt{3}\text{ N}$$

故力系的主矢为：

$$F_R = (\sum F_{ix})i + (\sum F_{iy})j = -17.7i - 53.64j \text{ N}$$

平面力系对 $O$ 点的主矩等于力系中各力对 $O$ 点的矩的代数和，即：

$$M_O = \sum M_O(F_i)$$

要求力系中各力对 $O$ 点的矩，应用合力矩定理很方便。例如求 $F_4$ 对 $O$ 点的矩，可将 $F_4$ 正交分解，如图 2-5 所示，根据合力矩定理可得：

$$M_O(F_4) = M_O(F_{4x}) + M_O(F_{4y}) = (-100 + 80\sqrt{3}) \text{ N·m}$$

类似地有：

$$M_O(F_1) = M_O(F_{1x}) + M_O(F_{1y}) = -100\sqrt{2} \text{ N·m}$$

$$M_O(F_2) = M_O(F_{2x}) + M_O(F_{2y}) = (45 + 60\sqrt{3}) \text{ N·m}$$

$$M_O(F_3) = 90 \text{ N·m}$$

因此，力系对 $O$ 点的主矩为：

$$M_O = \sum M_O(F_i) = 136.07 \text{ N·m}$$

## 2.4  力偶与力偶矩

### 2.4.1  力偶的定义

两个大小相等、作用线不重合的反向平行力组成的力系称为**力偶**。用两手转动汽车的方向盘[图 2-6（a）]及用两个手指转动钥匙等都是力偶作用于被转动物体的例子。如图 2-6（b）所示，力偶中两个力的作用线所确定的平面称为**力偶的作用面**，二力作用线之间的垂直距离 $d$ 称为**力偶臂**。

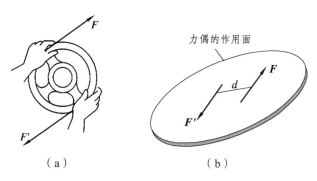

（a）                              （b）

图 2-6  力偶的概念

### 2.4.2  力偶的主矢和主矩

因为力偶（$F$，$F'$）中 $F = -F'$，故 $F_R = F + F' = 0$，即**力偶的主矢恒等于零**。下面来计算力偶（$F$，$F'$）对空间任意点 $O$ 的主矩。如图 2-7 所示，$r_A$ 和 $r_B$ 分别表示力偶中两个力 $F$ 和 $F'$ 的作用点 $A$ 和 $B$ 对于矩心 $O$ 的矢径，$r$ 表示由 $B$ 至 $A$ 的矢径，则有：

$$M_O = M_O(F) + M_O(F') = r_A \times F + r_B \times F' = (r_A - r_B) \times F = r \times F$$

上式表明：**力偶对任意点之主矩恒等于矢量积** $r \times F$，**而与矩心的位置无关**。

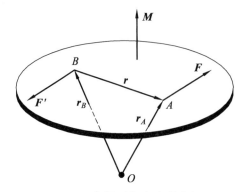

图 2-7　力偶对任意点的主矩

实际上上述结论是必然的，即当力系的主矢为零时，其主矩与矩心的位置无关。

由于力偶中二力作用线不重合，根据二力平衡条件，它们不可能组成一个平衡力系；同时因为力偶的主矢 $F_R = 0$，它也不可能简化为一个力，否则 $F_R \neq 0$，与力偶的定义相矛盾。因此，与单个的力类似，力偶也是最简单的力系之一。

### 2.4.3　力偶矩矢

因为力偶的主矢恒等于零，可以根据力系等效原理，它对刚体的作用仅取决于它的主矩。而力偶的主矩又与矩心的位置无关，且恒等于 $r \times F$，于是可定义（图 2-7）

$$M = r \times F \tag{2-11}$$

为**力偶矩矢**，用来度量力偶对刚体的作用效果。力偶矩矢的大小为 $M$ 的模：

$$|M| = |r \times F| = Fr \sin(r, F) = Fd \tag{2-12}$$

式中：$d$ 为力偶臂。$M$ 的方向垂直于力偶的作用面，指向按右手定则确定。由于力偶对刚体的作用效果与矩心无关，位于任一刚体上不同位置的同一力偶矩矢对该刚体的作用效果都相同，故力偶矩矢是自由矢量。

对于平面力系，由于力偶的作用面总是与力系所在的平面重合，力偶矩矢总是垂直于该平面，其方向不会改变，只需要用正负号来区别力偶的转向，于是力偶矩由矢量变成了代数量，且有：

$$M = \pm Fd \tag{2-13}$$

通常规定逆时针转向为正，顺时针为负。

既然力偶矩矢是自由矢量，则容易推断出下列作用于刚体的力偶等效变换的性质：

（1）力偶可在其作用面内任意转动和移动。

（2）力偶的作用面可任意平行移动。

（3）只要保持力偶矩不变，可任意同时改变力偶中力的大小和力偶臂的长短。

概括起来，可知：**作用于刚体的力偶等效替换的条件是其力偶矩矢保持不变。**

**例 2-3**　长方形受力如图 2-8 所示，已知 $a$、$q$，若 $F = qa/2$、$M_1 = qa^2/2$、$M_2 = qa^2$。试求力系的主矢和对坐标原点 $O$ 的主矩。

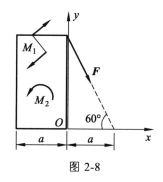

图 2-8

**解**　如图 2-8 所示，该力系由两个力偶和一个力组成，因为力偶的主矢为零，故力系的主矢为

$$F_R = \frac{1}{2}Fi - \frac{\sqrt{3}}{2}Fj = \frac{qa}{4}(i - \sqrt{3}j)$$

因为力偶矩与矩心的位置无关，故力系对坐标原点 $O$ 的主矩等于力 $F$ 对 $O$ 点的矩与力偶矩 $M_1$ 和 $M_2$ 的代数和，即：

$$M_O = \sum M_O(F_i) = -Fa\sin 60° - \frac{qa^2}{2} + qa^2 = \frac{2 - \sqrt{3}}{4}qa^2$$

## 思 考 题

2-1　一个力偶为什么不可能和一个力组成一个平衡力系？

2-2　某平面力系如图所示，且 $F_1 = F_2 = F_3 = F_4 = F$，问力系向点 $A$ 和点 $B$ 简化的结果是什么？二者是否等效？

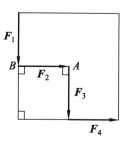

思考题 2-2 图

2-3　某平面力系向两点简化的主矩皆为零，此力系简化的最终结果可能是一个力吗？可能是一个力偶吗？可能平衡吗？

2-4　平面汇交力系向汇交点以外一点简化，其结果可能是一个力吗？可能是一个力和一个力偶吗？

## 习 题

2-1　试求下列各图中力 $F$ 对 $A$ 点之矩。

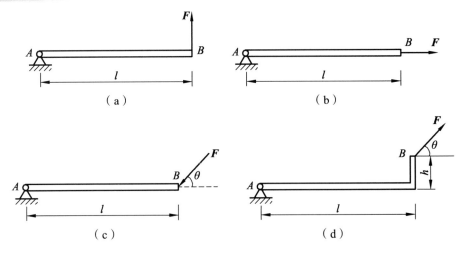

（a）　　　　　　　　　　　　（b）

（c）　　　　　　　　　　　　（d）

习题 2-1 图

2-2　顶角为 30°的等腰三角形薄板 $ABC$ 的 3 个顶点上分别作用力 $F_1$、$F_2$ 和 $F_3$，如图所示。已知 $F_1 = F_2 = F_3 = 10\,\text{N}$，试求各力在图示 $x$ 轴和 $y$ 轴上的投影。

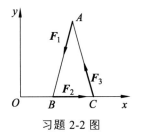

习题 2-2 图

2-3　平面力系如图所示，已知 $BO = a$，$\theta = 60°$，$F_1 = F_2 = F$，$M = Fa$；$F_1$ 作用于点 $A$，$F_2$ 作用于 $AB$ 的中点 $C$ 且垂直于 $AB$。试求该力系的主矢及对 $O$ 点的主矩。

2-4　平面力系由 4 个力和 1 个力偶组成，如图所示。已知 $F_1 = 50\,\text{N}$，$\theta_1 = \arctan(3/4)$；$F_2 = 30\sqrt{2}\,\text{N}$，$\theta_2 = 45°$；$F_3 = 80\,\text{N}$；$F_4 = 10\,\text{N}$；$M = 2\,\text{N} \cdot \text{m}$。试求该力系的主矢及对 $O$ 点的主矩。

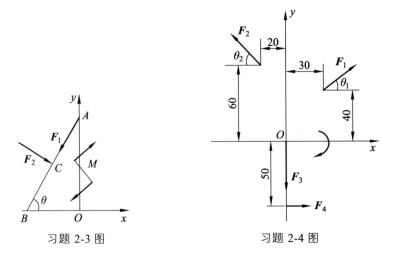

习题 2-3 图　　　　　　　　　　习题 2-4 图

2-5　试求图示中力 $F$ 对 $O$ 点的矩。

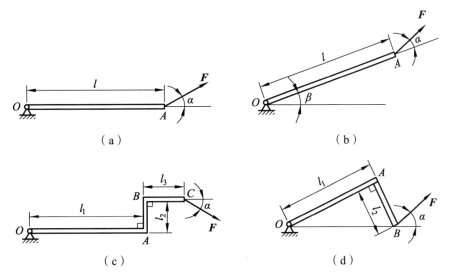

習题 2-5 图

2-6　已知一平面力系对 $A(3,0)$、$B(0,4)$ 和 $C(-4.5,2)$ 三点的主矩分别为 $M_A = 20\ \text{kN} \cdot \text{m}$、$M_B = 0$、$M_C = -10\ \text{kN} \cdot \text{m}$。试求该力系合力的大小、方向和作用线。

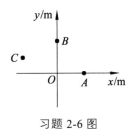

习题 2-6 图

2-7　已知 $F_1 = 150\ \text{N}$，$F_2 = 200\ \text{N}$，$F_3 = 300\ \text{N}$，$F = F' = 200\ \text{N}$。求力系向点 $O$ 的简化结果，并求力系合力的大小及其与原点 $O$ 的距离 $d$。

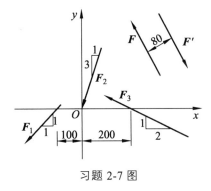

习题 2-7 图

2-8　图示平面任意力系中 $F_1 = 40\sqrt{2}\ \text{N}$，$F_2 = 80\ \text{N}$，$F_3 = 40\ \text{N}$，$F_4 = 110\ \text{M}$，$M = 2\,000\ \text{N} \cdot \text{mm}$。各力作用位置如图所示。求：（1）力系向 $O$ 点简化的结果；（2）力系合力的大小、方向及合力作用线方程。

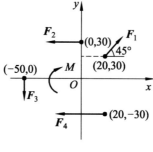

习题 2-8 图

# 第 3 章　力系的平衡

力系的平衡条件及其应用是刚体静力学研究的重点内容。

本章的主要内容包括平面和空间力系的平衡方程及其应用、刚体系统的平衡、平面桁架和考虑摩擦时的平衡问题。特别是平面力系平衡方程的应用及刚体系统的平衡应重点掌握。

## 3.1　平衡方程

### 3.1.1　平面力系的平衡方程

根据平衡定理，平面任意力系平衡的充分必要条件是：

$$\boldsymbol{F}_{\mathrm{R}} = \sum \boldsymbol{F}_i = \boldsymbol{0} \qquad M_O = \sum M_O(\boldsymbol{F}_i) = 0$$

选取直角坐标系 $Oxy$，将以上二式分别投影到各个坐标轴上，则得到 3 个代数方程：

$$\left.\begin{aligned}
\sum F_{ix} &= 0 \\
\sum F_{iy} &= 0 \\
\sum M_O(\boldsymbol{F}_i) &= 0
\end{aligned}\right\} \qquad (3\text{-}1)$$

式（3-1）称为**平面任意力系的平衡方程**。

空间任意力系平衡的充分必要条件是：力系中所有力在任意空间直角坐标系各坐标轴上投影的代数和分别等于零，力系中所有力对各个坐标轴的矩的代数和也分别等于零。

上述方程是平面任意力系平衡的解析条件，一般情况下共有 3 个独立方程，可以解 3 个未知数。从平面任意力系平衡的一般规律可以导出特殊情况的平衡规律，例如平面汇交力系、平面平行力系和平面力偶系等。对于这些平面特殊力系，式（3-1）中的某些方程将变成恒等式，独立方程的个数相应减少。

所谓平面力系是指力系中各力的作用线都位于同一平面内。平面力系也是空间任意力系的特殊情况。为不失一般性，设力系所在平面与 $Oxy$ 平面重合，则各力在 $Oz$ 轴上的投影以及对 $Ox$ 轴和 $Oy$ 轴的矩恒等于零，独立的平衡方程变为：

$$\left.\begin{aligned}
\sum F_x &= 0 \\
\sum F_y &= 0 \\
\sum M_O(\boldsymbol{F}_i) &= 0
\end{aligned}\right\} \qquad (3\text{-}2)$$

式（3-2）称为**平面任意力系平衡方程的基本形式**。因为是平面问题，各力对 $Oz$ 轴的矩直接应用了对坐标原点 $O$ 的矩来表示。由式（3-2）可知平面任意力系平衡的充分必要条件是：

力系中所有力在其作用面内的任意两个直角坐标轴上投影的代数和分别等于零，力系中所有力对该平面内任意点之矩的代数和也等于零。

平面任意力系的平衡方程除上述基本形式之外，还有所谓等价形式，即在三个平衡方程中包含两个或三个力矩方程，称为**二矩式**或**三矩式**。其中二矩式为：

$$\left.\begin{array}{l} \sum F_x = 0 \\ \sum M_A(\boldsymbol{F}) = 0 \\ \sum M_B(\boldsymbol{F}) = 0 \end{array}\right\} \tag{3-3}$$

式中：矩心 $A$、$B$ 的连线不能垂直于 $x$ 轴。

三矩式为：

$$\left.\begin{array}{l} \sum M_A(\boldsymbol{F}) = 0 \\ \sum M_B(\boldsymbol{F}) = 0 \\ \sum M_C(\boldsymbol{F}) = 0 \end{array}\right\} \tag{3-4}$$

式中：矩心 $A$、$B$、$C$ 不能共线。

下面来证明式（3-3）和式（3-2）的等价性。由式（3-2）的前二式可知力系的主矢等于零，注意到这种情况下力系的主矩与矩心的位置无关，于是由式（3-2）直接推得式（3-3）。反过来要由式（3-3）导出式（3-2），显然也只需要证明式（3-3）必然导致力系的主矢等于零就行了。用反证法，设力系的主矢 $\boldsymbol{F}_R$ 不为零，则由式（3-3）的第一式必有 $\boldsymbol{F}_R$ 垂直于 $x$ 轴。此时若要满足式（3-3）的后两式，必有 $\boldsymbol{F}_R$ 的作用线要通过 $A$ 点与 $B$ 点，即 $A$、$B$ 连线也要垂直于 $x$ 轴，但这与二矩式平衡方程的附加条件矛盾，因此所设力系的主矢 $\boldsymbol{F}_R$ 不为零不能成立。证毕。

完全类似地也可以证明式（3-4）与式（3-2）的等价性，这里就不一一重复了。

由平面任意力系的平衡方程很容易导出下列平面特殊力系的平衡方程。

1. 平面汇交力系

平面汇交力系的平衡方程为：

$$\left.\begin{array}{l} \sum F_x = 0 \\ \sum F_y = 0 \end{array}\right\} \tag{3-5}$$

2. 平面平行力系

设平面平行力系的各力平行于 $Oy$ 轴，则其平衡方程为：

$$\left.\begin{array}{l} \sum F_y = 0 \\ \sum M_O(\boldsymbol{F}) = 0 \end{array}\right\} \tag{3-6}$$

平面平行力系的二矩式平衡方程为：

$$\left.\begin{array}{l} \sum M_A(\boldsymbol{F}) = 0 \\ \sum M_B(\boldsymbol{F}) = 0 \end{array}\right\} \tag{3-7}$$

式中：矩心 $A$ 和 $B$ 的连线不能平行于 $Oy$ 轴。

**3. 平面力偶系**

平面力偶系的平衡方程为：

$$\sum M_i = 0 \tag{3-8}$$

### 3.1.2　平衡方程的应用

力系的平衡方程主要用于求解单个刚体或刚体系统平衡时的未知约束力，也可用于求刚体的平衡位置和确定主动力之间的关系。应用平衡方程解题的步骤大致如下：

（1）选择研究对象。

（2）对研究对象进行受力分析，画出受力图。

（3）建立坐标系（在平面问题中，除非另有说明，本书默认 $x$ 轴沿水平方向，$y$ 轴沿铅直方向），选取合适的平衡方程，尽量用 1 个方程解 1 个未知量。

（4）求解方程（组）。

（5）校核。

下面就单个刚体的平衡问题举例说明平衡方程的应用。

**例 3-1**　简支梁如图 3-1（a）所示，已知 $F_P = 2\sqrt{3}\,ql$。求支座 $A$ 和 $D$ 的约束力。

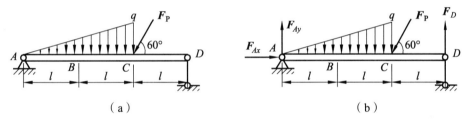

图 3-1

**解**　取简支梁 $AD$ 为研究对象，$A$ 端为固定铰支座，约束力应为两个正交分力；$D$ 端为可动铰支座，约束力垂直于支承面。于是可得如图 3-1（b）所示的受力图。$AD$ 受平面任意力系的作用，由平衡方程的基本形式有：

$$\sum F_x = 0: \quad F_{Ax} - F_P \cos 60° = 0$$

$$\sum F_y = 0: \quad F_{Ay} - ql - F_P \sin 60° + F_D = 0$$

$$\sum M_A(\boldsymbol{F}) = 0: \quad -ql \cdot \frac{4l}{3} - F_P \sin 60° \cdot 2l + F_D \cdot 3l = 0$$

力在坐标轴上的投影及平面上力对点的矩都是代数量，列方程时应特别注意各项的符号。由以上方程解得：

$$F_{Ax} = \sqrt{3}\,ql, \quad F_{Ay} = \frac{14}{9}ql, \quad F_D = \frac{22}{9}ql$$

**例 3-2**　平面刚架的受力及各部分尺寸如图 3-2（a）所示，$A$ 端为固定端约束，图中 $q$、$F_P$、$M$、$l$ 均为已知。试求 $A$ 端的约束力。

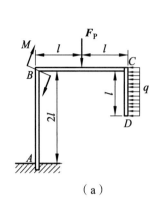
（a）

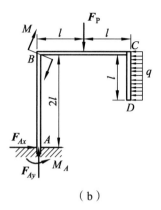
（b）

图 3-2

**解** 取刚架为研究对象，$A$ 端为平面固定端约束，未知约束力用 $F_{Ax}$、$F_{Ay}$ 和 $M_A$ 表示，其受力图如图 3-2（b）所示。

建立平衡方程求解未知力，应用平衡方程的基本形式有：

$$\sum F_x = 0: \quad F_{Ax} - ql = 0$$

$$\sum F_y = 0: \quad F_{Ay} - F_P = 0$$

$$\sum M_A(\boldsymbol{F}) = 0: \quad M_A - M - F_P l + ql \cdot \frac{3l}{2} = 0$$

由以上方程解出：

$$F_{Ax} = ql, \quad F_{Ay} = F_P, \quad M_A = M + F_P l - \frac{3}{2} ql$$

为了验证上述结果的正确性，可以将作用在研究对象上的所有力（包括已经求得的约束力），对除 $A$ 点之外的其他点（包括刚架上的点和刚架外的点），例如 $B$ 点或 $C$ 点取矩。若这些力矩的代数和为零，则表示所得结果是正确的，否则就是不正确的。

**例 3-3** 在图 3-3（a）所示结构中，$A$、$C$、$D$ 三处均为铰链约束。横杆 $AB$ 在 $B$ 处承受集中荷载 $F_P$。结构各部分尺寸均示于图中，若已知 $F_P$ 和 $l$，试求撑杆 $CD$ 的受力以及 $A$ 处的约束力。

**解法 1：** 注意到撑杆 $CD$ 的两端均为铰链约束，中间无其他力作用，故 $CD$ 为二力杆。以横杆 $AB$ 为研究对象，$C$ 处的约束力沿 $CD$ 方向；横杆在 $A$ 处为固定铰支座，约束力为相互垂直的两个分力 $F_{Ax}$ 和 $F_{Ay}$。故横杆 $AB$ 受力如图 3-3（b）所示。

应用平面任意力系的三矩式平衡方程有：

$$\sum M_A(\boldsymbol{F}) = 0: \quad -F_P l + F_{CD} \cdot \frac{l}{2} \sin 45° = 0$$

$$\sum M_C(\boldsymbol{F}) = 0: \quad -F_{Ay} \cdot \frac{l}{2} - F_P \cdot \frac{l}{2} = 0$$

$$\sum M_D(\boldsymbol{F}) = 0: \quad -F_{Ax} \cdot \frac{l}{2} - F_P \cdot l = 0$$

上述 3 个方程各包含 1 个未知力，故可独立求解。由以上方程解出：

$$F_{CD} = 2\sqrt{2}F_P, \quad F_{Ax} = -2F_P, \quad F_{Ay} = -F_P$$

其中 $F_{Ax}$ 和 $F_{Ay}$ 的计算结果为负值，表明实际方向与图设方向相反。

**解法 2**：仍以横杆 $AB$ 为研究对象，主动力的方向是已知的。因为 $CD$ 为二力杆，横杆 $AB$ 在 $C$ 处约束力的方向已确定。此外，横杆在 $A$ 处为固定铰支座，可提供一个大小和方向均未知的约束力。于是横杆 $AB$ 受 3 个力作用，只有 $\boldsymbol{F}_A$ 的方向未知。根据三力平衡汇交定理，可确定 $\boldsymbol{F}_A$ 的方向如图 3-3（c）所示。

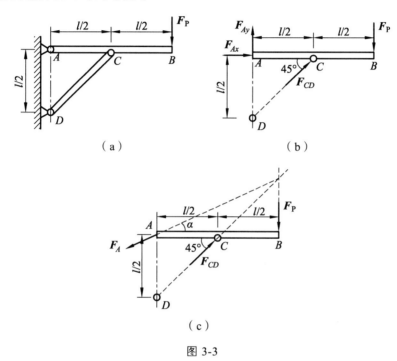

图 3-3

由图中几何关系很容易得到：

$$\sin\alpha = 1/\sqrt{5} \qquad \cos\alpha = 2/\sqrt{5}$$

根据平面汇交力系的平衡方程有：

$$\sum F_x = 0: \quad -F_A\cos\alpha + F_{CD}\cos 45° = 0$$
$$\sum F_y = 0: \quad -F_A\sin\alpha + F_{CD}\sin 45° - F_P = 0$$

由此解得：

$$F_{CD} = 2\sqrt{2}F_P, \quad F_A = \sqrt{5}F_P$$

两种解法所得到的结果是一致的。

**例 3-4**　细杆 $AB$ 搁置在两相互垂直的光滑斜面上，如图 3-4（a）所示。已知杆重为 $F_P$，其重心 $C$ 在 $AB$ 中点，斜面之一与水平面的夹角为 $\alpha$。求杆静止时与水平面的夹角 $\theta$ 和支点 $A$、$B$ 的反力。

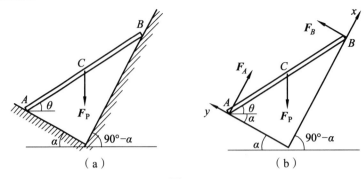

图 3-4

**解** 作出 $AB$ 杆的受力图如图 3-4（b）所示，杆在重力 $F_P$ 及斜面反力 $F_A$、$F_B$ 作用下处于静止状态。力 $F_A$、$F_B$ 应分别垂直于两斜面，这三个力构成一平衡的平面任意力系。问题中有三个未知量 $F_A$、$F_B$ 和平衡时的角 $\theta$，可由三个平衡方程解出。设杆长 $AB = l$，取 $x$、$y$ 轴如图 3-4（b）所示。由平衡方程的基本形式可得：

$$\sum F_x = 0: \quad F_A - F_P \cos \alpha = 0$$

$$\sum F_y = 0: \quad F_B - F_P \sin \alpha = 0$$

$$\sum M_A(F) = 0: \quad F_B l \sin(\theta + \alpha) - F_P \cdot \frac{l}{2} \cos \theta = 0$$

由以上方程解出：

$$F_A = F_P \cos \alpha, \quad F_B = F_P \sin \alpha, \quad \theta = 90° - 2\alpha$$

由计算结果可看出：当 $\alpha < 45°$ 时，$\theta > 0$；当 $\alpha > 45°$ 时，$\theta < 0$。

**例 3-5** 桥式起重机的跨距 $l = 22.5$ m。起重机桥架（不包括小车）重 $F_W = 182$ kN，可以认为重力 $F_W$ 作用于桥架 $AB$ 的中点 $C$。小车重 $F_Q = 26$ kN，最大起吊重量 $F_P = 49$ kN，可以认为重力 $F_Q$ 和 $F_P$ 在同一作用线上。在图 3-5（a）所示位置，重力 $F_P$ 的作用线距左轨 $a = 1.1$ m，这时左轨的反力最大。试求此时左、右轨道的反力 $F_A$、$F_B$。

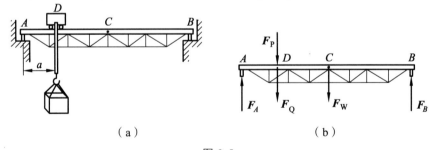

图 3-5

**解** 以整个桥式起重机为研究对象，受力如图 3-5（b）所示。系统受平面平行力系作用，采用二力矩形式的平衡方程有：

$$\sum M_A(F) = 0: \quad -F_W \cdot \frac{l}{2} - (F_P + F_Q)a + F_B l = 0$$

$$\sum M_B(F) = 0: \quad F_W \cdot \frac{l}{2} + (F_P + F_Q)(l - a) - F_A l = 0$$

由以上方程解得：

$$F_A = 162.33 \ \text{kN}, \quad F_B = 94.67 \ \text{kN}$$

**例 3-6**　用称重法确定汽车的重心位置。如图 3-6 所示，用磅秤分别测得 $F_1$、$F_3$ 和 $F_5$，若已知车重 $F_W$、轴距 $l$、轮距 $s$、前桥抬高高度 $h$，求汽车重心 $C$ 的位置。

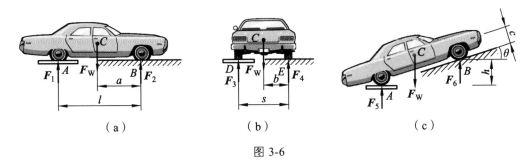

（a）　　　　　　　　　　（b）　　　　　　　　　　（c）

图 3-6

**解**　如图 3-6 所示，用距离 $a$、$b$ 和 $c$ 来确定汽车重心 $C$ 的位置。因为只需求出 $a$、$b$ 和 $c$，故不必列出全部平衡方程。由上列各图有

图 3-6（a）：

$$\sum M_B(\boldsymbol{F}) = 0: \ F_W a - F_1 l = 0$$

图 3-6（b）：

$$\sum M_E(\boldsymbol{F}) = 0: \ F_W b - F_3 s = 0$$

图 3-6（c）：

$$\sum M_B(\boldsymbol{F}) = 0: \ F_W a \cos\theta + F_W c \sin\theta - F_5 l \cos\theta = 0$$

注意到几何关系

$$\sin\theta = \frac{h}{l}, \quad \cos\theta = \frac{\sqrt{l^2 - h^2}}{l}$$

即可解得：

$$a = \frac{F_1}{F_W} l, \quad b = \frac{F_3}{F_W} s, \quad c = \frac{F_5 - F_1}{h F_W} l \sqrt{l^2 - h^2}$$

## 3.2　平面桁架

**桁架**（truss）是工程中常见的一种杆系结构，是一个由若干直杆的两端以适当的方式连接（铆、焊）而成的几何形状保持不变的系统。桁架结构广泛应用于桥梁、房架、塔架、井架等工程结构中。各杆件的轴线及所有荷载均处于同一平面内的桁架称为**平面桁架**（planar truss）。桁架中各杆轴线在杆件端部连接处的交点称为**节点**（node）。

桁架的优点是杆件主要承受拉力或压力，可以充分发挥材料的作用，节约材料，减轻结构的重量。

　　为简化计算，平面桁架常采用以下**基本假设**：

（1）桁架的杆件都是直杆。

（2）各杆件仅在端部用光滑圆柱铰链相互连接。

（3）桁架所受的主动力（荷载）都作用在节点上，而且在桁架的平面内。

（4）杆件的自重忽略不计，或平均分配在杆件两端的节点上。

　　满足以上假设的平面桁架称为**平面理想桁架**，其受力特征是桁架中的各杆均可看成**二力杆**，只承受轴向拉力或压力，而且同一杆件所有横截面的内力都相同。因此在计算杆件的内力时，既可单独研究节点，也可以假想将某些杆截开，研究桁架的任意一个局部。实际的桁架，当然与上述假设有差别，如桁架的节点并不是铰接的，杆件的中心线也不可能是绝对直的。但上述假设能够简化计算，而且所得的结果通常已能满足工程实际的需要。

　　在桁架的初步设计中，需要求出在荷载作用下桁架各杆的内力，作为确定杆件截面尺寸和材料选择的依据。计算桁架杆件内力的常用方法有**节点法**（method of joints）和**截面法**（method of sections）。

　　节点法是以各个节点为研究对象。因为每个节点都受平面汇交力系的作用，可列两个独立的平衡方程，解两个未知数。因此，节点法通常是从只有两个未知量的节点开始，依次研究各个节点，直到求出全部待求量。

　　截面法是用一个或几个假想的截面将桁架截开，选取其中任一部分为研究对象。这样取出的桁架的一个局部通常受一个平面任意力系的作用，可列 3 个独立的平衡方程，解 3 个未知数，故每次切割的未知力杆尽量不要超过 3 根。

　　计算桁架杆件的内力时，通常需要先以整个桁架为研究对象，求出支座反力，然后再应用节点法或截面法求杆件内力。若需求出桁架全部杆的内力，常用节点法；若只需求出少数几根杆的内力，常用截面法。对于某些较复杂的桁架，可能需要多次使用截面法，或截面法和节点法结合应用才能求出全部待求杆件的内力。

　　此外，无论是节点法还是截面法，预先均**假设各杆受拉，力矢背向节点**，当计算结果为负时，则表示该杆受压。如图 3-7 所示，（a）为一屋顶桁架的计算简图，（b）为节点 $A$ 的受力图，图中 4、7、8 杆的内力矢背向节点，即表示假设各杆受拉[图（c）]。

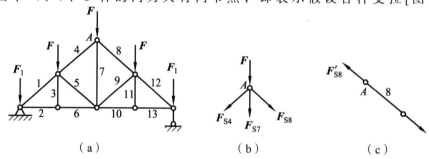

图 3-7　预先假设桁架各杆内力为轴向拉力

　　**例 3-7**　为简化计算，常用观察法事先确定内力为零的杆件，即所谓**零力杆**。试判断下列各图中内力为零的杆件。

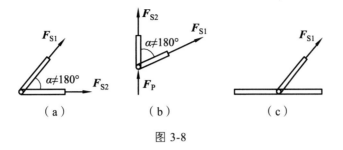

图 3-8

**解**　（1）在图 3-8（a）中取 $x$ 轴沿 $F_{S2}$ 的方向，由 $\sum F_y = F_{S1}\sin\alpha = 0$ 立即可得 $F_{S1} = 0$；再由 $\sum F_x = 0$ 可得 $F_{S2} = 0$。因此对于两杆相交的节点，若两杆的夹角不等于 180°，且节点上无主动力作用，则此二杆均为零力杆。

（2）若在图 3-8（a）中的节点上有一个主动力 $F_P$ 作用，且主动力方向沿其中的一根杆，则另一杆为零力杆。如图 3-8（b）所示，显然 $F_{S1} = 0$。

（3）对于三杆相交且无主动力作用的节点，若其中两根杆在同一直线上，如图 3-8（c）所示，则完全类似地有 $F_{S1} = 0$。

**例 3-8**　已知 $F_1 = 20\ \text{kN}$，$F_2 = 20\ \text{kN}$，求图 3-9（a）所示桁架各杆的内力。

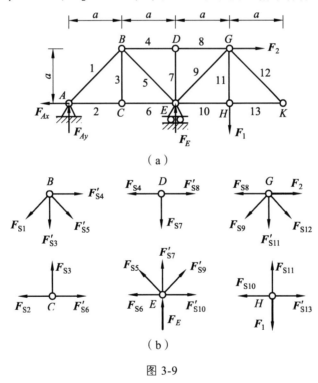

图 3-9

**解**　首先可判断 3、7、10、12、13 为零力杆。再以整体为研究对象，如图 3-9（a）所示有：

$$\sum M_A(\boldsymbol{F}) = 0: \quad 2F_E a - 3F_1 a - F_2 a = 0$$

故　　　　　　　　　　$F_E = 40\ \text{kN}$

应用节点法，依次以节点 $H$、$G$、$E$、$D$、$C$ 和 $B$ 为研究对象，如图 3-9（b）所示有：

节点 $H$：因为 $F_{S13} = 0$，故 $F_{S10} = 0$，$F_{S11} = F_1 = 20$ kN

节点 $G$：因为 $F_{S12} = 0$，$F'_{S11} = F_{S11} = 20$ kN，故有

$$\sum F_y = 0: \quad F'_{S11} + F_{S9}\sin 45° = 0, \quad F_{S9} = -20\sqrt{2} \text{ kN}$$

$$\sum F_x = 0: \quad F_2 - F_{S8} - F_{S9}\cos 45° = 0, \quad F_{S8} = 40 \text{ kN}$$

节点 $E$：因为 $F'_{S7} = 0$，$F'_{S10} = 0$，$F'_{S9} = F_{S9} = -20\sqrt{2}$ kN，故有

$$\sum F_y = 0: \quad F_E + F'_{S9}\sin 45° + F_{S5}\sin 45° = 0, \quad F_{S5} = -20\sqrt{2} \text{ kN}$$

$$\sum F_x = 0: \quad F'_{S9}\cos 45° - F_{S5}\cos 45° - F_{S6} = 0, \quad F_{S6} = 0$$

节点 $D$：$F_{S7} = 0$，$F_{S4} = F'_{S8} = F_{S8} = 40$ kN

节点 $C$：$F_{S3} = 0$，$F_{S2} = F'_{S6} = F_{S6} = 0$

节点 $B$：因为 $F'_{S3} = 0$，$F'_{S4} = F_{S4} = 40$ kN，$F'_{S5} = F_{S6} = -20\sqrt{2}$ kN，故有

$$\sum F_x = 0: \quad F'_{S4} + F'_{S5}\cos 45° - F_{S1}\cos 45° = 0, \quad F_{S1} = 20\sqrt{2} \text{ kN}$$

**例 3-9**　如图 3-10（a）所示平面桁架，各杆件的长度都等于 1 m。在节点 $E$、$G$、$F$ 上分别作用荷载 $F_E = 10$ kN，$F_G = 7$ kN，$F_H = 5$ kN。试计算杆 1、2 和 3 的内力。

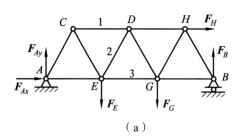
（a）

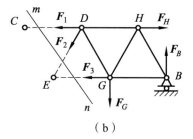
（b）

图 3-10

**解**　为求杆 1、2 和 3 的内力，可作一截面 $m$—$n$ 将三杆截断，若选取桁架右半部为研究对象，则只需先求出桁架支座 $B$ 的约束力。以桁架整体为研究对象，受力如 3-10 图（a）所示，则有：

$$\sum M_A(\boldsymbol{F}) = 0: \quad -F_E \cdot 1 - F_G \cdot 2 + F_B \cdot 3 - F_H\sin 60° \cdot 1 = 0$$

解得：　　　　　　　　$F_B = 9.44$ kN

再选取桁架右半部为研究对象。假定所截断的三杆都受拉力，受力如图 3-10（b）所示，为一平面任意力系，有平衡方程：

$$\sum M_D(\boldsymbol{F}) = 0: \quad F_B \cdot \frac{3}{2} - F_G \cdot \frac{1}{2} - F_3\sin 60° \cdot 1 = 0$$

$$\sum F_y = 0: \quad F_B - F_G - F_2\sin 60° = 0$$

$$\sum F_x = 0: \quad F_H - F_1 - F_3 - F_2\cos 60° = 0$$

解得：

$$F_1 = -8.726 \text{ kN（压力）}, \quad F_2 = 2.821 \text{ kN（拉力）}, \quad F_3 = 12.32 \text{ kN（拉力）}$$

## 3.3　考虑摩擦时的平衡问题

### 3.3.1　滑动摩擦

在前面的研究中，我们把物体相互间的接触面都看成理想光滑的，因此支承面的约束力沿接触处的公法线方向，物体沿支承面接触处切线方向的位移不会受到阻碍。这样假设是对实际情况的一种抽象和简化，当摩擦的影响不大时，这种简化是合理的也是必要的。但是在另外一些问题中，摩擦却不得不加以考虑，例如车辆的启动与制动、机械加工中的夹具、皮带轮传动、结构工程中的重力坝、摩擦桩等等。

相互接触的物体在相对运动（滑动与滚动）或有相对运动的趋势时，接触面上会产生对相对运动或相对运动趋势的阻碍作用，这种现象称为**摩擦**（friction），在接触处产生的阻碍彼此运动的切向力称为**摩擦力**（friction force）。如果这种阻碍彼此运动的摩擦力是由于相对滑动或相对滑动趋势所引起的，则称为**滑动摩擦力**（sliding friction force）。仅有相对滑动的趋势，但仍保持相对静止的两物体的接触面上的摩擦力称为**静滑动摩擦力**（static sliding friction force），简称**静摩擦力**。

静滑动摩擦力的大小与主动力有关。如图 3-11 所示，物体放在粗糙的水平面上，当水平拉力 $F_T$ 等于零时，作用于物体的摩擦力 $F$ 也等于零，即没有相对滑动的趋势，也就不存在摩擦力；当 $F_T$ 增大时，$F$ 也随着相应增大。但当 $F_T$ 增大到某一限度时，物体将开始滑动。这说明静摩擦力不能无限制地增大，而是有一定限度的，当主动力增大到某一极限值时，物体处于即将滑动的临界平衡状态，此时静摩擦力达到最大值 $F_{max}$，称为**最大静滑动摩擦力**（maximum static sliding friction force）。因此，静摩擦力的取值范围为 $0 \leqslant F \leqslant F_{max}$。

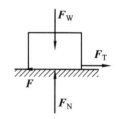

图 3-11　考虑摩擦时的约束力

**最大静滑动摩擦力的大小与法向反力成正比，方向与相对滑动的趋势相反：**

$$F_{max} = f_s F_N \tag{3-9}$$

上述结论也称为**库仑摩擦定律**。式中，比例系数 $f_s$ 称为**静摩擦系数**（static friction factor），是一个与两接触物体的材料性质及接触面的物理状态（如粗糙程度、温度、湿度等）有关，而与接触面大小无关的无量纲常数。常见的静摩擦系数的参考值可在相关工程手册中查到。

### 3.3.2　摩擦角和自锁现象

当有摩擦存在时，接触处的法向反力与摩擦力的合力称为全反力：

$$\boldsymbol{F}_R = \boldsymbol{F}_N + \boldsymbol{F} \tag{3-10}$$

摩擦力 $\boldsymbol{F}$ 变化时，全反力 $\boldsymbol{F}_R$ 也随之而变化。当摩擦力 $F = F_{max}$ 时，全反力达到最大值：$F_R = F_{Rm}$。此时全反力 $\boldsymbol{F}_{Rm}$ 与法向反力 $\boldsymbol{F}_N$ 之间的夹角 $\varphi_m$ 称为**摩擦角**（angle of static friction）。

由图 3-12（a）可得：

$$\tan \varphi_m = \frac{F_{max}}{F_N} = f_s \tag{3-11}$$

即**摩擦角的正切等于静摩擦系数**。

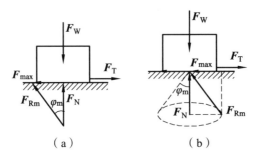

图 3-12　摩擦角和摩擦锥

在三维情况下，即当主动力 $F_T$ 的方向在水平面内变化时，最大全反力 $F_{Rm}$ 的作用线将在空间形成一个以 $2\varphi_m$ 为顶角的正圆锥面[图 3-12（b）]，称为**摩擦锥**（cone of static friction）。显然，**摩擦角和摩擦锥分别是二维和三维空间静摩擦力取值范围的几何表示**。

当物体在主动力 $F_P$ 的作用下处于平衡时，静摩擦力 $F$ 必须小于或者等于最大静摩擦力 $F_{max}$，这就意味着保持平衡的条件是全反力 $F_R$ 的作用线不能超越摩擦角的边界，而与它的大小无关[图 3-13（a）]。根据二力平衡条件，此时 $F_P$ 与 $F_R$ 是等值反向共线的，于是也就要求 $F_P$ 的作用线不能超越摩擦角的边界。因此，当作用于物体的主动力的合力作用线位于摩擦角范围内时，不管主动力多大，物体都将保持平衡，这种现象称为**自锁**（self-lock）。例如放在倾角小于摩擦角的斜面上的重物[图 3-13（b）]，不论其重量多大，都能在斜面上保持静止而不下滑。工程中常用的螺旋器械[图 3-13（c）]在原理上与斜面上重物的自锁类似，为了保证主动力偶撤去后，螺纹不致在轴向力的作用下反转，螺纹的升角 $\alpha$ 必须小于摩擦角。

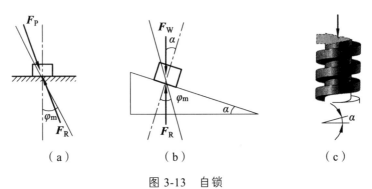

图 3-13　自锁

### 3.3.3　考虑摩擦时的平衡问题

有滑动摩擦时的平衡问题，要注意区分系统是否达到临界平衡状态，库仑摩擦定律[式（3-9）]只适用于临界平衡状态。因此考虑摩擦的平衡问题可分为以下两类：

1. 临界平衡问题

在这类问题中，系统处于有摩擦的临界平衡状态，摩擦力等于最大静摩擦力 $F = F_{max}$，可用库仑摩擦定律[式（3-9）]与系统的平衡方程联立求解。此时，摩擦力的方向不能任意假设，必须根据两接触物体之间的相对滑动趋势作出正确判断，摩擦力总是阻碍相对滑动的产生。

比较复杂的情况是相对滑动的趋势不止一种，甚至还含有翻倾或滚动的可能。此时必须针对各种可能的临界平衡状态分别加以研究，经过分析判断，最后确定一个合理的解。

2. 非临界平衡问题

这类问题与一般的平衡问题没有本质的区别。在这种情况下，摩擦力通常是未知的，且不能确认它是否已达到最大值，因而只能将它看成接触处的独立的切向未知力（指向可任意假设），通过平衡方程来求解。

如果已知接触处的摩擦系数，则需应用库仑摩擦定律求出最大静摩擦力 $F_{max}$，以便检验由平衡方程求出的摩擦力 $F$ 是否满足。若不满足，则表明物体已经处于运动状态。由平衡方程求出的结果即是不合理的。

**例 3-10**　重 $F_W = 2$ kN 的正方形物块放在倾角为 $\alpha = 10°$ 的斜面上，如图 3-14（a）所示，已知接触处的摩擦系数为 $f_s = 0.4$，欲使物块下滑而不翻倾，试求水平力 $\boldsymbol{F}_P$ 的取值范围。

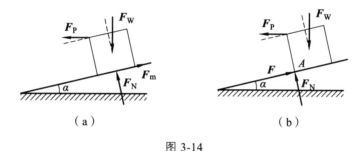

（a）　　　　　　　　　　　　　（b）

图 3-14

**解**　在足够大的水平力 $\boldsymbol{F}_P$ 的作用下，物块可能向下滑动，也可能向下翻倾。下面分别研究这两种可能的临界平衡状态，进而确定 $F_P$ 的取值范围。

当物块处于向下滑动的临界平衡状态时，与斜面接触处的摩擦力达到最大值，如图 3-14（a）所示有：

$$F_N - F_W \cos\alpha + F_P \sin\alpha = 0$$
$$F_m - F_W \sin\alpha - F_P \cos\alpha = 0$$
$$F_m = F_N f_s$$

代入数值可求得欲使物块下滑的最小水平力

$$F_{P1} = 418 \text{ N}$$

当物块处于向下翻倾的临界平衡状态时，斜面对物块的作用力将集中于 $A$ 点，如图 3-14（b）所示。设正方形物块的边长为 $b$，则有：

$$\sum M_A(\boldsymbol{F}) = 0: \quad F_P b\cos\alpha + F_W \frac{b}{2}\sin\alpha - F_W \frac{b}{2}\cos\alpha = 0$$

由上式可求得使物块翻倾的最小水平力

$$F_{P2} = 824 \text{ N}$$

因此，使物块下滑而不翻倾的水平力 $F_P$ 的取值范围为：

$$418 \text{ N} < F_P < 824 \text{ N}$$

**例 3-11** 一活动支架套在固定圆柱的外表面，如图 3-15（a）所示，且 $h = 20 \text{ cm}$。假设支架和圆柱之间的静摩擦系数 $f_s = 0.25$。问作用于支架的主动力 $F$ 的作用线距圆柱中心线至少多远才能使支架不致下滑（支架自重不计）。

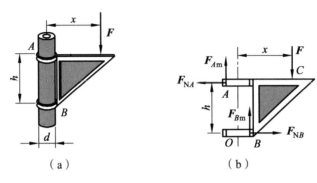

（a）　　　　　　　　　（b）

图 3-15

**解**　（1）取支架为研究对象，在力 $F$ 的作用下支架与圆柱之间的接触点为 $A$ 和 $B$，受力分析如图 3-15（b）所示。

（2）由平衡方程的基本形式得：

$$\sum F_x = 0: \quad -F_{NA} + F_{NB} = 0$$

$$\sum F_y = 0: \quad F_{Am} + F_{Bm} - F = 0$$

$$\sum M_O = 0: \quad hF_{NA} - \frac{d}{2}(F_{Am} - F_{Bm}) - x_{\min}F = 0$$

在临界平衡状态时，有补充方程：

$$F_{Am} = f_s F_{NA}, \quad F_{Bm} = f_s F_{NB}$$

（3）由以上 5 个方程联立求解得到使支架不致下滑的最小 $x$ 值：

$$x_{\min} = 40 \text{ cm}$$

**例 3-12**　梯子 $AB$ 靠在墙上，与水平面成 $\theta$ 角。梯子长 $AB = l$，重量可以略去，如图 3-16 所示。已知梯子与地面、墙面间静摩擦系数分别为 $f_{s1}$、$f_{s2}$。重量为 $F_P$ 的人沿梯上登，他在梯上的位置 $C$ 点不能过高，即距离 $AC = s$ 如超过一定限度，梯子将会滑倒。试求 $s$ 的范围。

**解**　设人沿梯子上登到达极限位置，$s$ 达最大值 $s_{\max}$，如再继续上登，梯子即将滑倒。当 $s = s_{\max}$ 时，梯子处于从静止转入滑倒的临界状态。梯子与地面的接触点 $A$ 有沿地面向右滑动的趋势，故该处摩擦力 $F_{Am}$ 指向左方，且其大小达到最大值 $f_{s1}F_{NA}$。同样地，梯子与墙面的接触点 $B$ 有向下滑动的趋势，故摩擦力 $F_{Bm}$ 指向上方，且其大小达到最大值 $f_{s2}F_{NB}$。这时，系统的受力如图 3-16 所示，$F_P$、$F_{NA}$、$F_{Am}$、$F_{NB}$、$F_{Bm}$ 诸力构成平面一般力系，有平衡方程：

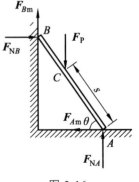

图 3-16

$$\left.\begin{array}{l} \sum F_x = 0 : F_{NB} - F_{Am} = 0 \\ \sum F_y = 0 : F_{NA} + F_{Bm} - F_P = 0 \\ \sum M_A(\boldsymbol{F}) = 0 : F_P s_{max} \cos\theta - F_{NB} l \sin\theta - F_{Bm} l \cos\theta = 0 \end{array}\right\} \tag{1}$$

且有：

$$F_{Am} = f_{s1} F_{NA} \tag{2}$$

$$F_{Bm} - f_{s2} F_{NB} \tag{3}$$

将式（2）和式（3）分别代入式（1）的前两式中，联立消去 $F_{NA}$ 后解得：

$$F_{NB} = \frac{f_{s1}}{1 + f_{s1} f_{s2}} F_P \tag{4}$$

再将式（3）和式（4）代入式（1）的最后一式中，解得：

$$s_{max} = \frac{f_{s1}(\tan\theta + f_{s2})}{1 + f_{s1} f_{s2}} l \tag{5}$$

因此，为保持梯子静止，$s$ 的取值范围为：

$$0 \leqslant s \leqslant \frac{f_{s1}(\tan\theta + f_{s2})}{1 + f_{s1} f_{s2}} l \tag{6}$$

例如，设 $\theta = 60°$，$f_{s1} = 0.4$，$f_{s2} = 0.2$，则可算出：

$$s_{max} = 0.7156l$$

讨论：（1）设 $\varphi_{m1}$ 为 $A$ 处的摩擦角，即有 $\tan\varphi_{m1} = f_{s1}$，则由式（5）可知，若 $\tan\theta \geqslant (1/f_{s1}) = \cot\varphi_{m1} = \tan(90° - \varphi_{m1})$，则 $s_{max} \geqslant l$。这就是说，当 $\theta \geqslant (90° - \varphi_{m1})$ 时，人可以一直登到梯顶，梯子也不会滑倒。

（2）当 $f_{s2} = 0$ 即墙面光滑时，$s_{max} = f_{s1} l \tan\theta$。但当 $f_{s1} = 0$ 即地面光滑时，$s_{max} = 0$，这就是说，人无法登上放在光滑地面上的梯子。

**例 3-13** 重量相等、长度相同的两根均质杆 $AB$ 和 $BC$ 在 $B$ 端铰接，$A$ 端铰接在铅直墙上，$C$ 端靠在粗糙的墙面上，如图 3-17（a）所示。若墙与 $C$ 端接触处的摩擦系数 $f_s = 0.5$，试求平衡时两杆之间的最大夹角 $\theta$。

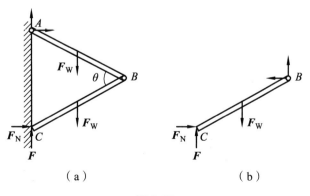

（a）　　　　　　　　　　（b）

图 3-17

**解** 设杆重为 $F_W$，杆长为 $l$。以整体为研究对象，系统处于平衡状态，如图 3-17（a）所示有：

$$\sum M_A(\boldsymbol{F}) = 0 : F_N 2l \sin\frac{\theta}{2} - 2F_W \cdot \frac{l}{2}\cos\frac{\theta}{2} = 0$$

研究杆 $BC$，如图 3-17（b）所示有：

$$\sum M_B(\boldsymbol{F}) = 0 : F_N l \sin\frac{\theta}{2} + F_W \cdot \frac{l}{2}\cos\frac{\theta}{2} - Fl\cos\frac{\theta}{2} = 0$$

当两杆之间的夹角 $\theta$ 最大时，系统处于临界平衡状态，$C$ 处的静摩擦力达到最大值，故有：

$$F = F_{max} = f_s F_N$$

由以上方程即可解出：

$$\theta_{max} = 2\arctan\left(\frac{f_s}{2}\right) = 28.1°$$

## 思 考 题

3-1 若平面汇交力系的各力在任意两个互不平行的轴上投影的代数和均为零，试说明该力系一定平衡。

3-2 图（a）中，刚体受四个力 $\boldsymbol{F}_1$、$\boldsymbol{F}_2$、$\boldsymbol{F}_3$ 和 $\boldsymbol{F}_4$ 的作用，其力多边形封闭且为一平行四边形，如图（b）所示。该刚体是否平衡，为什么？

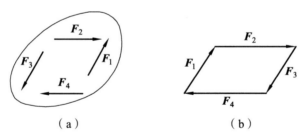

（a）　　　　　　　　　　　（b）

思考题 3-2 图

3-3 图示桁架中哪些杆件的内力为零？

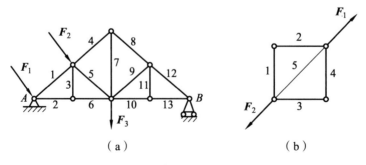

（a）　　　　　　　　　　　（b）

思考题 3-3 图

3-4　重为 $W$ 的物体置于斜面上，如图所示，已知静摩擦系数为 $f_s$，且 $\tan\alpha < f_s$，问此物体能否下滑？如果增加物体的重量或在物体上另加一重为 $F_{W1}$ 的物体，问能否达到下滑的目的？

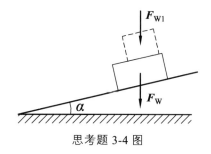

思考题 3-4 图

3-5　汽车的发动机经一系列机构驱动后轴的车轮顺时针转动，说明作用于前后轮上的摩擦力的方向和作用。

# 习　题

3-1　求下列各图中支座的约束力。

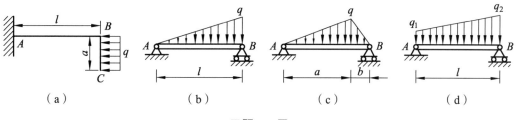

（a）　　　　　（b）　　　　　（c）　　　　　（d）

习题 3-1 图

3-2　求下列各梁和刚架的支座约束力，长度单位为 m。

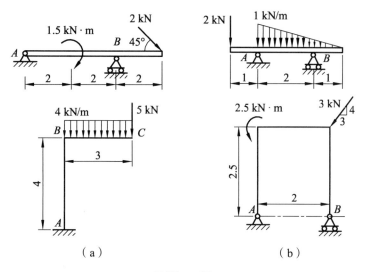

（a）　　　　　　　　　　（b）

习题 3-2 图

3-3 在图示结构中，各构件的自重略去不计。在构件 $AB$ 上作用一力偶矩为 $M$ 的力偶，求支座 $A$ 和 $C$ 的约束力。

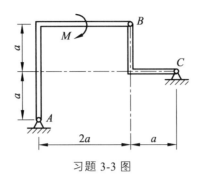

习题 3-3 图

3-4 物体重 $F_P = 20$ kN，用绳子挂在支架的滑轮 $B$ 上，绳子的另一端接在铰车 $D$ 上，如图所示。转动铰车，物体便能升起。设滑轮的大小、$AB$ 与 $CB$ 杆自重及摩擦略去不计，$A$、$B$、$C$ 三处均为铰链连接。当物体处于平衡状态时，试求拉杆 $AB$ 和支杆 $CB$ 所受的力。

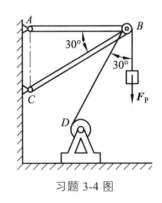

习题 3-4 图

3-5 杆 $AB$ 及其两端滚子的整体重心在 $G$ 点，滚子搁置在倾斜的光滑刚性平面上，如图所示。对于给定的 $\theta$ 角，试求平衡时的 $\beta$ 角。

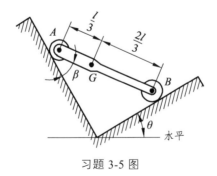

习题 3-5 图

3-6 如图所示，飞机机翼上安装一台发动机，作用在机翼 $OA$ 上的气动力按梯形分布：$q_1 = 60$ kN/m，$q_2 = 40$ kN/m，机翼重 $F_{P1} = 45$ kN，发动机重 $F_{P2} = 20$ kN，发动机螺旋桨的作用力偶矩 $M = 18$ kN·m。求机翼处于平衡状态时，机翼根部固定端 $O$ 受的力。

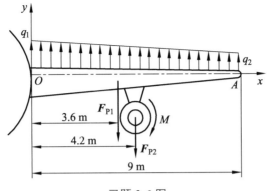

习题 3-6 图

3-7　图示挡水侧墙修建在基础上，高 $h = 2$ m，水深也为 $h$，如侧墙为片石混凝土，重度 $\gamma = 22.5$ kN/m$^3$。试求：（1）若取倾覆安全系数 $K_q = 1.4$，侧墙不致绕 $A$ 点倾覆时所需要的墙宽 $b$ 为多大？（2）若使墙身的底面在 $B$ 处不受张力作用，即沿基底 $AB$ 的分布荷载为一三角形，则这时墙宽 $b$ 的最小值为多少？

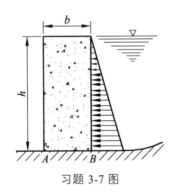

习题 3-7 图

3-8　图示为一绳索拔桩装置。绳索的 $E$、$C$ 两点拴在架子上，点 $B$ 与拴在桩 $A$ 上的绳索 $AB$ 连接，在点 $D$ 加一铅垂向下的力 $F$，$AB$ 可视为铅垂，$DB$ 可视为水平。已知 $\alpha = 0.1$ rad，力 $F = 800$ N。试求绳 $AB$ 中产生的拔桩力（当 $\alpha$ 很小时，$\tan \alpha \approx \alpha$）。

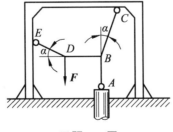

习题 3-8 图

3-9　均质球重 $F_W$、半径为 $r$，放在墙与杆 $CB$ 之间，杆长为 $l$，其与墙的夹角为 $\alpha$，$B$ 端用水平绳 $BA$ 拉住，不计杆重。求绳索的拉力，并问 $\alpha$ 为何值时绳的拉力最小？

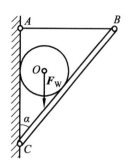

习题 3-9 图

3-10　在图示结构中,各构件的自重略去不计,在构件 BC 上作用一力偶矩为 M 的力偶,各尺寸如图所示。求支座 A 的约束力。

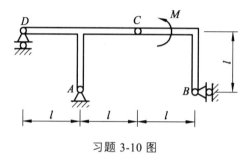

习题 3-10 图

3-11　用节点法求图示桁架各杆件的内力。

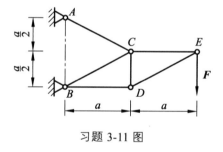

习题 3-11 图

3-12　求图示平面桁架中 1、2、3 杆的内力。

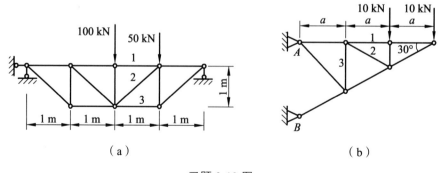

（a）　　　　　　　　　　　（b）

习题 3-12 图

3-13　桁架的尺寸以及所受的荷载如图所示。试求杆 *BH*、*CD* 和 *GD* 的受力。

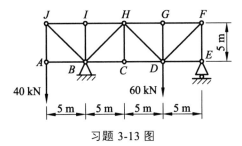

习题 3-13 图

3-14　平面桁架受力如图所示。*ABC* 为等边三角形，且 *AD* = *DB*。求杆 *CD* 的内力。

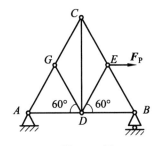

习题 3-14 图

3-15　平面桁架的支座和荷载如图所示。求杆 1、2 和 3 的内力。

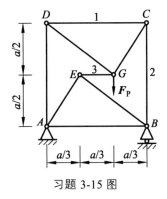

习题 3-15 图

3-16　用绳拉一重 500 N 的物体，拉力 $F_T$ = 150 N。（1）若静摩擦系数 $f_s$ = 0.45，试判断该物体是否平衡及此时摩擦力的大小及方向。（2）若静摩擦系数 $f_s$ = 0.577，求拉动物体所需的拉力。

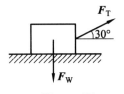

习题 3-16 图

3-17　重为 $F_W$ 的物体放在倾角为 $\alpha$ 的斜面上，静摩擦系数为 $f_s$。问要拉动物体所需拉力 $F_T$ 的最小值是多少，这时角 $\theta$ 多大？

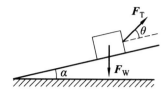

习题 3-17 图

3-18  两物块 $A$、$B$ 放置位置如图所示。物块 $A$ 重 $F_{W1} = 5$ kN，物块 $B$ 重 $F_{W2} = 2$ kN，$A$ 与 $B$ 之间的静摩擦系数 $f_{s1} = 0.25$，$B$ 与固定水平面之间的静摩擦系数 $f_{s2} = 0.20$。求拉动物块 $B$ 所需力 $F$ 的最小值。

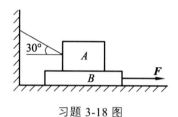

习题 3-18 图

3-19  如图所示，置于 $V$ 形槽中的棒料上作用一力偶，力偶的矩 $M = 15$ kN·m 时，刚好能转动此棒料。已知棒料重 $F_W = 400$ N，直径 $D = 0.25$ m，不计滚动阻力矩，试求棒料与 $V$ 形槽之间的静摩擦系数 $f_s$。

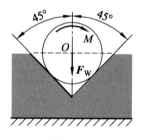

习题 3-19 图

3-20  梯子 $AB$ 靠在墙上，其重为 $F_W = 200$ N，如图所示。梯长为 $l$，与水平面交角为 $\theta = 60°$。已知接触面间的静摩擦系数均为 0.25。今有一重 $F_P = 650$ N 的人沿梯上爬，问人所能达到的最高点 $C$ 到 $A$ 点的距离 $s$ 应为多少？

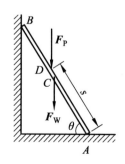

习题 3-20 图

3-21　尖劈起重装置如图所示。尖劈 $A$ 的顶角为 $\alpha$，$B$ 块上受力 $\boldsymbol{F}_Q$ 的作用。$A$ 块与 $B$ 块之间的静摩擦系数为 $f_s$（有滚珠处摩擦力忽略不计）。如不计 $A$ 块和 $B$ 块的自重，试求保持平衡时主动力 $\boldsymbol{F}_P$ 的取值范围。

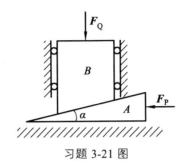

习题 3-21 图

3-22　均质棱柱体重 $F_W = 4.8 \text{ kN}$，放置在水平面上，静摩擦系数 $f_s = 1/3$，力 $\boldsymbol{F}$ 按图示方向作用。试问当 $\boldsymbol{F}$ 的值逐渐增大时，该棱柱体是先滑动还是先倾倒？并计算运动刚发生时力 $\boldsymbol{F}$ 的值。

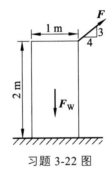

习题 3-22 图

3-23　砖夹由曲杆 $AHB$ 和 $HCED$ 在点 $H$ 铰接而成，如图所示。设被提起的砖共重 $F_W$，提砖的合力 $\boldsymbol{F}_P$ 作用在砖夹的对称中心线上，砖夹与砖之间的静摩擦因数 $f_s = 0.5$。试问 $b$ 应为多大才能保证砖不下滑？

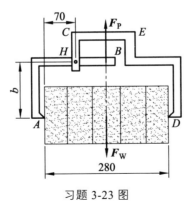

习题 3-23 图

3-24　在平面曲柄链杆滑块机构中，曲柄 $OA$ 长 $r$，作用有一矩为 $M$ 的力偶，小滑块 $B$ 与水平面之间的静摩擦系数为 $f_s$。$OA$ 水平。连杆与铅垂线的夹角为 $\theta$，力与水平面成 $\beta$ 角。求机构在图示位置保持平衡时力 $\boldsymbol{F}_P$ 的值。（不计机构自重，$\theta > \varphi_m = \arctan f_s$）

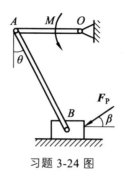

习题 3-24 图

3-25  已知物体重 $W = 100$ N，斜面倾角为 $30°$（$\tan 30° = 0.577$），物块与斜面间图（a）的摩擦因数为 $f_s = 0.38$，图（b）的摩擦因数为 $f_s' = 0.37$。求物块与斜面间的摩擦力。并问物体在斜面上是静止、下滑还是上滑？如果使物块沿斜面向上运动，求施加于物块并与斜面平行的力 $F$ 至少应为多大？

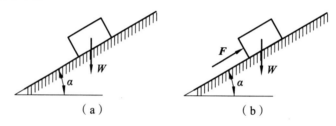

（a）               （b）

习题 3-25 图

3-26  重 500 N 的物体 $A$ 置于重 400 N 的物体 $B$ 上，$B$ 又置于水平面 $C$ 上，如图所示。已知 $f_{sAB} = 0.3$，$f_{sBC} = 0.2$，今在 $A$ 上作用一与水平面成 $30°$ 的力 $F$。问当 $F$ 力逐渐加大时，是 $A$ 先动，还是 $A$、$B$ 一起滑动？如果 $B$ 物体重为 200 N，情况又如何？

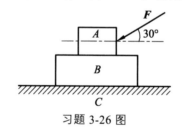

习题 3-26 图

3-27  均质梯长为 $l$、重为 $P$，$B$ 端靠在光滑铅直墙上，如图所示，已知梯与地面的静摩擦因数 $f_{sA}$。求平衡时梯与地面的夹角 $\theta$。

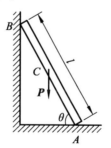

习题 3-27 图

3-28 如图所示，欲转动一置于 V 形槽中的棒料，需作用一力偶，力偶矩 $M = 1\,500\,\text{N}\cdot\text{cm}$，已知棒料重 $G = 400\,\text{N}$，直径 $D = 25\,\text{cm}$。试求棒料与 V 形槽之间的摩擦因数 $f_s$。

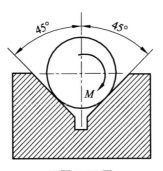

习题 3-28 图

# 第 4 章　材料力学概述及其基本概念

材料力学是固体力学的一个分支，是工科重要的技术基础课。本章介绍材料力学的任务、研究对象、衡量构件承载能力的三个方面内容、材料力学中对材料所作的基本假设以及材料力学与工程实际的联系等内容。本章首先对作用于物体上的外力进行分类，并引出内力的概念以及用截面法求内力的方法；进而讨论了内力集度即应力的定义及类型，阐述了由于外力作用导致构件上发生的位移、变形及线应变；最后简单介绍了杆件的类型及其所发生的 4 种基本变形。详细的讨论见以后各章节。

## 4.1　材料力学概述

### 4.1.1　材料力学的任务

结构物或机械通常都受到各种外力的作用，例如房屋外墙受到的风压力、吊车梁承受的吊车和起吊物的重力等，这些力称为荷载。组成结构物和机械的单个组成部分，统称为构件。

要保证建筑物或机械安全地工作，显然其组成构件需要安全地工作，即要有足够的承受荷载的能力，这种承受荷载的能力简称为承载力。一方面，如果构件设计薄弱，或选用材料不恰当，不能安全工作，则会影响整个结构物的安全工作，甚至造成严重事故；另一方面，如果构件设计过于保守，虽保证了构件和结构物的安全性，但构件的承载能力不能充分发挥，浪费了材料，增加了重量和成本，也是不可取的。

显然，构件设计是否合理有着相互矛盾的两个方面，即安全性和经济性，既要有足够的承载能力，又要经济适用。解决这个矛盾正是材料力学的任务所在。材料力学为解决上述矛盾提供理论依据和计算方法。而且，材料力学还在基本概念、基本理论和基本方法等方面，为结构力学、弹性力学、钢筋混凝土、钢结构等后续课程提供基础。

### 4.1.2　强度、刚度、稳定性

在材料力学中，衡量构件的承载能力，有以下三个方面：

1. 强度——构件抵抗破坏（断裂或塑性变形）的能力

所有的机械或结构物在运行或使用中，其构件都将受到一定的力作用，通常称为构件承受一定的荷载；但是对于构件所承受的荷载都有一定的限制，不允许过大，如果过大，构件就会发生断裂或产生塑性变形而使构件不能正常工作，称为失效或破坏，严重者将发生工程事故，如桥梁折断、房屋坍塌等。工程中的事故屡见不鲜，因此必须研究受载构件抵抗破坏的能力——强度，对构件进行强度计算，以保证构件有足够的强度。

2. 刚度——构件抵抗变形的能力

当构件受载时，其形状和尺寸都要发生变化，称为变形。工程中要求构件的变形不允许过大，如果过大，构件就不能正常工作。如：机床的齿轮轴，变形过大就会造成齿轮啮合不良；吊车大梁变形过大，会使跑车出现爬坡现象，引起振动；房梁变形过大，会引起楼面屋面开裂滴漏等。因此，必须研究构件抵抗变形的能力——刚度，进行刚度计算，以保证构件有足够的刚度。

3. 稳定性——构件保持原来平衡状态的能力

构件在荷载作用下能保持原有状态的平衡，即稳定平衡，例如千斤顶的螺杆、房屋的柱子，这类构件如果较为细长，在压力作用下杆轴线有发生弯曲的可能。为保证其正常工作，要求这类构件始终保持直轴线的平衡形式，即保证构件有足够的稳定性。

### 4.1.3　材料力学的研究方法

构件的承载能力与其材料的机械性质即力学性能有关，而材料的力学性能必须通过实验来测定。此外，在材料力学中许多理论分析是建立在某些假设条件基础上的，其分析结果的正确与否有待于实验的检验；对于用现有理论无法分析解决的问题，也必须借助于实验解决。所以实验分析和理论推导是材料力学解决问题的手段和方法。随着计算机技术的发展，计算机也成为研究材料力学的手段和工具。

## 4.2　材料力学与生产实践的关系

科学的产生和发展是由生产决定的；反过来，科学的发展又推动和促进生产的发展。材料力学与生产实践之间同样是这种辩证关系。

从远古时代起，人类就开始在房屋、桥梁的建筑，以后又在车辆、船只和其他简单机械的制造等方面，逐渐积累了关于结构的受力分析和材料强度的知识。例如：早在 3500 年以前，我国就已经采用柱、梁、檩、椽的木结构建造墙壁不承重的房屋，知道立柱宜采用圆截面，木梁应采用矩形截面；由隋朝工匠李春主持建造的赵州桥，跨长 37 m，是由石块砌成的拱结构，既利用了石料耐压的特性，又减轻了重量。

材料力学成为一门比较系统的科学，是在 17 世纪以后，随着资本主义机器大工业生产而发展起来的。通常认为，意大利科学家伽利略《关于两门新科学的对话》一书的发表（1638 年），是材料力学开始成为一门科学的标志。当时欧洲各国生产规模及海外交通迅速扩大，工业兴起，单凭经验或用简单的比例放大方法，都不能解决大型和新型船舶、水闸、海港等结构的设计问题。在这种情况下，伽利略及其他科技人员开始研究强度问题，并引入了试验研究和理论分析相结合的科学方法。英国科学家胡克，利用弹簧作试验，在 1678 年得出了变形和外力成正比的结论，在这个基础上发展成胡克定律。根据胡克定律，并经过进一步的试验和理论分析，法国科学家库仑在 1773 年正确解决了梁的弯曲问题。这样，材料力学的发展，形成了一条理论分析与试验研究相结合的正确道路。

最初，天然的木料、石料和较粗糙的铸钢、铸铁是主要的工程材料。随着铁路、车辆、动力机械、金属切削机床以至飞机的发明及使用，钢和铝合金的出现，人们才广泛使用有较高强度的金属，同时促使弯曲、扭转理论进一步完善，薄板、薄壳理论也有了很大发展，测定材料力学性质的专门实验室也建立了起来。在这个基础上，符合一定强度要求的构件截面尺寸大为减小，自重和材料消耗得以降低。可是，由于构件细长，它的变形问题却显得突出起来，这就促进了构件刚度的研究。著名数学家欧拉早在 1744 年就提出了压杆稳定临界荷载的计算公式，但只是在发生多起由于压杆失稳而引起严重事故之后（如 1896 年瑞士孟汗太因坦铁路因桁架压杆失稳而倒塌），稳定理论才在欧拉公式的基础上发展起来。

## 4.3　可变形固体的性质及其基本假设

建筑物、机械等各种构件都是由各种材料制成的，虽然其物质结构和性质各异，但都为固体，且在荷载的作用下都会发生尺寸和形状变化，故在材料力学中称其为变形固体。对变形固体制成的构件进行强度、刚度和稳定性研究时，为了简化计算，常根据所研究问题的性质，略去一些次要因素，作出某些假设以得出理想化模型，从而使所研究的问题简化或使得用精确的理论方法无法求解的问题能得以求解。材料力学对变形固体作了以下假设：

（1）连续性假设：认为组成固体的物质不留空隙地充满了固体的体积。实际上，变形固体就其物质结构而言，组成固体的粒子之间是有空隙的，但这些空隙的大小与构件的尺寸相比极其微小，故假设固体内部是密实无空隙的。根据这一假设，物体内的一些物理量（如应力、变形和位移等）就可以用位置坐标的连续函数表示。

（2）均匀性假设：认为物体在其整个体积内材料的结构和性质相同。事实上，变形固体的结构和性质并不是处处相同的，如在混凝土物体中，石块、砂和水泥微粒，它们的性质就各不相同，但因一般混凝土结构物的体积都很大，从中取出的任一部分作为研究对象时都必定会包含很多的石块、沙和水泥，故认为混凝土也是均匀材料。根据这一性质，我们就可以取出构件中的任何部分来研究材料的性质，并将其结果用于整个构件。

（3）各向同性假设：认为无论沿任何方向固体的力学性能都是相同的。实际上，对于晶体结构的金属材料而言，每个晶粒在不同的方向有不同的性质。但构件中包含晶粒的数量极多，晶体间的尺寸及其相互间的间隙与构件尺寸相比均极其微小，且晶体在构件中错综交叠地排列着，所以材料力学性质是组成材料的所有晶粒的性质的统计平均量，宏观上可以认为是各向同性的。根据这一假设，我们就可以在物体的同一处沿不同方向截取出性质相同的材料进行研究。

但也有一些材料只在某一方向上才会有相同的性质，例如各种轧制的钢筋、冷拉的钢丝以及纤维整齐的木材等，我们称其为单向同性材料。还有一些材料完全不具备各向同性或单向同性的性质，例如纤维纠结杂乱无章的木材、经过冷扭的钢丝、胶合板、纺织品等，称为各向异性材料。

综上所述，在材料力学中，将材料看作连续、均匀、各向同性的变形固体。

## 4.4　内力、截面法和应力的概念

### 4.4.1　内力（附加内力）

物体在外力作用下发生形状和尺寸的改变，其原因是内部各质点的相对位置发生改变导致各质点之间的相互作用力发生变化。这种由于外力作用而引起的相互作用力的改变量在某一截面上对某点的主矢和主矩称为该截面上的内力。为了与分子间的结合力相区别，这种内力称为附加内力。此内力随外力增加而增大，当达到某一限度时，物体就会发生破坏，所以它与构件的承载能力密切相关。

### 4.4.2　截面法

为显示和计算构件的内力，可采用截面法，将内力暴露出来。假想地用一截面将构件截开为两部分，取其中任一部分为隔离体，利用静力平衡方程求解截面上内力的方法称为截面法（图 4-1），是材料力学中求解截面内力的基本方法。

截面法三步骤：

（1）切：欲求某一截面上的内力，即用一假想平面将物体自该截面分为两部分。

（2）代：两部分之间的相互作用用内力代替。

（3）平：建立其中任一部分的平衡条件，求未知内力。

注：内力为连续分布力，用平衡方程求解时为其分布内力的合力。

上述步骤可以叙述为：一截为二，去一留一，平衡求力。下面举例说明。

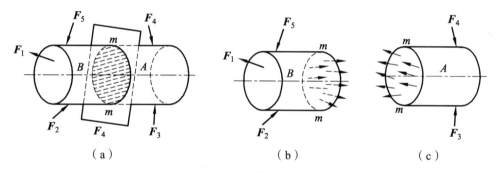

（a）　　　　　　　　　　（b）　　　　　　　　　　（c）

图 4-1　截面法

**例 4-1**　试求图 4-2 所示悬臂梁 m—m 截面上的内力。

**解**　（1）切：从 m—m 处截开截面。

（2）代：取右段隔离体，左段对右段的作用用内力 $F_S$ 和 $M$ 代替。

（3）平：对右段隔离体建立平衡方程。

$$\sum F_y = 0: \quad F_S - F = 0$$
$$\sum M_O = 0: \quad M - Fa = 0$$

求得：$F_S = F$（剪力），$M = Fa$（弯矩）

### 4.4.3　应　力

用截面法求得的是构件截面上分布内力系对截面形心的主矢和主矩，并不能说明其在截面内某一点处的强弱程度。而对于构件强度而言，分布内力系在各点的强弱程度即内力的集度是至关重要的。故仅仅知道构件截面上的内力是不够的，还需进一步研究内力分布的密集度。内力的集度通常称为应力。

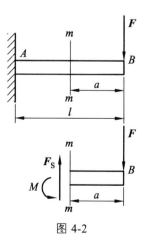

图 4-2

在截面上围绕一点取一微面积 $\Delta A$，其上作用着内力的一部分，设其为 $\Delta F$（图 4-3），称 $\Delta F$ 与 $\Delta A$ 的比值为小面积 $\Delta A$ 上的平均应力，即：

$$p_{\mathrm{m}} = \frac{\Delta F}{\Delta A}$$

$$p = \lim_{\Delta A \to 0} p_{\mathrm{m}} = \lim_{\Delta A \to 0} \frac{\Delta F}{\Delta A}$$

式中：$p$——$C$ 点的内力集度，称为 $C$ 点处的总应力，$p$ 为矢量。

若将 $p$ 分解为垂直于截面的分量 $\sigma$ 和平行于截面的分量 $\tau$，如图 4-4 所示，则称 $\sigma$ 为截面的正应力，$\tau$ 为截面的切应力。

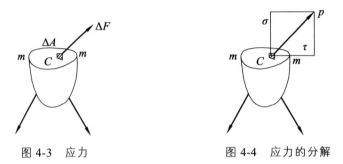

图 4-3　应力　　　　　　　　　　图 4-4　应力的分解

在应用上常把应力当作作用于单位面积上的内力。它的量纲是[力]/[长度]$^2$，国际单位制中的常用单位是牛/米$^2$（N/m$^2$），也称为帕斯卡（pascal），国际代号是 Pa。这个单位较小，通常使用的有千帕（kPa）、兆帕（MPa）、吉帕（GPa）。

$$1 \text{ kPa} = 1 \times 10^3 \text{ Pa}, \quad 1 \text{ MPa} = 1 \times 10^6 \text{ Pa}, \quad 1 \text{ GPa} = 1 \times 10^9 \text{ Pa}$$

## 4.5　杆件变形的基本形式

作用在杆件上的外力是多种多样的，因此，杆的变形也是多种多样的。但是无论多么复杂的变形，其基本变形不外乎以下四种，或这四种基本变形的组合变形。

### 4.5.1　轴向拉伸或轴向压缩

在一对其作用线与直杆轴线重合的外力 $F$ 作用下，直杆沿轴线方向产生伸长或缩短，这种变形形式称为轴向拉伸或轴向压缩（图 4-5）。简单桁架在荷载作用下，桁架中的杆件就发生轴向拉伸或轴向压缩。

图 4-5　轴向拉伸或轴向压缩机压缩

### 4.5.2　剪　切

在一对相距很近的大小相同、指向相反的横向外力 $F$ 作用下，直杆的主要变形是横截面沿外力作用方向发生相对错动（图 4-6），这种变形形式称为剪切。一般在发生剪切变形的同时，杆件还存在其他的变形形式。

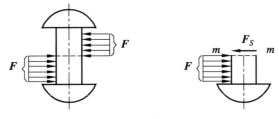

图 4-6 剪切

### 4.5.3 扭 转

在一对转向相反、作用面垂直于直杆轴线的外力偶（其矩为 $M_e$）作用下，直杆的相邻截面将绕轴线发生相对转动，杆件表面纵向线将成螺旋线，而轴线仍维持直线，这种变形形式称为扭转（图 4-7）。

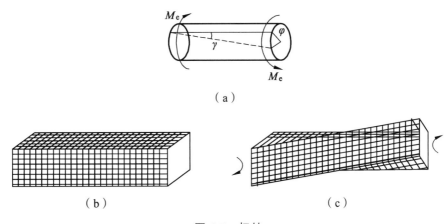

（a）

（b）  （c）

图 4-7 扭转

### 4.5.4 弯 曲

这类变形的发生是由垂直于杆件轴线的横向力，或由大小相等、方向相反、作用面位于包含轴线的纵向平面内的一对力偶引起的，表现为杆件轴线由直线变为曲线（图 4-8）。在工程中，受弯杆件是最常见的情形之一，例如楼板下面的梁、起重机的大梁、各种轴以及车刀等均发生此类变形。

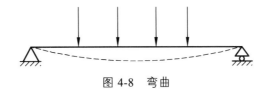

图 4-8 弯曲

### 4.5.5 组合变形

当杆件同时发生两种或两种以上基本变形时称为组合变形（图 4-9）。

图 4-9　组合变形

# 习　题

4-1　什么是应力？为什么要研究应力？内力和应力有何区别和联系？

4-2　两根直杆的长度和横截面面积均相同，两端所受的轴向外力也相同，其中一根为钢杆，另一根为木杆。试问：

（1）两杆横截面上的内力是否相同？

（2）两杆横截面上的应力是否相同？

4-3　试求图示杆件各段的轴力，并画出轴力图。

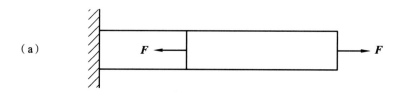

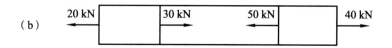

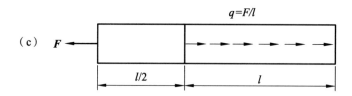

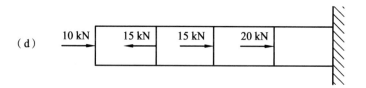

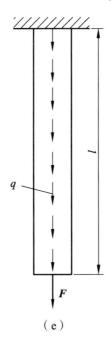

（e）

习题 4-3 图

4-4　在图示结构中，各杆横截面面积均为 $3\,000\ \text{mm}^2$，水平力 $F = 100\ \text{kN}$，试求各杆横截面上的正应力。

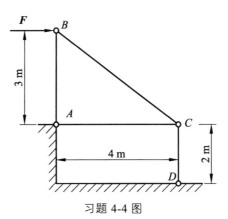

习题 4-4 图

# 第 5 章 轴向拉伸与压缩

## 5.1 轴向拉伸与压缩概述

工程结构中有许多发生轴向拉伸或压缩的构件。例如起重钢索在起吊重物时，三角支架的 *AB* 杆（图 5-1）、桁架结构中的一些杆件，都发生轴向拉伸变形；而三角支架的 *BC* 杆（图 5-1）、千斤顶中的螺杆（顶起重物时）、房屋中的某些柱子、内燃机的连杆（在燃气爆发冲程中）都发生轴向压缩变形。

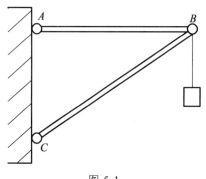

图 5-1

这些受拉或受压的杆件虽外形各不相同，加载方式也有差异，但它们的共同点是：作用于杆件上的外力的合力作用线与杆件轴线重合，杆件的变形是沿轴线方向伸长或缩短，这样的变形称为轴向拉压变形。轴向拉压变形是杆件的基本变形形式之一。若把这些杆件的形状和受力进行简化，都可以简化成如图 5-2 所示的计算简图。图中实线表示受力前的形状，虚线表示变形后的形状。本章只讨论直杆的轴向拉伸与压缩。

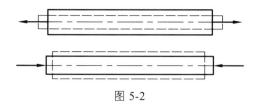

图 5-2

## 5.2 轴向拉压杆的内力 截面法及轴力图

图 5-3（a）所示拉杆受轴向外力 *F* 作用，现要求其横截面 *m—m* 上的内力。为了显示内力，沿横截面 *m—m* 假想地把杆件分成两部分，如图 5-3（b）和图 5-3（c）所示。两段杆件在横截面 *m—m* 上的内力是一个分布力系，其合力为 $F_N$，所以图 5-3 所示的受力图等价于图 5-4 所示的受力图。由左段或右段的平衡条件 $\sum X = 0$ 得：

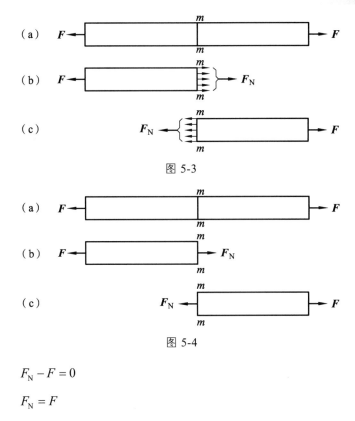

图 5-3

图 5-4

$$F_N - F = 0$$

$$F_N = F$$

因外力合力的作用线与杆件轴线重合，根据二力平衡条件，内力合力的作用线也与轴线重合，所以称为轴向内力，简称轴力。一般规定截面受拉时轴力为正，受压时为负。符号为 $F_N$。轴力的量纲是[力]，其国际单位制单位是牛顿，简称牛，记为 N。

当沿杆轴线作用的外力不止一个时，杆件各横截面的轴力不尽相同，这时可建立一个直角坐标系，其中 X 轴平行于杆轴线，其坐标表示横截面的位置，Y 轴垂直于杆轴线，其坐标表示相应截面的轴力。这样便可用图线的方式表达轴力沿杆长的变化规律。这种图线称为轴力图。在取定比例后，根据截面法求得的轴力数值，便可绘出轴力图。轴力图直观地表达了杆件截面上轴力的变化规律。由轴力图可直接确定出危险截面的位置（对等截面直杆来说，危险截面就是轴力最大的截面）。

**例 5-1**　图 5-5（a）所示直杆的 A、B、C、D 四点分别作用有 $F_1 = 20 \text{ kN}$，$F_2 = 35 \text{ kN}$，$F_3 = 28 \text{ kN}$，$F_4 = 13 \text{ kN}$，方向如图所示，试求 1—1、2—2、3—3 截面的轴力并画出杆的轴力图。

**解**　按截面法的步骤，首先用假想的平面将杆件沿 1—1 截面切断，取左段为隔离体，画出隔离体的受力图，如图 5-5（b）所示，通常将未知的轴力按正方向绘出（即受拉的方向）。根据平衡条件 $\sum X = 0$ 得：

$$F_{N1} - 20 = 0$$
$$F_{N1} = 20 \text{ kN}$$

结果为正，说明轴力实际方向与所设方向相同，是拉力。

同理取 2—2 截面以左为隔离体，如图 5-5（c）所示，根据平衡条件 $\sum X = 0$ 得：

$$F_{N2} + F_2 - F_1 = 0$$
$$F_{N2} + 35 - 20 = 0$$
$$F_{N2} = -15 \text{ kN}$$

结果为负，说明轴力实际方向与所设方向相反，是压力。

取 3—3 截面以右为隔离体，如图 5-5（d）所示，根据平衡条件 $\sum X = 0$ 得：

$$F_{N3} - F_{N4} = 0$$
$$F_{N3} = 13 \text{ kN}$$

结果为正，说明轴力实际方向与所设方向相同，是拉力。

因直杆所受外力为几个集中力，所以轴力在相邻两集中力作用点之间为恒量，根据前面的计算结果，作出轴力图，如图 5-5（e）所示。

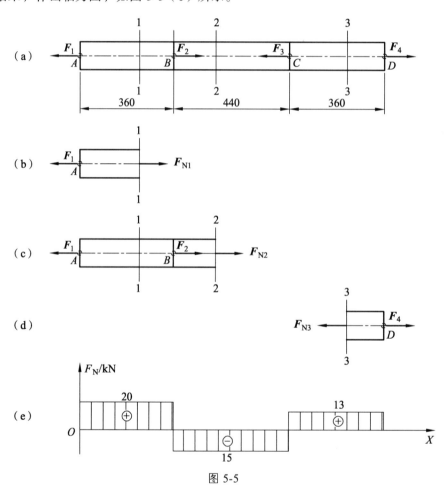

图 5-5

**例 5-2**　如图 5-6（a）所示砖柱，柱高 $h = 3$ m，横截面面积 $A = 370$ mm $\times$ 370 mm，砖的重度 $\gamma = 19$ kN/m³，柱顶受有轴向压力 $F = 60$ kN。试作此砖柱的轴力图。

**解**　本题需考虑柱的自重，由于是等截面柱，自重可视为沿柱高的均布荷载。该柱各截面的轴力是不同的，所以应先找出轴力沿轴线的变化规律，再根据变化规律绘轴力图。为此，取柱顶为坐标原点，$X$ 轴与轴线重合，向下为正，任取一个横截面，该横截面距原点的距离为 $X$。用截面法计算该截面的轴力，取该横截面以上部分为隔离体，由平衡方程 $\sum Y = 0$，可得：

$$F_{NX} + AX\lambda + F = 0 \qquad (0 < X \leqslant L)$$

$$F_{NX} = -AX\lambda - F \qquad (0 < X \leqslant L)$$

$$F_{NX} = -0.37^2 \times 19X - 60 \quad (0 < X \leqslant L)$$

由此可见轴力沿柱高是线性变化的，在柱顶 $X \to 0$，$F_N = -60\ \text{kN}$，柱底 $X = 3\ \text{m}$，$F_N = -67.8\ \text{kN}$，中间是直线变化的。所作轴力图如图 5-6（b）所示。

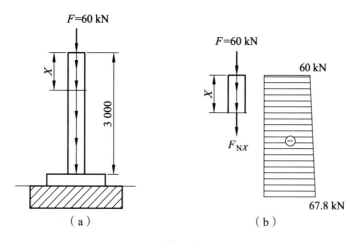

图 5-6

由上面两个例题可看出，当杆件受的是若干集中力时，相邻集中力作用点之间的截面轴力相同。此时将集中力作用点作为分段点，在每段内任取一截面算出该截面的轴力，便可绘出轴力图。若杆件上除集中力以外，还有分布力，则将分布力的起点和终点也作为分段点，该段内若无分布力，方法同上；若段内有分布力，则在该段内任取一截面，其位置用 $X$ 表示，用截面法计算该截面的轴力，得到轴力的变化规律，据此可画出轴力图。

## 5.3　轴向拉压杆横截面上的应力

轴力不能全面反映杆件的强度情况。因为用同一种材料做成的长短、形状都相同，仅粗细不同的两根杆，在相同的拉力作用下，两杆的轴力当然相同，但当拉力逐渐增大时，细杆必定被先拉断。这说明强度不仅与轴力有关，还与横截面的面积有关。所以只有应力才能表达杆件的真实受力程度。

在拉压杆的横截面上，与轴力对应的应力是正应力 $\sigma$。根据连续性假设，横截面上处处都受力。若以 $A$ 表示横截面的面积，在面积 $A$ 上取微面积 $dA$，则微面积 $dA$ 上的合力为 $\sigma dA$，于是有：

$$F_N = \int_A \sigma dA$$

为了了解横截面上的应力分布规律，取一等直杆，在其侧面画垂直于杆轴的圆弧线 $ac$ 和 $bd$（图 5-7）。拉伸变形后，我们发现 $ac$ 和 $bd$ 仍为圆弧线，且仍然垂直于轴线，只是分别

平行地移至 $a'c'$ 和 $b'd'$。根据这样的变形特点，提出一个假设：变形前为平面的横截面，变形后仍保持为平面。这个假设就是著名的平面假设。经过实践的检验，平面假设是符合工程实际的。根据平面假设，可推断杆内的所有纵向纤维的伸长相等，又因材料是均匀的，所以其受力也相同，由此可知横截面上应力是均匀分布的，各点的应力相等。所以得应力计算公式如下：

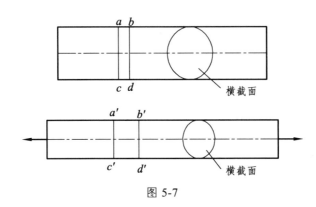

图 5-7

$$F_N = \int_A \sigma \mathrm{d}A = \sigma \int_A \mathrm{d}A = \sigma A$$

$$\sigma = \frac{F_N}{A} \qquad\qquad (5\text{-}1)$$

这就是拉压杆横截面上应力的计算公式。当 $\boldsymbol{F}_N$ 为压力时，公式可同样适用于压应力的计算。和轴力的符号规定一样，拉应力为正，压应力为负。

在压缩情况下，杆件有可能被压弯，这属于稳定性问题。这个问题将在后面讨论。这里所讲的压缩是指杆件并未压弯的情况。

因为作用于杆件上的外力一般是通过销钉、铆接或焊接等方式传递给杆件的，所以外力的作用线虽然都与轴线重合，但在外力作用区域附近，外力的分布各不相同。试验表明，作用于弹性体局部区域内的外力系，可用与之静力等效的力系来代替，代替以后，只对原力系作用区域附近有显著影响，但在较远处（距离大于杆件横向尺寸），其影响可忽略。这就是圣维南原理。根据这个原理，图 5-8 中（a）、（b）和（c）三种情况，尽管两端外力的加载方式不同，但只要它们是静力等效的，除靠近杆件两端的横截面外（约等于横向尺寸以内），在离两端略远处，三种情况的应力分布就完全一样。所以只要直杆所受外力的合力作用线与轴线重合，它们的计算简图就相同，计算应力的公式也就相同。

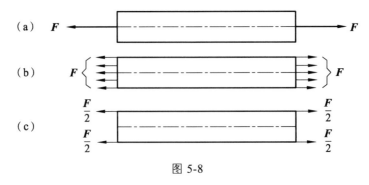

图 5-8

**例 5-3**  计算图 5-9 所示杆件 1—1、2—2 和 3—3 截面上的正应力。已知横截面面积为 $A = 1.5 \times 10^3 \text{ mm}^2$，$F_1 = 15 \text{ kN}$，$F_2 = 15 \text{ kN}$，$F_3 = 30 \text{ kN}$，$F_4 = 30 \text{ kN}$。

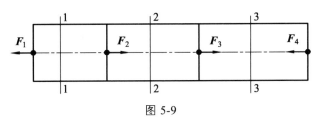

图 5-9

**解**  （1）先用截面法计算各截面的轴力。

$$F_{N1} = 15 \text{ kN}$$

$$F_{N2} = 0$$

$$F_{N3} = -30 \text{ kN}$$

（2）计算各截面的正应力。将各截面的轴力和面积代入式（5-1），得：

1—1 截面    $\sigma_1 = \dfrac{F_{N1}}{A_1} = \dfrac{15 \times 10^3}{1.5 \times 10^3 \times 10^{-6}} = 10 \text{ MPa}$

2—2 截面    $\sigma_2 = \dfrac{F_{N2}}{A_2} = \dfrac{0}{1.5 \times 10^3 \times 10^{-6}} = 0$

3—3 截面    $\sigma_3 = \dfrac{F_{N3}}{A_3} = \dfrac{-30 \times 10^3}{1.5 \times 10^3 \times 10^{-6}} = -20 \text{ MPa}$

**例 5-4**  如图 5-10（a）所示支架，$AB$ 杆为圆截面杆，其直径 $d = 40 \text{ mm}$，$BC$ 杆为方形截面杆，其边长 $a = 70 \text{ mm}$，$F = 15 \text{ kN}$。试计算 $AB$ 杆和 $BC$ 杆截面上的正应力。

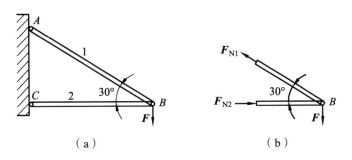

（a）                              （b）

图 5-10

**解**  （1）计算各杆的轴力。取隔离体如图 5-10（b）所示，设 $AB$ 杆和 $BC$ 杆的轴力分别为 $F_{N1}$ 和 $F_{N2}$，$BC$ 杆轴线方向为 $X$ 轴方向，与 $BC$ 杆垂直的方向为 $Y$ 轴方向，得平衡方程：

$$\sum X = 0: \quad F_{N1} \sin 30° - F = 0 \qquad\qquad\qquad \text{（a）}$$

$$\sum Y = 0: \quad F_{N1} \cos 30° + F_{N2} = 0 \qquad\qquad\qquad \text{（b）}$$

联立求解式（a）和式（b），得：

$$F_{N1} = 30 \text{ kN}$$

$$F_{N2} = 15\sqrt{3} \text{ kN}$$

（2）计算各杆正应力。

$$\sigma_1 = \frac{F_{N1}}{A_1} = \frac{30 \times 10^3}{\frac{\pi}{4} \times 40^2 \times 10^{-6}} = 23.9 \text{ MPa}$$

$$\sigma_2 = \frac{F_{N2}}{A_2} = \frac{-15\sqrt{3} \times 10^3}{70^2 \times 10^{-6}} = -5.3 \text{ MPa}$$

## 5.4　许用应力与安全系数　轴向拉压杆的强度计算

### 5.4.1　许用应力与安全系数

上一节介绍了拉压杆横截面上应力的计算公式，根据该公式，我们可以计算出拉压杆工作时横截面上的最大应力，该应力称为最大工作应力。这个应力就是构件内实际的最大受力程度。杆件材料破坏时的应力称为极限应力，记为 $\sigma^0$。为了保证杆件工作时具有足够的强度，不会破坏，构件的工作应力应该低于极限应力。为了使材料具有一定的安全储备，将极限应力 $\sigma^0$ 除以一个大于 1 的系数 $n$，作为材料的容许承受的最大应力，称为材料的容许应力，记为 $[\sigma]$：

$$[\sigma] = \frac{\sigma^0}{n}$$

式中：$n$ 称为安全系数。

安全系数 $n$ 的确定，涉及正确处理安全与经济的关系。因为从安全的角度考虑，应加大安全系数，降低许用应力；但这将使材料消耗增加，成本提高，经济性变差。相反，从经济的角度考虑，就应减小安全系数，提高材料的许用应力；这样可节省材料，降低成本，但安全性也降低了。所以在确定安全系数时要考虑很多因素，比如材料的性质（包括均匀程度，质量好坏，以及是塑性还是脆性材料等）、荷载的情况、计算方法的准确程度以及构件的工作条件及重要程度等。当材料的均匀性差、工作条件不好、破坏前无明显预兆又比较重要时，安全系数就取大些；反之则取小些。

### 5.4.2　强度条件及强度计算

为了保证拉压杆工作时不会破坏，拉压杆的最大工作应力不得超过材料的许用应力 $[\sigma]$，即：

$$\sigma_{\max} = \max\left(\frac{F_N}{A}\right) \leqslant [\sigma] \tag{5-2}$$

式（5-2）称为拉压杆的强度条件。

根据强度条件，可以解决工程中有关强度计算的三种问题：

（1）强度校核。在已知荷载、杆件的截面尺寸和材料容许应力的情况下，可由应力计算公式得工作应力为：

$$\sigma_{max} = \max\left(\frac{F_N}{A}\right)$$

根据强度条件，若 $\sigma_{max} \leqslant [\sigma]$，则杆件满足强度要求；否则杆件强度不够。

（2）选择截面。若已知荷载及材料的容许应力，则可按强度条件为构件选择截面面积。为此可将强度条件改写为：

$$A \geqslant \max\left(\frac{F_N}{[\sigma]}\right)$$

由此可确定构件所需的横截面面积。

（3）确定容许荷载。当已知杆件的横截面面积和容许应力时，可按杆件的强度条件确定杆件的最大轴力 $F_N$，再根据轴力与外力的关系计算出容许荷载。为此，可将式改为：

$$F_N \leqslant [\sigma] A_{min}$$

**例 5-5** 已知一圆杆受拉力 $F = 25\ kN$，直径 $d = 14\ mm$，许用应力 $[\sigma] = 170\ MPa$。试校核此杆是否满足强度要求。

**解** 该杆轴力 $F_N = F = 25\ kN$

由式（5-1）得： $\sigma = \dfrac{25 \times 10^3}{\dfrac{\pi}{4} \times 14^2 \times 10^{-6}} = 162\ MPa$

因 $\sigma \leqslant [\sigma] = 170\ MPa$

所以该杆强度满足要求，能正常工作。

**例 5-6** 已知三铰屋架如图 5-11（a）所示，承受竖向均布荷载，荷载的分布集度为 $q = 4.2\ kN/m$，屋架中的钢拉杆直径 $d = 16\ mm$，许用应力 $[\sigma] = 170\ MPa$。试校核钢拉杆的强度。

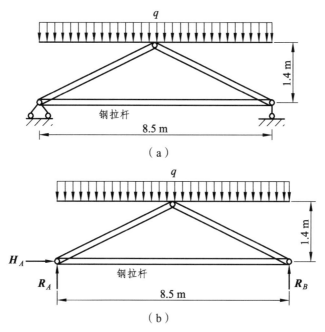

（a）

（b）

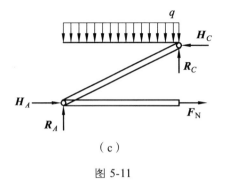

（c）

图 5-11

**解** 据整体平衡求支反力[图 5-12（b）]：

$$\sum X = 0: H_A = 0$$

$$\sum M_A = 0: R_B = \frac{ql}{2} = 17.85 \text{ kN}$$

$$\sum Y = 0: R_A = \frac{ql}{2} = 17.85 \text{ kN}$$

为求钢拉杆的轴力，取隔离体如图 5-11（c）所示，由平衡方程 $\sum M_C = 0$ 得：

$$F_N \times 1.4 \times q \times 4.25 \times \frac{4.25}{2} - 17.85 \times 4.25 = 0$$

$$F_N = 27.1 \text{ kN}$$

将 $F_N$ 代入式（5-1）得：

$$\sigma = \frac{27.1 \times 10^3}{\frac{\pi}{4} \times 16^2 \times 10^{-6}} = 134.85 \text{ kPa}$$

因 $\quad\quad\quad\quad \sigma = 134.85 \text{ kPa} \leqslant [\sigma] = 170 \text{ kPa}$

所以钢杆强度符合要求，是安全的。

**例 5-7** 简易起重机构如图 5-12（a）所示，$AC$ 为刚性梁，吊车与吊起重物总重为 $P$，为使 $BD$ 杆最轻，角 $\theta$ 应为何值？已知 $BD$ 杆的许用应力为 $[\sigma]$。

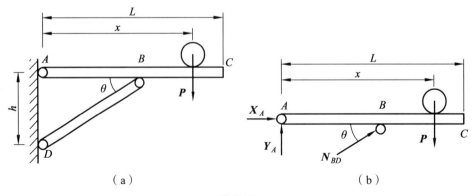

（a）　　　　　　　　　　　　　　　（b）

图 5-12

**解**　（1）求 $BD$ 杆的轴力。取脱离体如图 5-12（b）所示，由平衡条件 $\sum M_A = 0$ 可得：

$$N_{BD}\sin\theta \cdot h\cot\theta = Px$$

$$N_{BD} = \frac{Px}{h\cos\theta}$$

（2）据强度条件 $\dfrac{N_{BD}}{A_{BD}} \leqslant [\sigma]$，

$$A_{BD} \geqslant \frac{N_{BD}}{[\sigma]} = \frac{Px}{h[\sigma]\cos\theta}$$

（3）因杆件的重量取决于其体积 $V$：

$$V_{BD} = A_{BD}L_{BD} = \frac{Px}{h[\sigma]\cos\theta} \cdot L_{BD} = \frac{Px}{h[\sigma]\cos\theta} \cdot \frac{h}{\sin\theta} = \frac{2Px}{[\sigma]\sin 2\theta}$$

当 $\theta = 45°$ 时，$V_{BD}$ 最小，也就最轻。

**例 5-8**　如图 5-13（a）所示结构，在刚性杆 $AC$ 上作用满跨的均布荷载，荷载集度 $q = 60$ kN/m，拉杆 $AB$ 由两等边角钢制成，其容许应力 $[\sigma] = 160$ MPa。试选择角钢的型号。

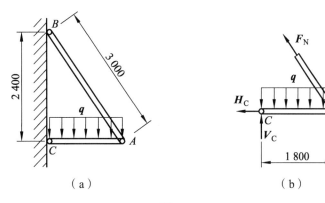

图 5-13

**解**　取隔离体如图 5-13（b）所示，据平衡条件 $\sum M_C = 0$ 可得

$$F_{NY}l - \frac{ql^2}{2} = 0$$

所以

$$F_{NY} = \frac{\dfrac{60 \times 1.8^2}{2}}{1.8} = 54 \text{ kN}$$

$$F_N = F_{NY} \times \frac{3}{2.4} = 67.5 \text{ kN}$$

将上式代入式（5-1）得：

$$\sigma_{AB} = \frac{F_N}{A} = \frac{67.5 \times 10^3 \text{ N}}{A}$$

将上式代入式（5-2）得：

$$\sigma_{AB} = \frac{67.5 \times 10^3 \text{ N}}{A_{AB}} \leqslant 160 \times 10^6 \text{ Pa}$$

$$A_{AB} \geqslant 421.9 \text{ mm}^2$$

因 $AB$ 杆由两杆组成，所以每杆的面积 $A \geqslant 210.95 \text{ mm}^2$，查型钢表得∟$40 \times 40 \times 3$ 号角钢的面积 $A = 235.9 \text{ mm}^2$，可以满足要求。

**例 5-9**　如图 5-14（a）所示结构中 $AB$ 和 $BC$ 均为钢索，其横截面面积分别为 $A_{AC} = 200 \text{ mm}^2$、$A_{BC} = 300 \text{ mm}^2$，容许应力 $[\sigma] = 160 \text{ MPa}$。试求该结构的容许荷载 $F_P$。

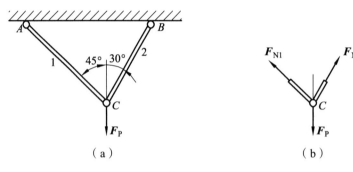

图 5-14

**解**　（1）取隔离体如图 5-14（b）所示，由平衡方程

$$\begin{cases} \sum X = 0: \; -F_{N1}\cos 45° + F_{N2}\cos 30° = 0 \\ \sum Y = 0: \; F_{N1}\sin 45° + F_{N2}\sin 30° - F_P = 0 \end{cases}$$

得：

$$F_{N1} = 0.51F_P \qquad F_{N2} = 0.732F_P$$

（2）计算容许荷载。

杆 $AC$ 达到强度条件所容许的荷载为：

$$\sigma_{AC} = \frac{F_{N1}}{A_{AC}} = \frac{0.518F_P}{200 \times 10^{-6}} \leqslant [\sigma] = 160 \times 10^6 \text{ Pa}$$

$$[F_P] \leqslant 61.8 \text{ kN}$$

杆 $BC$ 达到强度条件时所容许的荷载为：

$$\sigma_{BC} = \frac{F_{N2}}{A_2} = \frac{0.732F_P}{300 \times 10^{-6}} \leqslant [\sigma] = 160 \times 10^6 \text{ Pa}$$

$$[F_P] \leqslant 65.6 \text{ kN}$$

所以结构的容许荷载为：

$$[F_P] \leqslant 61.8 \text{ kN}$$

## 5.5　轴向拉压杆的变形计算

直杆在轴向外力作用下，杆的长度和横向尺寸都有变化。如当用力拉弹簧时，弹簧被拉长，同时其外径变细；反之当橡胶棒两端作用压力时，橡胶棒的长度缩短，同时变粗。对于金属及混凝土材料制作的拉压杆，由于其在力作用下的变形小，所以只有借助仪器才能测量出来。

设图 5-15 所示等直杆，原长为 $l$，横截面面积为 $A$，横向尺寸为 $b$，在轴向力作用下，杆长变为 $l_1$，横向尺寸变为 $b_1$，则轴向变形 $\Delta l$ 为：

$$\Delta l = l_1 - l$$

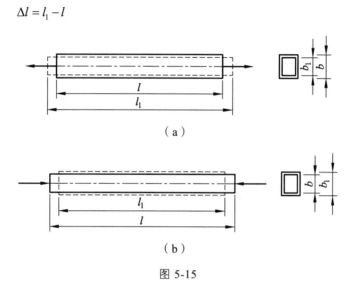

（a）

（b）

图 5-15

横向变形 $\Delta b$ 为

$$\Delta b = b_1 - b$$

杆件伸长时，$\Delta l$ 是伸长量为正，$\Delta b$ 是收缩量为负；而在压缩时 $\Delta l$ 为缩短量为负，$\Delta b$ 为膨胀量为正。将 $\Delta l$ 除以杆的原长 $l$，得到杆件单位长度的轴线方向的变形，称为轴线方向的线应变，记为 $\varepsilon$：

$$\varepsilon = \frac{\Delta l}{l} \tag{5-3}$$

试验表明，当材料的应力不超过比例极限时，应力与应变成正比，即：

$$\sigma \propto \varepsilon$$

引入比例常数 $E$，可得：

$$\sigma = E\varepsilon \tag{5-4}$$

式（5-4）表示的关系称为胡克定律，是英国科学家胡克在 1678 年首先发现的。式中 $E$ 为材料的弹性模量，随材料的不同而不同。

将 $\sigma = \dfrac{F_N}{A}$，$\varepsilon = \dfrac{\Delta l}{l}$ 代入式（5-4），得到

$$\Delta l = \frac{F_N l}{EA} \qquad\qquad (5\text{-}5)$$

这是胡克定律的另一种形式。这表明，当材料的应力不超过比例极限时，杆件的轴向变形 $\Delta l$ 与轴力和杆件的长度成正比，与横截面面积和弹性模量成反比。从式（5-5）可看出，当受力和杆长相同时，$EA$ 值越大变形越小，所以称 $EA$ 为杆件的抗拉（抗压）刚度。

杆件的横向应变记为 $\varepsilon'$：

$$\varepsilon' = \frac{\Delta b}{b} = \frac{b_1 - b}{b}$$

试验结果表明，当应力不超过弹性极限时，横向应变 $\varepsilon'$ 与轴向应变 $\varepsilon$ 的比值是一个常数，即

$$\varepsilon' = -\varepsilon \mu$$

式中：$\mu$ 是材料的横向变形系数，称为泊松比，没有量纲，其值因材料而异。$\mu$ 和 $E$ 都是反映材料弹性性能的常数。常用材料的 $E$、$\mu$ 值已列入表 5-1 中。

表 5-1　常用材料的 $E$、$\mu$ 值

| 材料名称 | 牌号 | $E / 10^5$ MPa | $\mu$ |
|---|---|---|---|
| 低碳钢 | | 1.96 ~ 2.16 | 0.24 ~ 0.28 |
| 中碳钢 | 45 | 2.05 | 0.24 ~ 0.28 |
| 低合金钢 | 16 Mn | 1.96 ~ 2.16 | 0.25 ~ 0.30 |
| 合金钢 | 40 CrNiMoA | 1.86 ~ 2.16 | 0.25 ~ 0.30 |
| 铸铁 | | 0.59 ~ 1.62 | 0.23 ~ 0.27 |
| 铝合金 | Ly12 | 0.71 | 0.32 ~ 0.36 |
| 混凝土 | | 0.147 ~ 0.35 | 0.16 ~ 0.18 |
| 木材（顺纹） | | 0.098 ~ 0.117 | |

**例 5-10**　如图 5-16（a）所示拉压杆，已知杆的横截面面积 $A = 400$ mm$^2$，弹性模量 $E = 2.01 \times 10^5$ MPa。试求杆的轴向变形 $\Delta l$。

**解**　（1）应用截面法计算轴力，画出轴力图如图 5-16（b）所示。

（2）计算变形。

因杆各段的轴力不相同，各段的受力如图 5-16（c）、（d）及（e）所示，先按胡克定律分别计算各段的变形：

$$\Delta l_{AB} = \frac{F_{NAB} l_{AB}}{EA} = \frac{-40 \times 10^3 \times 2}{2.01 \times 10^5 \times 10^6 \times 400 \times 10^{-6}} = -0.000\,995 \text{ m}$$

$$\Delta l_{BC} = \frac{F_{NBC} l_{BC}}{EA} = \frac{10 \times 10^3 \times 3}{2.01 \times 10^5 \times 10^6 \times 400 \times 10^{-6}} = -0.000\,373 \text{ m}$$

$$\Delta l_{CD} = \frac{F_{NCD} l_{CD}}{EA} = \frac{60 \times 10^3 \times 2}{2.01 \times 10^5 \times 10^6 \times 400 \times 10^{-6}} = -0.001\,49 \text{ m}$$

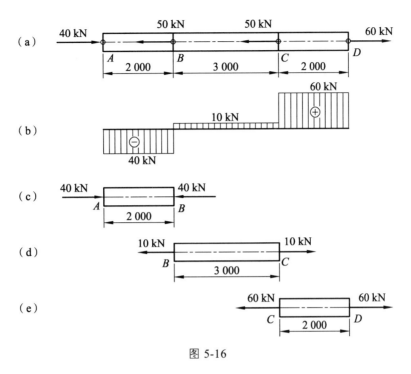

图 5-16

所以杆的总轴向变形

$$\Delta l = \Delta l_{AB} + \Delta l_{BC} + \Delta l_{CD}$$
$$= -0.009\,95 + 0.003\,73 + 0.149$$
$$= 0.000\,87 \text{ m}$$
$$= 0.87 \text{ mm}$$

由于计算结果是正值，所以杆的变形是轴向伸长。

　　**例 5-11**　图 5-17 所示正方形截面石柱，边长 $a = 500$ mm，高 $H = 8$ m，柱顶受轴向压力 $F = 100$ kN，石柱的材料重度 $\gamma = 23$ kN/m³，$E = 0.2 \times 10^5$ MPa。试计算柱的轴向变形。

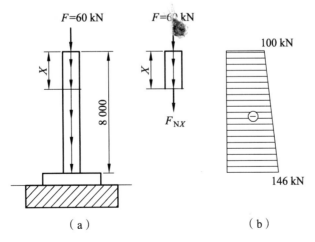

图 5-17

**解** 因轴各截面的轴力是变化的，故在距柱顶 $X$ 处取长为 $dX$ 的微段，用截面法算出微段两端截面的轴力分别为：

$$F_{NX} = -F - AX\gamma$$

$$F_{N(X+dX)} = -F - A(X+dX)\gamma$$

所以微段的变形 $\quad d\Delta l = \dfrac{-(F+AX\gamma)dX}{EA}$

柱的轴向变形：

$$\Delta l = \int_0^H \frac{-(F+AX\gamma)dX}{EA} = -\frac{\left(FH + \dfrac{AH^2\gamma}{2}\right)}{EA} = -\frac{FH}{EA} - \frac{H^2\gamma}{2E}$$

$$= -\frac{100\times10^3\times8}{0.2\times10^{11}\times500^2\times10^{-6}} - \frac{23\times10^3\times8^2}{2\times0.2\times10^{11}} \text{ m}$$

$$= 0.196\,8 \text{ mm} \approx 0.2 \text{ mm}$$

数值为负，说明变形是轴向缩短。

**例 5-12** 在如图 5-18（a）所示结构中，$AB$ 杆和 $AC$ 杆都是圆形截面钢杆。$\alpha = 30°$，杆长 $l = 2$ m，杆的直径 $d = 50$ mm，材料的弹性模量 $E = 2.1\times10^5$ MPa，在节点处挂一重 $F = 100$ kN 的重物。试求节点 $A$ 的位移 $\Delta A$。

**解** （1）因两杆受力后伸长才使节点产生位移，所以要先求出两杆的伸长，为此先求两杆的轴力。取结点 $A$ 为隔离体，其受力如图 5-18（b）所示。利用平衡方程

$$\begin{cases} \sum X = 0: -F_{N1}\sin\alpha + F_{N2}\sin\alpha = 0 \\ \sum Y = 0: F_{N1}\cos\alpha + F_{N2}\cos\alpha - F = 0 \end{cases}$$

解得 $\qquad F_{N1} = F_{N2} = \dfrac{F}{2\cos\alpha} \qquad\qquad$ （a）

两杆轴力均为正，说明两杆都受拉。

（2）将式（a）代入胡克定律式（5-2），求得两杆的伸长为：

$$\Delta l_1 = \Delta l_2 = \frac{F_N l}{EA} = \frac{Fl}{2EA\cos\alpha} \qquad\qquad （b）$$

因结构对称，所以 $A$ 点只能竖直移动，设 $A$ 点移动 $A'$ 点，如图 5-18（c）所示。为求 $A'$ 的位置，假想地将结点 $A$ 拆开，以 $B$ 和 $C$ 为圆心，以 $AB$ 和 $AC$ 伸长后的长度 $CA_1$ 和 $BA_2$ 为半径画圆，两圆的交点便是 $A'$。又因两杆的变形都很小，可过 $A_1$ 和 $A_2$ 分别作两杆的垂线代替上述圆弧，两垂线的交点便是 $A'$，如图 5-18（d）所示。由几何关系得：

$$\Delta_A = \frac{\Delta l_1}{\cos\alpha} = \frac{\Delta l_2}{\cos\alpha}$$

将式（b）代入上式得：

$$\Delta_A = \frac{Fl}{2EA\cos^2\alpha} \qquad\qquad （c）$$

将数据代入式（c）得

$$\Delta_A = \frac{Fl}{2EA\cos^2\alpha} = \frac{100\times10^3\times2}{2\times2.1\times10^{11}\times\dfrac{\pi}{4}\times50^2\times10^{-6}\times\cos^2 30°} = 0.000\ 325\ \mathrm{m}$$

$$= 0.325\ \mathrm{m}$$

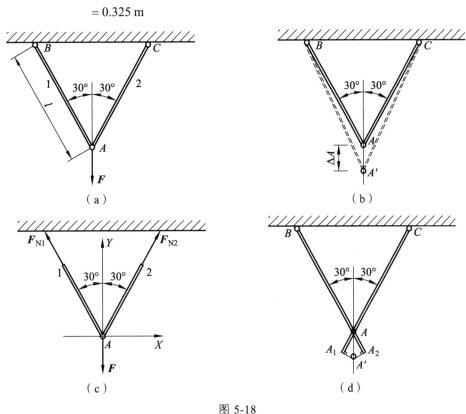

图 5-18

## 5.6  材料在拉伸与压缩时的力学性质

在进行杆件的强度和变形计算时，需要知道材料的极限应力 $\sigma^0$、弹性模量 $E$、胡克定律的适用范围以及泊松比等。这些是表达材料力学性质的一些指标。材料的力学性质是指材料在外力作用下表现出的变形和破坏方面的特性。认识材料的力学性质主要依靠试验的方法。材料的力学性质因加载速度、环境温度等不同而不同，本节介绍的是材料在室温下，缓慢平稳地加载所表现出的力学性质。该试验被称为常温静载拉压试验，是确定材料力学性质的基本试验。

工程材料的种类很多，通常根据其断裂时发生的变形大小分为脆性材料和塑性材料两大类。脆性材料在拉断时塑性变形很小，如铸铁、混凝土和石料等；而塑性材料在拉断时变形较大，如低碳钢、铜材和铝材等。这两类材料的力学性质有显著的区别。下面以低碳钢和铸铁为例来介绍这两类材料的力学性质。

拉伸试验的试件形状如图 5-19 所示，中间为较细的等直段，两端加粗，便于夹持。在中间等直段取一段作为工作段，其长度 $l$ 称为标距。为了便于将不同材料的性质进行比较，将试件做成标准尺寸。对圆形试件，其标距与直径有两种比例：

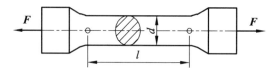

图 5-19　拉伸试验的试件形状

10 倍试件 $l = 10d$ ；5 倍试件 $l = 5d$ 。

对矩形截面试件，标距 $l$ 与横截面面积 $A$ 之间的关系为：

$$l = 5.65\sqrt{A} \text{ 和 } l = 11.3\sqrt{A}$$

国家试验标准对试件的形状、加工精度、试验条件等都有具体规定。

材料的拉伸试验是在试验机上进行的。试验时，将试件夹在试验机的上下夹头上，当试验机缓慢加载拉伸时，随着力的增加，试件标距的伸长量也不断增加。从试验开始到试件被拉断的整个过程中，任何时刻的拉力与伸长量都是可测的。若以横坐标表示伸长 $\Delta l$，以纵坐标表示拉力，由试验中测得的一系列 $F\text{-}\Delta l$ 值，便可画出 $F\text{-}\Delta l$ 曲线，称为拉伸图，也叫荷载-变形图。下面介绍典型的塑性材料——低碳钢以及典型的脆性材料——铸铁的试验结果。

### 5.6.1　材料在拉伸时的力学性质

1. 低碳钢在拉伸时的力学性质

低碳钢是指含碳量在 0.25% 以下的碳素钢。它是工程上常用的结构材料。Q235 钢试件的拉伸图如图 5-20 所示，显然，当轴向力和材料都相同时，该图形会随杆件截面面积和标距长度的不同而不同。为了消除杆件截面面积和标距长度的影响，将轴力除以截面面积，轴向变形 $\Delta l$ 除以标距长度 $l$，将拉伸图变为 $\sigma\text{-}\varepsilon$ 图。低碳钢的 $\sigma\text{-}\varepsilon$ 图如图 5-21 所示，称为应力-应变曲线。其形状与拉伸图类似。

下面根据 $\sigma\text{-}\varepsilon$ 图来介绍低碳钢拉伸时的性质。根据低碳钢拉伸时 $\sigma$ 与 $\varepsilon$ 之间的不同关系将拉伸曲线分为 4 个阶段。

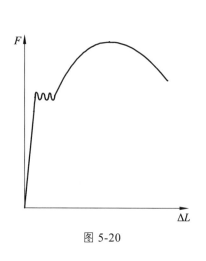

图 5-20

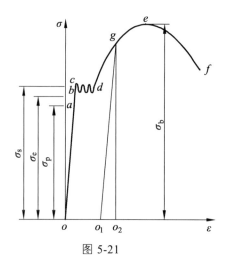

图 5-21

（1）弹性阶段（图 5-21 中的 *ob* 段）。在此阶段内，材料的变形是完全弹性的，如在该段内的某个时刻卸去外力，试件的变形将完全消失，*b* 点对应的应力称为弹性极限，用 $\sigma_e$ 表示。在弹性极限内，*oa* 段是直线，表明应力与应变成正比，比例系数为 *E*，这就是前面说的胡克定律。*a* 点所对应的应力称为比例极限，用 $\sigma_p$ 表示。低碳钢的比例极限 $\sigma_p$ 约为 200 MPa。由于 *a*、*b* 两点非常接近，所以在工程应用中，对弹性极限和比例极限常不加严格区分，因而也常说，当应力不超过弹性极限时，应力与应变成正比，材料服从胡克定律。

（2）屈服阶段（图 5-21 中的 *cd* 段）。当应力超过弹性极限 $\sigma_e$ 增加到某一数值后，应变增加很快，而应力保持在一个较小的范围内波动。在 $\sigma$-$\varepsilon$ 曲线上出现一段近于水平的小锯齿形线段。这种应力几乎不增加而应变继续增长的现象称为屈服现象，*cd* 段称为材料的屈服阶段。在屈服阶段内的最高应力和最低应力分别称为上屈服极限和下屈服极限。上屈服极限一般不稳定，下屈服极限则有比较稳定的数值，能够反映材料的性质。通常把下屈服极限称为屈服极限或流动极限，用 $\sigma_s$ 表示。低碳钢的屈服极限约为 235 MPa。材料屈服时将发生显著的塑性变形。而零件的塑性变形将影响机器的正常工作，所以 $\sigma_s$ 是衡量材料强度的一个重要力学指标。

（3）强化阶段（图 5-21 中的 *de* 段）。材料经过屈服阶段后，要使它继续变形必须增加拉力，此时材料又恢复了抵抗变形的能力。这种现象称为材料的强化。*de* 段称为材料的强化阶段。强化阶段最高点对应的应力称为材料的强度极限，用 $\sigma_b$ 表示。低碳钢的强度极限 $\sigma_b$ 约为 500 MPa。该阶段内材料所增长的变形主要是塑性变形。

（4）颈缩阶段（图 5-21 中的 *ef* 段）。在应力到达 $\sigma_b$ 之前，试件的变形是均匀的（横向均匀变细），过 *e* 点后，在试件的某一局部范围内，横截面尺寸突然急剧减小，形成"颈缩"现象，曲线开始下降，当降至 *f* 点时，试件被拉断。

**材料的延伸率和截面收缩率**　试件被拉断后，弹性变形消失，而塑性变形则被残留下来。将拉断的试件对接在一起，量出拉断后的标距长度 $l_1$ 和断口处的最小横截面面积 $A_1$，则延伸率 $\delta$ 的计算公式为：

$$\delta = \frac{l_1 - l}{l} \times 100\%$$

截面收缩率 $\psi$ 的计算公式为：

$$\psi = \frac{A - A_1}{A} \times 100\%$$

$\delta$ 和 $\psi$ 是衡量材料塑性的两个指标，$\delta$ 和 $\psi$ 的值越大，材料的塑性越好。工程上通常按延伸率的大小将材料分为两大类：$\delta > 5\%$ 的材料称为塑性材料，如低碳钢、铝材和铜等；$\delta \leqslant 5\%$ 的材料称为脆性材料，如铸铁、石料以及陶瓷等。

**卸载定律及冷作硬化**　若在低碳钢强化阶段内某点将荷载慢慢卸去，$\sigma$-$\varepsilon$ 曲线将沿着与 *oa* 近于平行的直线 $go_1$ 回落到 $o_1$ 点（图 5-21），这说明，卸载过程中应力与应变成正比规律变化。这就是卸载定律。$\sigma$-$\varepsilon$ 曲线中线段 $o_1o_2$ 表示消失了的弹性变形，$oo_1$ 表示不再减小的塑性变形。

卸载后，如在短期内加载，则应力-应变曲线大致沿卸载时的直线 $go_1$ 变化，直到 $g$ 点后，又沿 $gef$ 曲线变化，可见在再次加载过程中，直到 $g$ 点以前，材料的变形是弹性的，过 $g$ 点后才出现塑性。由此可看出，若材料的受力超过屈服阶段进入强化阶段后卸载，则当再次加载时，材料的比例极限和屈服极限都将提高，同时，其塑性变形能力却有所下降，这种现象称为材料的冷作硬化。工程中常用冷作硬化来提高材料的承载能力，如建筑用钢筋常用冷拔工艺提高其承载能力，称为冷拔钢丝。冷作硬化在机械加工中会增加下道工序的加工难度，经常用热处理来消除其不利影响。

### 2. 其他塑性材料在拉伸时的力学性质

工程上常用的塑性材料外除低碳钢以外，还有中碳钢、铜、铝等。图 5-22 所示是几种塑性材料的 $\sigma$-$\varepsilon$ 曲线。其他塑性材料的 $\sigma$-$\varepsilon$ 曲线有的与低碳钢的 $\sigma$-$\varepsilon$ 曲线类似，有的则只有其中的三个或两个阶段，但其共同点是拉断前都有较大的变形。对于没有屈服阶段的塑性材料，通常以产生 0.2%的塑性变形时所对应的应力作为其屈服极限，如图 5-23 所示，称为名义屈服极限，用 $\sigma_{0.2}$ 表示。

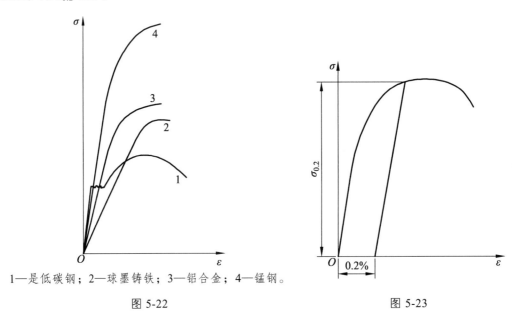

1—是低碳钢；2—球墨铸铁；3—铝合金；4—锰钢。

图 5-22                                      图 5-23

### 3. 铸铁在拉伸时的力学性质

灰口铸铁拉伸时的 $\sigma$-$\varepsilon$ 曲线如图 5-24 中曲线 1 所示，其特点如下：

（1）$\sigma$-$\varepsilon$ 曲线是一条微弯的线段，没有任何明显的阶段性。

（2）没有明显的塑性变形，弹性变形也很小。

（3）没有比例极限和弹性极限，只有强度极限 $\sigma_b$。

由于铸铁的 $\sigma$-$\varepsilon$ 曲线没有明显的直线部分，弹性模量 $E$ 的数值随应力的大小而变化。工程实际中铸铁的拉应力一般较小，在这种情况下，可近似认为变形服从胡克定律。通常取 $\sigma$-$\varepsilon$ 曲线的割线代替曲线的开始部分，并以割线的斜率作为弹性模量，称为割线弹性模量。由于铸铁的抗拉强度很低，一般不用它作抗拉零件的材料。

### 5.6.2　材料在压缩时的力学性质

金属材料的压缩试件一般做成很短的圆柱，以免压缩时被压弯。圆柱高度约为直径的 $1.5 \sim 3$ 倍。

1. 低碳钢压缩时的力学性质

低碳钢压缩时的 $\sigma\text{-}\varepsilon$ 曲线如图 5-25 中曲线 2 所示，与拉伸时的 $\sigma\text{-}\varepsilon$ 曲线（图 5-25 中曲线 1）相比较可看出，在强化阶段以前压缩和拉伸的 $\sigma\text{-}\varepsilon$ 曲线基本重合。这表明低碳钢压缩时的比例极限、弹性极限、屈服极限以及弹性模量与拉伸时的数值相同。在进入强化阶段后，两条曲线逐渐分开，压缩曲线因压力不断增大一直上升，产生了很大的塑性变形，无法测出其强度极限。

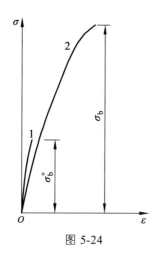

图 5-24

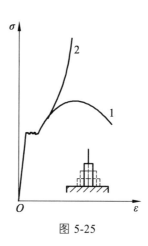

图 5-25

2. 其他塑性材料在压缩时的力学性质

其他塑性金属材料在压缩时，其情况和低碳钢相似。因此，工程上认为塑性金属材料在拉伸和压缩时的重要力学性质是相同的，且以拉伸试验所测定的力学性质为依据。

3. 铸铁在压缩时的力学性质

（1）铸铁压缩时 $\sigma\text{-}\varepsilon$ 的曲线也同样是一条微弯线段（图 5-24 中曲线 2）。

（2）压缩破坏时，试件沿着与轴线大致成 45° 的斜面破坏，说明是因剪应力作用而破坏（该截面上剪应力最大）。

（3）压缩强度极限 $\sigma_b^-$ 比拉伸强度极限 $\sigma_b^+$ 要高很多，大约要高出 $3 \sim 5$ 倍，这说明铸铁适宜承受压力，而不适宜承受拉力。

其他脆性材料如水泥、石料、玻璃等，也具有类似的特点。

### 5.6.3　对材料的力学性质的总结

1. 材料的应力-应变关系

材料在受力过程中的应力-应变关系是以 $\sigma\text{-}\varepsilon$ 曲线来表达的，该关系集中体现了材料的力学性质。对于塑性材料，其拉压时的力学性质基本相同，并以拉伸时所得数值为依据。塑性材料的力学指标主要有比例极限、拉压弹性模量 $E$、屈服极限、延伸率、截面收缩率等。脆性材料拉压时的变形特点相似，但抗压性远高于抗拉性，所以适宜用作受压构件的材料。脆性材料的力学指标主要是强度极限。

2. 材料的极限状态及极限应力

材料发生断裂或过渡的塑性变形而不能正常工作的状态称为极限状态。材料处于极限状态时的应力称为极限应力，记作 $\sigma^0$。塑性材料的极限状态是屈服，因为工程中一般不允许出现明显的塑性变形，它的极限应力是屈服极限 $\sigma_s$，即 $\sigma^0 = \sigma_s$ 或 $\sigma^0 = \sigma_{0.2}$。脆性材料的极限状态是断裂，因为在材料破坏之前都无明显变形，所以其极限应力是强度极限 $\sigma_b^+$ 或 $\sigma_b^-$。

3. 脆性材料和塑性材料

塑性材料与脆性材料的划分只是针对常温、静载时的情况。实际上，同一种材料在不同的外界因素影响下，可能表现为塑性，也有可能表现为脆性。典型的塑性材料低碳钢在低温时也变得很脆。因此，与其说材料是塑性材料或脆性材料，还不如说材料处于塑性状态还是脆性状态。

## 5.7  应力集中的概念

等截面轴向拉压杆横截面上正应力的计算公式是 $\sigma = \dfrac{F_N}{A}$，公式表明横截面上应力是均匀分布的。但由于实际需要，有些零件必须有切口、切槽、油孔、螺纹及轴肩等结构要素。这些要素使得杆截面尺寸突然变化。试验结果和理论分析表明，在零件尺寸突然改变的横截面处，应力并不是均匀分布的。在圆孔和切口附近的局部区域内，应力将剧烈增加，但在离开这一区域稍远处，应力就迅速降低而趋于均匀（图 5-26）。这种因杆件截面尺寸突然变化而引起应力急剧增大的现象，称为应力集中。

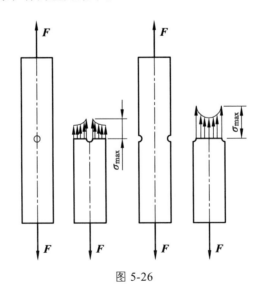

图 5-26

设发生应力集中的截面上的最大应力为 $\sigma_{max}$，同一截面上的平均应力为 $\bar{\sigma}$，则比值

$$\alpha = \frac{\sigma_{max}}{\bar{\sigma}}$$

称为理论应力集中系数。它反映了应力集中的程度，是一个大于 1 的数。试验结果表明，尺寸改变越急剧、角越尖、孔越小，应力集中就越严重。

不同材料对应力集中的敏感程度不一样。塑性材料由于变形时有屈服现象，降低了应力不均匀程度，用塑性材料制作的零件在静载作用下，可不考虑应力集中的影响。脆性材料没有屈服阶段，当荷载增加时，应力集中处的最大应力不断增长，首先到达强度极限 $\sigma_b$，该处将首先产生裂纹。所以，对于脆性材料，应力集中的危害性要严重得多，即使是静载作用下也不能忽略。但有些脆性材料由于材料本身不均匀，还有内部缺陷，成为产生应力集中的主要因素，而尺寸的影响却是次要因素，对结构承载力也不会造成明显影响。

当构件承受动荷载时，不论是塑性材料还是脆性材料，应力集中对材料的强度都有很大影响，也是造成零件破坏的根本原因。

## 5.8　轴向拉伸与压缩的超静定问题

### 5.8.1　静定问题和超静定问题

如图 5-27（a）所示杆件，只有一个未知约束力，因杆件所受力系为共线力系，由平衡方程 $\sum Y = 0$ 得：

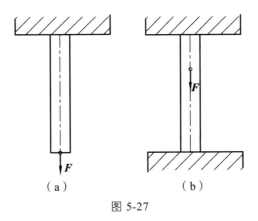

图 5-27

$$F_R = F$$

像这种只利用平衡方程就可求出约束力和轴力的拉压问题属于静定问题。其特征是平衡方程的个数刚好等于未知量个数。

如图 5-27（b）所示杆件，有两个未知约束力，杆件所受力系也为共线力系，只有一个平衡方程 $\sum Y = 0$，所以只利用平衡方程不能求出约束力。像这种只利用平衡方程不能求出或不能全部求出约束力或轴力的拉压问题属于超静定问题。其特征是平衡方程的个数少于未知量个数。

通常将未知力个数与平衡方程数之差称为超静定次数。图 5-27（b）所示结构有 2 个未知力，一个平衡方程，所以是一次超静定结构。图 5-28 所示结构，有 3 个未知力，力系是平面共点力系，有两个平衡方程，所以也是一次超静定结构。

我们还可以从另外一个角度来定义超静定结构，那就是看维持结构现有的平衡状态，结构中是否有多余联系，若无多余联系便是静定结构，有多余联系便是超静定结构，超静定次数等于多于联系数。例如：图 5-27（b）所示结构，上端为固定端支座，下端为光滑支座，去掉下端支座，杆件都能平衡，所以是一次超静定结构；图 5-28 所示结构，去掉其中的任一杆件，结构都能维持平衡，所以也是一次超静定结构。

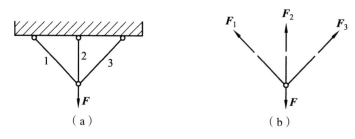

图 5-28

### 5.8.2　超静定问题的解法

超静定问题的特点是平衡方程的个数少于未知量个数，因此，要想解出方程就要补充方程，补充的方程个数等于超静定次数，也就是差几个就补充几个。为此，需考虑各部分变形量之间的关系，找出变形量关系后，再根据物理条件（胡克定律），可得各部分受力的补充方程。联立平衡方衡和补充方程，便可解出全部未知力。这里要注意只有荷载会使静定结构产生内力，而荷载作用、温度改变以及制造误差等因素都将使超静定结构产生内力。现以一个例题来说明超静定问题的解法。

如图 5-29（a）所示杆件，两端固定，在截面受集中力作用，抗拉刚度为 $EA$，要求计算杆两端的约束力。该结构有两个未知约束力，而所受力系为共线力系，只有一个平衡方程，将上下端支座去掉，代之以约束力 $F_{RA}$、$F_{RB}$，如图 5-29（b）所示，由平衡方程 $\sum Y = 0$ 可得：

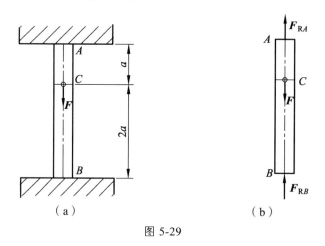

图 5-29

$$F_{RA} + F_{RB} - F = 0 \tag{a}$$

应补充变形方面的方程。因杆两端均为固定支座，所以受力前后杆的总变形量 $\Delta l$ 为零。据此列出变形方程

$$\Delta l = 0$$

$$\Delta l_{AC} + \Delta l_{BC} = 0 \qquad\qquad (\text{b})$$

根据胡克定律：

$$\Delta l_{BC} = \frac{F_{NBC} \times l_{BC}}{EA_{BC}} , \quad \Delta l_{AC} = \frac{F_{NAC} \times l_{AC}}{EA_{AC}}$$

将上式代入式（b），可得：

$$\frac{F_{NAC} \times l_{AC}}{EA_{AC}} + \frac{F_{NBC} \times l_{BC}}{EA_{BC}} = 0$$

因

$$F_{NAC} = F_{RA} , \quad F_{NBC} = -F_{RB}$$

所以

$$\frac{F_{RA} \times l_{AC}}{EA_{AC}} + \frac{(-F_{RB}) \times l_{BC}}{EA_{BC}} = 0$$

$$F_{RA} a + (-F_{RB}) \cdot 2a = 0 \qquad\qquad (\text{c})$$

联立求解式（a）与式（c）得

$$F_{RA} = \frac{2F}{3}, \quad F_{RB} = \frac{F}{3}$$

由上述例子可归纳出求解超静定问题的一般步骤：

（1）判断结构是否是超静定结构，若是超静定结构，判定其超静定次数。列出所有的独立的平衡方程。

（2）补充变形方程。找出各杆变形量之间的关系，再按胡克定律，将各变形之间的关系变成各杆轴力及抗拉刚度的关系，便得到补充方程。

（3）联立求解。联立求解平衡方程和补充方程，便可求得所有的未知力。

**例 5-13**　图 5-30（a）所示为钢筋混凝土柱，柱端刚性板上受轴向力作用。柱内钢筋总面积为 $A_s$，混凝土面积为 $A_c$，已知钢筋和混凝土的弹性模量分别为 $E_s$ 和 $E_c$，试求钢筋和混凝土的轴力。

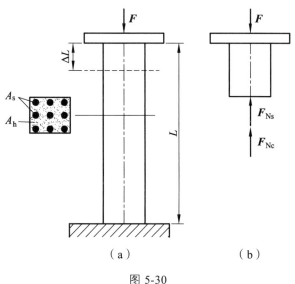

图 5-30

**解** （1）判断超静定次数。

因钢筋在混凝土中的分布是对称的，所以任意截面钢筋和混凝土所受合力都与轴线重合。取隔离体如图 5-30（b）所示，因有两个未知力，一个平衡方程，所以是一次超静定问题。

（2）列平衡方程。

根据平衡方程 $\sum Y = 0$ 得：

$$F_{\text{Ns}} + F_{\text{Nc}} - F = 0 \tag{a}$$

（3）补充变形方程。

因受力对于钢筋和混凝土都是轴向的，所以两者的变形都是轴向缩短，又因顶端板是刚性的，所以两者的变形是相等的，即变形关系是：

$$\Delta l_{\text{s}} = \Delta l_{\text{c}} \tag{b}$$

再根据胡克定律有：

$$\Delta l_{\text{s}} = \frac{F_{\text{Ns}} l_{\text{s}}}{E_{\text{s}} A_{\text{s}}} , \quad \Delta l_{\text{c}} = \frac{F_{\text{Nc}} l_{\text{c}}}{E_{\text{c}} A_{\text{c}}}$$

将上式代入式（b）得：

$$\frac{F_{\text{Ns}} l_{\text{s}}}{E_{\text{s}} A_{\text{s}}} = \frac{F_{\text{Nc}} l_{\text{c}}}{E_{\text{c}} A_{\text{c}}}$$

因 $l_{\text{s}} = l_{\text{c}}$，所以

$$\frac{F_{\text{Ns}}}{E_{\text{s}} A_{\text{s}}} = \frac{F_{\text{Nc}}}{E_{\text{c}} A_{\text{c}}} \tag{c}$$

联立求解式（a）和式（c），得：

$$F_{\text{Ns}} = \frac{E_{\text{s}} A_{\text{s}}}{E_{\text{s}} A_{\text{s}} + E_{\text{c}} A_{\text{c}}} F , \quad F_{\text{Nc}} = \frac{E_{\text{c}} A_{\text{c}}}{E_{\text{s}} A_{\text{s}} + E_{\text{c}} A_{\text{c}}} F$$

**例 5-14** 如图 5-31（a）所示刚性横梁 $AB$，由杆 1 和杆 2 吊在水平位置，两杆的抗拉刚度均为 $EA$。试求荷载 $F$ 作用下杆 1 和杆 2 的轴力。

**解** （1）判断超静定次数。

取 $AB$ 为隔离体，其受力如图 5-31（b）所示。因隔离体所受力系是平面一般力系，有 3 个平衡方程，而未知力有 4 个，所以是一次超静定问题。

（2）列平衡方程。

由平衡方程 $\sum M_A = 0$ 得（因本题不需求解支座处的约束力，所以只列出与两杆轴力有关的方程）：

$$F_{\text{N1}} \cdot L + F_{\text{N2}} \cdot 2L - F \cdot 2L = 0 \tag{a}$$

（3）补充变形方程。

列出各杆的变形关系。由于 $AB$ 是刚性横梁，所以变形后仍为直线形状，所以有：

$$\Delta l_1 = \frac{1}{2} \Delta l_2 \tag{b}$$

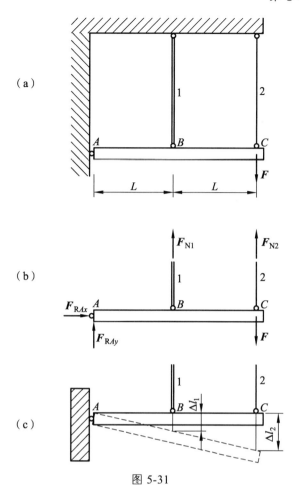

（a）

（b）

（c）

图 5-31

设 1、2 杆的长度均为 $L$，根据胡克定律有：

$$\Delta l_1 = \frac{F_{N1} L}{EA}$$

$$\Delta l_2 = \frac{F_{N2} L}{EA}$$

将上式代入式（b）得：

$$\frac{F_{N1} L}{EA} = \frac{F_{N2} L}{2EA}$$ （c）

联立求解式（a）和式（c）得：

$$F_{N1} = \frac{2F}{5}, \quad F_{N2} = \frac{4F}{5}$$

**例 5-15** 图 5-32（a）所示链条的一节由三根长为 $l$ 的钢杆组成。若三杆的横截面面积相等、材料相同，中间钢杆的加工误差为 $\delta = -\dfrac{l}{2\,000}$（负号表示实际尺寸小于基本尺寸）。试求各杆的装配应力。

**解** 如不计两端连接螺栓的变形，可将链条的每一节简化为 5-33（b）所示结构。当两边两杆装上后，连接螺栓轴线间的距离是 $l$，再将中间杆与两侧杆一同连接于两端螺栓上时，中间杆将受拉，而两侧杆将受压。假设一端不动，另一端将移到虚线位置平衡。将三杆切断，取一端为隔离体，其受力如图 5-32（c）所示，该力系是平面平行力系，有两个平衡方程、三个未知力，所以是一次超静定问题。

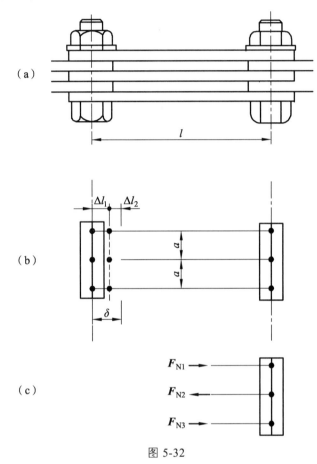

图 5-32

（1）列平衡方程。

$$\sum X = 0: \quad F_{N1} + F_{N3} = F_{N2} \tag{a}$$

$$\sum M = 0: \quad F_{N1}a = F_{N3}a \tag{b}$$

（2）补充变形方程。

$$\Delta l_1 + \Delta l_2 = \delta \tag{c}$$

则根据胡克定律：

$$\Delta l_1 = \frac{F_{N1}l}{EA}, \quad \Delta l_2 = \frac{F_{N2}l}{EA}$$

$$\frac{F_{N1}l}{EA} + \frac{F_{N2}l}{EA} = \delta \tag{d}$$

（3）联立求解式（a）、式（b）和式（d）得

$$F_{N1} = -\frac{EA}{6\ 000}, \quad F_{N2} = \frac{EA}{3\ 000}$$

若将 $E = 2.0 \times 10^5$ MPa 代入，则两侧杆和中间杆的装配应力分别为：

$$\sigma_1 = -33.3 \text{ MPa}, \quad \sigma_2 = -66.7 \text{ MPa}$$

由该例题可见，超静定问题中极小的制造误差都可能引起较大的装配应力。

**例 5-16**　图 5-33 所示阶梯形钢杆的两端在 $t_1 = 5\ ^\circ\text{C}$ 时被固定，杆件上下两段的横截面面积分别是 $A_1 = 5 \text{ cm}^2$，$A_2 = 10 \text{ cm}^2$。当温度升高至 $t_2 = 25\ ^\circ\text{C}$ 时，试求杆内各部分的温度应力。钢材的 $\alpha = 12.5 \times 10^{-6}\ /^\circ\text{C}$，$E = 200 \text{ GPa}$。

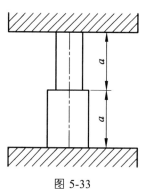

图 5-33

**解**　（1）分析结构的超静定次数。将杆两端支座去掉，代之以约束力 $F_{RA}$、$F_{RB}$。由受力图可见该结构有两个未知力，而力系是共线力系，有一个平衡方程，所以此问题是一次超静定问题。

（2）列平衡方程。由平衡条件 $\sum Y = 0$ 可得：

$$-F_{RA} + F_{RB} = 0 \tag{a}$$

（3）补充方程。由于杆两端是固定支座，所以其长度无法变化，也即

$$\Delta l = 0$$

在该问题中引起杆件变形的原因有两个：荷载和温度变化。所以

$$\Delta l = \Delta l_F + \Delta l_t \tag{b}$$

根据胡克定律：

$$\Delta l_F = \Delta l_{F1} + \Delta l_{F2} = \frac{-F_{RA}l}{EA_1} + \frac{-F_{RB}l}{EA_2}$$

另外

$$\Delta l_t = \Delta l_{t1} + \Delta l_{t2} = 20l\alpha + 20\alpha = 40l\alpha$$

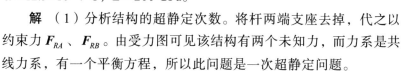

将上两式代入式（b）得

$$\frac{-F_{RA}l}{EA_1} + \frac{-F_{RB}l}{EA_2} + 40l\alpha = 0 \tag{c}$$

（4）联立求解式（a）和式（c）得：

$$F_{RA} = \frac{40EA_2\alpha}{3}, \quad F_{RB} = \frac{40EA_2\alpha}{3}$$

（5）求各段横截面上的正应力。

$$\sigma_1 = \frac{-F_{RA}}{A_1} = \frac{-\dfrac{40EA_2\alpha}{3}}{A_1} = \frac{-40\times2\times10^{11}\times10\times10^{-4}\times12.5\times10^{-6}}{5\times10^{-4}} = -66.7 \ \text{MPa}$$

$$\sigma_2 = \frac{-F_{RB}}{A_2} = \frac{-\dfrac{40EA_2\alpha}{3}}{A_2} = -\frac{40E\alpha}{3} = \frac{-40\times2\times10^{11}\times12.5\times10^{-6}}{3} = -33.3 \ \text{MPa}$$

# 思 考 题

5-1　什么是轴向拉压变形？试列举几个轴向拉杆和轴向压杆的实例。判断如图所示杆件中 $BC$ 段的变形是否是轴向拉伸或压缩。

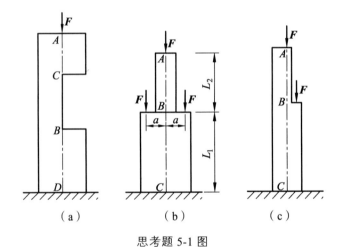

（a）　　　　　（b）　　　　　（c）

思考题 5-1 图

5-2　内力和相互作用力有何不同？

5-3　试述用截面法求轴力的步骤。集中力作用点所在横截面的轴力怎样确定？

5-4　试问图中所示两拉杆，杆中 1—1 与 2—2 截面的轴力是否相同？

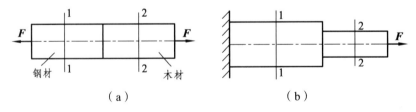

（a）　　　　　　　　　　（b）

思考题 5-4 图

5-5　轴向拉压杆横截面上正应力的分布规律是怎样的？该规律是否适用于拉压杆的任何截面？

5-6　两拉压杆的受力和横截面面积相同，但材料和截面形状不同，两杆各横截面的正应力是否相同？

5-7　何谓胡克定律？胡克定律的表达式有几种？它们表达的物理意义是什么？

5-8　杆件变形的大小与哪些因素有关？其定量关系是怎样的？

5-9　变形和应变有何不同？变形和位移又有何不同？图中所示杆的 AB 段和 BC 是否有变形，BC 段上各点又是否有位移？

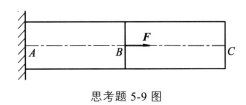

思考题 5-9 图

5-10　如图所示结构中 A 点的水平位移与竖向位移与各杆的变形有何关系？

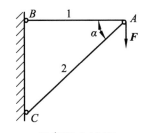

思考题 5-10 图

5-11　什么叫材料的极限应力和许用应力？什么叫杆件的工作应力和容许应力？

5-12　拉压杆的强度条件是什么？运用强度条件可解决哪三类强度问题？

5-13　什么叫材料的力学性质？如何了解材料的力学性质？

5-14　常温静载拉伸和压缩试验的试件形状是怎样的？

5-15　低碳钢的拉伸过程可分为哪几个阶段？有几个特征点？它们的物理意义是什么？

5-16　胡克定律的适用范围是什么？

5-17　拉伸过程没有屈服阶段的塑性材料，其强度极限如何确定？

5-18　何谓材料的延伸率？如何区别塑性材料和脆性材料？

5-19　如何计算超静定拉压问题？

# 习　题

5-1　求图示各杆指定截面的轴力，并画轴力图。

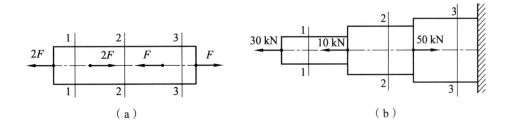

（a）　　　　　　　　　　　（b）

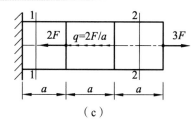

（c）

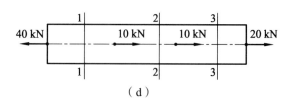

（d）

习题 5-1 图

5-2 试计算习题 5-1 图（b）所示杆件 1—1、2—2 以及 3—3 截面的正应力。已知 $A_1 =$ 200 mm$^2$，$A_2 = 300$ mm$^2$，$A_3 = 400$ mm$^2$。〔$\sigma_1 = 150$ MPa，$\sigma_2 = 133.3$ MPa，$\sigma_3 = 25$ MPa〕

5-3 如图所示为一吊环螺钉，其外径 $d = 48$ mm，内径 $d_1 = 42.6$ mm，吊重 $F = 40$ kN，求螺钉横截面上的正应力。〔$\sigma = 28.08$ MPa〕

5-4 如图所示为正方形截面砖柱，其上段和下段的横截面面积分别为 $A_1 = 0.25 \times$ 0.25 m$^2$、$A_2 = 0.37 \times 0.37$ m$^2$，长度 $l_1 = 3$ m、$l_2 = 4$ m，荷载 $F = 40$ kN，砖柱的容重 $\gamma = 19$ kN/m$^3$。试分别按不计自重和考虑自重两种情况计算 1—1 和 2—2 截面的正应力。〔考虑自重，$\sigma_1 =$ 0.697 MPa，$\sigma_2 = 0.98$ MPa。不考虑自重，$\sigma_1 = 0.64$ MPa，$\sigma_2 = 0.88$ MPa〕

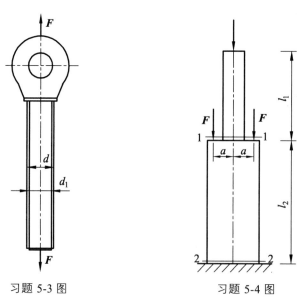

习题 5-3 图　　　　　　　习题 5-4 图

5-5 如图所示为简易起重支架简图，小车可在横梁上移动。小车及吊重对横梁的作用可按集中力 $F$ 计算，$F = 45$ kN。$BC$ 杆为钢杆，横截面面积 $A_2 = 6$ cm$^2$，许用应力 $[\sigma]_2 = 160$ MPa；$AB$ 杆为木杆，横截面面积 $A_1 = 100$ cm$^2$，许用应力 $[\sigma]_1 = 7$ MPa。试校核该支架的强度。〔$\sigma_1 =$ 150 MPa，$\sigma_2 = 7.79$ MPa〕

5-6 用绳索起吊钢管，受力如图所示，已知钢管重 $G = 12$ kN，绳索直径 $d = 40$ mm，容许应力 $[\sigma] = 10$ MPa。试校核绳索的强度。〔$\sigma = 6.76$ MPa〕

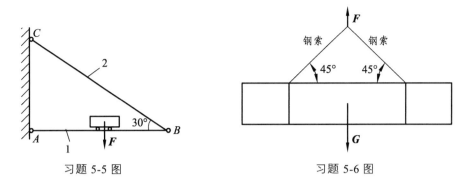

习题 5-5 图 习题 5-6 图

5-7 如图所示桁架的所有杆均由两等边角钢做成，其容许应力 $[\sigma] = 170$ MPa。试确定 $CD$ 杆和 $BD$ 杆所需角钢型号。〔$A_{DB} = 7.486$ cm$^2$，$A_{CD} = 3.74$ cm$^2$〕

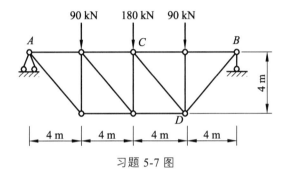

习题 5-7 图

5-8 习题 5-4 图中砖柱，若上段和下端的横截面面积均未知，已知材料的容许应力 $[\sigma] = 1.5$ MPa，则在考虑自重的情况下，试确定上段和下段截面的边长。〔$a_1 = 167$ mm，$a_2 = 292$ mm〕

5-9 计算习题 5-5 图中支架能承受的最大荷载 $F_{max}$。〔$[F] = 40.4$ kN〕

5-10 计算习题 5-6 图中能起吊的钢管最大重量 $G_{max}$。〔$G_{max} = 17.75$ kN〕

5-11 如图所示桁架，在结点 $B$ 上作用一集中力 $F$，已知 $DC$ 杆为圆钢杆，直径 $d = 24$ mm，许用应力 $[\sigma] = 40$ MPa。试求杆所容许的 $F_{max}$。〔$F_{max} = 30.01$ kN〕

5-12 如图所示钢杆的横截面面积 $A = 900$ mm$^2$，材料的弹性模量 $E = 2.1 \times 10^5$ MPa。试计算杆的变形$\Delta l$ 和截面 $A$ 截面的位移。〔$\Delta l = 0.12$ mm，左移 0.12 mm〕

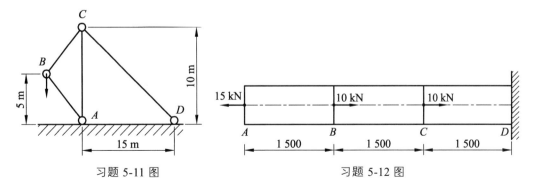

习题 5-11 图 习题 5-12 图

5-13 如图所示结构中 $AC$ 杆和 $BC$ 杆的横截面面积分别为 $A_1$ 和 $A_2$，弹性模量分别为 $E_1$

和 $E_2$。试计算节点 $C$ 的竖向位移 $\Delta_{CY}$ 和水平位移 $\Delta_{CX}$。$\left[ \Delta C_Y = \dfrac{Fl}{E_1 A_1}, \quad \Delta C_X = 0 \right]$

5-14　低碳钢拉伸试件，其工作段的原始长度 $l = 100$ mm，横截面直径 $d = 10$ mm，试件拉断后，标距长度 $l_1 = 123$ mm，断口处最小直径 $d_1 = 6.2$ mm。试计算低碳钢的延伸率 $\delta$ 和截面收缩率 $\psi$。$[\delta = 23\%, \quad \psi = 61.56\%]$

5-15　如图所示拉伸试件的横截面尺寸为 $a = 4$ mm，$b = 30$ mm，在拉伸时，每增加 3 kN 的拉力，测出沿轴线方向的应变 $\varepsilon = 120 \times 10^{-6}$，横向应变 $\varepsilon_1 = -38 \times 10^{-6}$。求材料的弹性模量 $E$ 和泊松比 $\mu$。$[E = 2.05 \times 10^6 \text{ MPa}, \quad \mu = 0.317]$

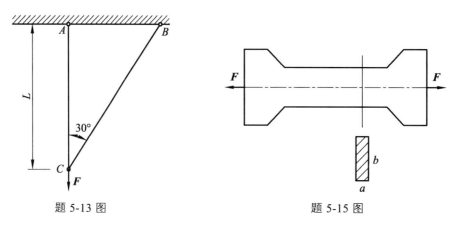

题 5-13 图　　　　　　　　　题 5-15 图

5-16　如图所示为一厚度均匀的直角三角形钢板，用等长的圆截面钢筋 $AB$ 和 $CD$ 吊起，欲使线 $BD$ 保持水平位置。问 $AB$ 和 $CD$ 两钢筋的直径之比为多少？$[2:1]$

5-17　如图所示双层圆柱螺旋弹簧，内弹簧的刚度是 $K_1$，外弹簧的刚度是 $K_2$，压力为 $\boldsymbol{F}$。试求内外弹簧分担的压力。$\left[ F_{N1} = \dfrac{K_1}{K_1 + K_2} F, \quad F_{N2} = \dfrac{K_2}{K_1 + K_2} F \right]$

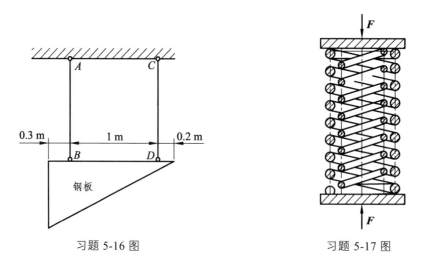

习题 5-16 图　　　　　　　　　习题 5-17 图

5-18　如图所示，$AB$ 为刚性横梁，重 $G = 40$ kN，中间杆的抗拉刚度是两侧杆的 2 倍，求三杆的轴力。$[F_{N1} = F_{N3} = 10 \text{ kN}, \quad F_{N2} = 20 \text{ kN}]$

5-19　如图所示结构，1、2 杆的抗拉刚度为 $E_1A_1$，3 杆的抗拉刚度为 $E_3A_3$。3 杆在制造时短了 $\delta$（$\delta \ll l$）。试求装配后各杆的轴力。〔$F_{N3} = \dfrac{2E_1A_1\cos^3\alpha}{1+2\dfrac{E_1A_1\cos^3\alpha}{E_3A_3}} \times \dfrac{\delta}{l}$，　$F_{N1} = F_{N2} =$

$\dfrac{E_1A_1\cos^3\alpha}{1+2\dfrac{E_1A_1\cos^3\alpha}{E_3A_3}} \times \dfrac{\delta}{l}$〕

5-20　如图所示杆件在温度为 25 ℃ 时刚好装入两端支座。当温度升高 15 ℃ 时，求杆内横截面上的最大正应力。已知 $A_1 = 160 \text{ mm}^2$，$A_2 = 100 \text{ mm}^2$，$E = 2.0 \times 10^5 \text{ MPa}$，$\alpha = 125 \times 10^{-7}/℃$。〔$\sigma_1 = 28.84 \text{ MPa}$，　$\sigma_2 = 46.15 \text{ MPa}$〕

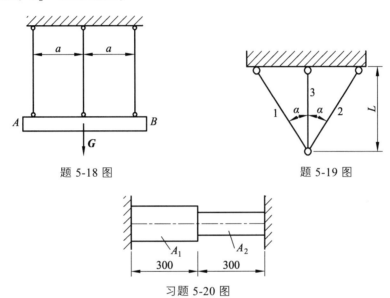

题 5-18 图　　　　　　　　　　题 5-19 图

习题 5-20 图

# 第6章 扭 转

## 6.1 扭转概述

### 6.1.1 扭转的概念

在工程实际中经常见到图 6-1 所示机器中的传动轴、图 6-2 所示方向盘的操纵杆等这类构件。其受力特点是：作用于其上的外力是一对转向相反、作用面与杆件横截面平行的外力偶矩，以 $M_e$ 表示。杆件的变形特点是：杆的任意两个横截面围绕轴线作相对转动。工程中习惯上将发生扭转变形的直杆称为轴。

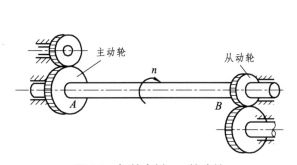

图 6-1 扭转实例——转动轴

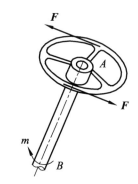

图 6-2 扭转实例——方向盘

### 6.1.2 外力偶矩的计算 扭矩和扭矩图

在工程实际中，作用于轴上的外力偶矩往往是未知的，已知的往往是轴的转速（以 $n$ 表示）以及轴上各轮所传送的功率（以 $P$ 表示）。

1. $M_e$、$m$、$P$ 之间的关系

每秒钟内完成的功即功率

$$M_e \cdot \frac{2\pi n}{60} = 1\,000P$$

$$M_e = 9\,549\frac{P}{n} \tag{6-1}$$

式中：$M_e$——外力偶矩（N·m）；

$n$——转速（r/min）；

$P$——功率（kW）（$1\,kW = 1\,000\,N·m/s$）。

## 2. 横截面上的内力——扭矩

算得或已知外力偶矩后，需进一步研究横截面上的内力。与前面相同，采用截面法。如图 6-3 所示，以两端截面受到外力偶矩 $M_e$ 为例，欲求某一截面 $m$—$m$ 上的内力，则假想将轴从该面截开，取其中一部分为研究对象。因轴的整体处于平衡状态，则所取的部分也应该处于平衡状态，因此截开截面上的内力（分布内力系的合成结果）必定是一个与外力偶矩构成平衡力系的力偶。

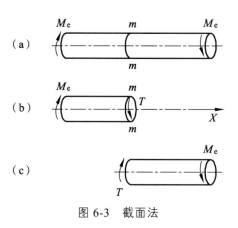

图 6-3　截面法

平衡方程：

$$\sum M_x = 0 : \quad T - M_e = 0$$

$$T = M_e$$

扭矩符号规定：为使无论用部分 I 或部分 II 求出的同一截面上的扭矩不但数值相同且符号相同，扭矩用右手螺旋定则确定正负号。

## 3. 扭矩图

若作用于轴上的外力多于两个，轴各段的内力不同，则可用图线来表示各横截面上扭矩沿轴线变化的情况。图中以横轴表示横截面的位置，纵轴表示相应截面上的扭矩。这种图称为扭矩图。下面用例子说明扭矩的计算和扭矩图的绘制。

**例 6-1**　如图 6-4（a）所示，主动轮 $A$ 输入功率 $P_A = 50\,\text{kW}$，从动轮输出功率 $P_B = P_C = 15\,\text{kW}$，$P_D = 20\,\text{kW}$，$n = 300\,\text{r/min}$，试作扭矩图。

**解**　（1）$M_{eA} = 9\,549 \dfrac{P}{n} = 9\,549 \times \dfrac{50}{300} = 1\,591\,\text{N·m}$

$$M_{eB} = M_{eC} = 9\,549 \times \frac{15}{300} = 477\,\text{N·m}$$

$$M_{eD} = 637\,\text{N·m}$$

（2）求 $T$，如图 6-4（b），（c），（d）所示。

$$\sum M_x = 0$$

$$T_1 + M_{eB} = 0 \ , \quad T_1 = -M_{eB} = -477 \ \text{N} \cdot \text{m}$$

$$T_2 - M_{eA} + M_{eB} = 0 \ , \quad T_2 = 1\,115 \ \text{N} \cdot \text{m}$$

$$T_3 - M_{eD} = 0 \ , \quad T_3 = M_{eD} = 637 \ \text{N} \cdot \text{m}$$

（3）作扭矩图如图 6-4（e）所示。

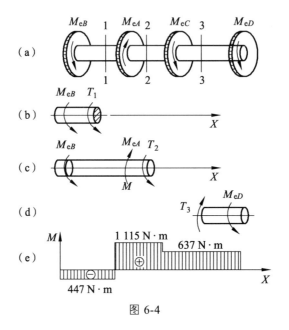

图 6-4

**例 6-2** 主动轮与从动轮布置合理性的讨论：主动轮一般应放在两个从动轮的中间，这样会使整个轴的扭矩图分布比较均匀。这与将主动轮放在从动轮的一边相比，整个轴的最大扭矩值会降低。

如图 6-5（a）所示：$T_{\max} = 50 \ \text{N} \cdot \text{m}$

如图 6-5（b）所示：$T_{\max} = 25 \ \text{N} \cdot \text{m}$

二者比较，图 6-5（b）安置合理。

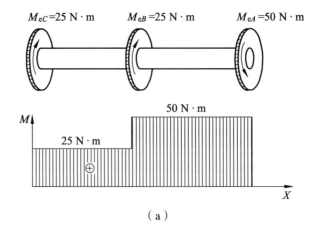

（a）

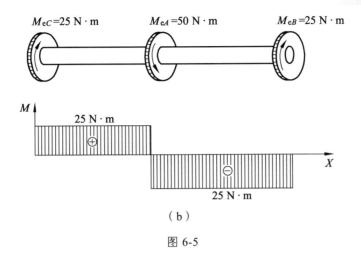

（b）

图 6-5

## 6.2　纯剪切

在讨论扭转的应力和变形之前,对于切应力和切应变的规律以及二者关系的研究非常重要。

### 1. 薄壁圆筒扭转时的切应力

纯剪切是指截面上只有切应力而无正应力。纯剪切的典型例子是薄壁圆筒的扭转,如图6-6 所示。

（1）观察变形及分析。

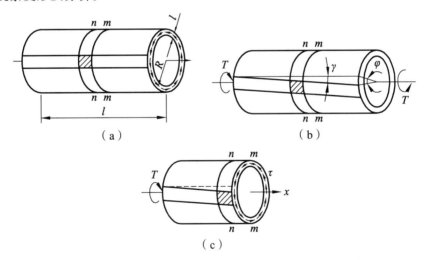

图 6-6　薄壁圆筒的扭转

变形前纵线与圆周线形成方格, 如图 6-6（a）所示。

变形后方格左右两边相对错动,距离保持不变,圆周半径长度保持不变,这表示横截面上无正应力,只有切应力。由于切应变发生在纵截面上,故横截面上的切应力与半径正交,如图 6-6（b）（c）所示。

对薄壁圆筒而言,切应力沿壁厚不变化。

（2）力矩平衡

$$\sum M_x = 0$$

$$T = \int_A \tau \mathrm{d}A \cdot R = 2\pi R^2 t \tau$$

从而求出
$$\tau = \frac{T}{2\pi R^2 t}$$
（6-2）

2. 切应力互等定理

取出单元体如图 6-7 所示。

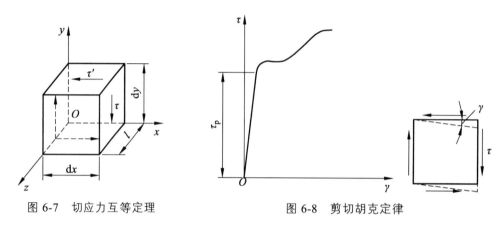

图 6-7　切应力互等定理　　　　　　　　图 6-8　剪切胡克定律

由上面的分析可知，在单元体的左右两个侧面上只有切应力，而无正应力。此种单元体发生的变形，常称为纯剪切。这两个面上的切应力皆由式（6-2）来计算，数值相等，但方向相反。又由单元体的静力平衡条件 $\sum M_z = 0$ 可知，在单元体的上下侧面上也仅存在大小相等、方向相反的切应力 $\tau'$：

$$(\tau t \mathrm{d}y)\mathrm{d}x = (\tau' t \mathrm{d}x)\mathrm{d}y$$

从而求得：

$$\tau = \tau'$$
（6-3）

式（6-3）表明：在相互垂直的两个平面上，切应力必然成对存在，且数值相等，其方向都垂直于两平面交线，或共同指向或共同背离两平面交线。这就是切应力互等定理，也称为切应力双生定理。

3. 切应变　剪切胡克定律

上述单元体属于纯剪切状态。对受纯剪切的单元体，其存在的变形是相对两侧面的微小错动，以 $\gamma$ 来度量其错动变形的程度（图 6-8），这里的 $\gamma$ 即切应变。

试验表明，当切应力不超过比例极限时，切应力与切应变成正比。

$$\tau = G\gamma$$
（6-4）

式中：$G$——比例常数，材料的切变模量（GPa）。

此即剪切胡克定律。

4. 三个弹性常数之间的关系

对各向同性材料：

$$G = \frac{E}{2(1+\mu)} \qquad\qquad (6-5)$$

## 6.3 圆轴扭转时的应力

研究圆轴扭转时横截面上的应力须综合考虑几何、物理和静力学三方面的关系。

### 6.3.1 应力分布规律

1. 变形几何关系

（1）观察试验（在小变形前提下），如图 6-9 所示。

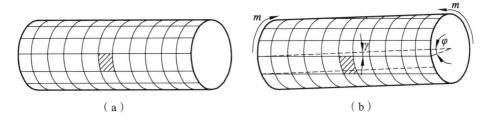

（a）                （b）

图 6-9　圆轴扭转变形试验

① 圆周线大小、形状及相邻二圆周线之间的距离保持不变,仅绕轴线相对转过一个角度。

② 在小变形前提下纵线仍为直线，仅倾斜一微小角度，变形前表面的矩形方格，变形后错动成菱形。

（2）平面假设：圆轴扭转变形前的平面横截面变形后仍保持平面，形状和大小不变，半径仍保持为直线；且相邻二截面间的距离保持不变。

（3）结论：横截面上只有切应力而无正应力。

（4）取 d$x$ 一段轴讨论，如图 6-10 所示。

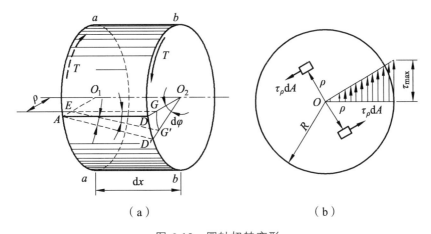

（a）                （b）

图 6-10　圆轴扭转变形

$$\gamma dx = R d\varphi$$

$$\gamma = R \frac{d\varphi}{dx}$$

$$\gamma_\rho = \rho \frac{d\varphi}{dx} \tag{a}$$

讨论：

① $\dfrac{d\varphi}{dx}$ 为扭转角 $\varphi$ 沿轴线 $x$ 的变化率，对给定截面上的各点而言（即 $x$ 相同），它是常量。

② 横截面上任意点的切应变 $\gamma_\rho$ 与该点到圆心的距离 $\rho$ 成正比（任意半径圆周处的切应变均相等）。

2. 物理关系

（1）剪切胡克定律：

$$\tau_\rho = G \gamma_\rho$$

$$\tau_\rho = G_\rho \frac{d\varphi}{dx} \tag{b}$$

（2）结论：

① 与圆心等距的圆周上各点处的切应力均相等。$\tau_\rho$ 与半径垂直（即指向各点处的圆周切线方向）。

② 切应力沿半径直线分布。

3. 静力关系

（1）内力为分布力系的合力（图 6-11）：

$$T = \int_A \rho \tau_\rho dA = G \frac{d\varphi}{dx} \int_A \rho^2 dA$$

令 $I_p = \displaystyle\int_A \rho^2 dA$（截面对圆心 $O$ 的极惯性矩）

$$T = G I_p \frac{d\varphi}{dx}$$

于是

$$\frac{d\varphi}{dx} = \frac{T}{G I_p} \tag{c}$$

将式（c）代入式（b）得：

$$\tau_\rho = \frac{T\rho}{I_p} \tag{d}$$

切应力分布情况如图 6-12 所示。

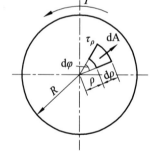

图 6-11　圆轴扭转变形

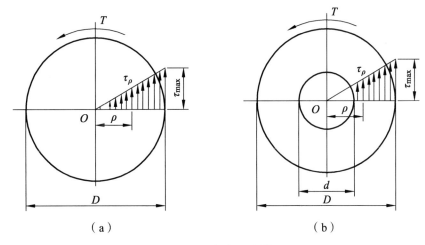

图 6-12　切应力分布情况

（2）讨论：

$$\tau_{max} = \frac{TR}{I_p} \tag{e}$$

引入

$$W_t = \frac{I_p}{R}（抗扭截面系数）$$

则

$$\tau_{max} = \frac{T}{W_t} \tag{6-6}$$

### 6.3.2　$I_p$、$W_t$ 的计算公式

1. 实心圆截面

$$I_p = \frac{\pi D^4}{32}$$

$$W_t = \frac{I_p}{R} = \frac{\pi R^3}{2} = \frac{\pi D^3}{16}$$

2. 空心圆截面

$$I_p = \frac{\pi D^4}{32}(1-\alpha^4)$$

式中：$\alpha = d / D$。

$$W_t = \frac{I_p}{R} = \frac{\pi}{16D}(D^4 - d^4) = \frac{\pi D^3}{16}(1-\alpha^4)$$

### 6.3.3　强度条件

圆轴扭转的强度条件和轴向拉（压）的强度条件类似，要求轴内的最大切应力 $\tau_{max}$ 小于轴的许用切应力，即：

$$\tau_{\max} = \frac{T_{\max}}{W_t} \leqslant [\tau] \qquad\qquad (6\text{-}7)$$

利用圆轴扭转的强度条件可进行以下三方面的强度计算：

1. 强度校核

$$\tau_{\max} = \frac{T_{\max}}{W_t} \leqslant [\tau]$$

2. 设计截面

$$\frac{\pi D^3}{16} \geqslant \frac{T_{\max}}{[\tau]}, \quad D \geqslant \sqrt[3]{\frac{16 T_{\max}}{\pi [\tau]}}$$

$$\frac{\pi D^3}{16}(1-\alpha^4) \geqslant \frac{T_{\max}}{[\tau]}, \quad D \geqslant \sqrt[3]{\frac{16 T_{\max}}{\pi [\tau](1-\alpha^4)}}$$

3. 确定许用荷载

$$T_{\max} \leqslant [\tau] W_t$$

### 6.3.4 强度计算举例

**例 6-3** 如图 6-13 所示传动轴 $M_{e1} = 895\,\text{N} \cdot \text{m}$，$M_{e2} = 538\,\text{N} \cdot \text{m}$，$M_{e3} = 2\,866\,\text{N} \cdot \text{m}$，$M_{e4} = 1\,075\,\text{N} \cdot \text{m}$，$M_{e5} = 358\,\text{N} \cdot \text{m}$，$[\tau] = 20\,\text{MPa}$。

（1）求各段轴的扭矩，作出扭矩图。

（2）求各段轴的直径 $D$。

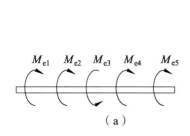
（a）

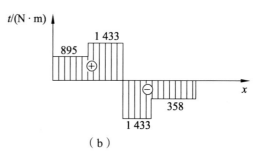
（b）

图 6-13

**解** （1）作扭矩图如图 6-13（b）所示。

（2）设计各段轴直径。

因为
$$W_t \geqslant \frac{T}{[\tau]}$$

$$\frac{\pi D^3}{16} \geqslant \frac{T}{[\tau]}$$

所以
$$D \geqslant \sqrt[3]{\frac{16T}{[\tau]}}$$

$$D_{12} \geqslant \sqrt[3]{\frac{16 \times 895 \times 1\,000}{\pi \times 20}} = 61.1 \text{ mm}$$

$$D_{23} \geqslant 71.5 \text{ mm}$$

$$D_{34} \geqslant 71.5 \text{ mm}$$

$$D_{45} \geqslant 45 \text{ mm}$$

## 6.4　圆轴扭转时的变形

1. 扭转角 $\varphi$ 的计算（图 6-14）

$$\frac{\mathrm{d}\varphi}{\mathrm{d}x} = \frac{T}{FI_{\mathrm{p}}}$$

$$\mathrm{d}\varphi = \frac{T}{GI_{\mathrm{p}}}\mathrm{d}x$$

$$\varphi = \int_l \mathrm{d}\varphi = \int_0^l \frac{T}{GI_{\mathrm{p}}}\mathrm{d}x$$

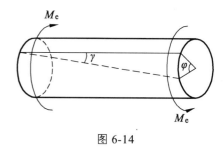

图 6-14

讨论：

（1）若两截面之间 $T = \text{const}$，$GI_{\mathrm{p}} = \text{const}$，则

$$\varphi = \frac{Tl}{GI_{\mathrm{p}}}(\text{rad}) \tag{6-8}$$

式中：$GI_{\mathrm{p}}$——圆轴的抗扭刚度。

（2）阶梯轴：

$$\varphi = \sum_{i=1}^{n} \frac{T_i l_i}{GI_{\mathrm{p}i}} \tag{6-9}$$

2. 刚度条件

消除轴的长度 $l$ 的影响：

$$\varphi' = \frac{\mathrm{d}\varphi}{\mathrm{d}x} = \frac{T}{GI_{\mathrm{p}}} \tag{6-10}$$

式中：$\varphi'$——单位长度的扭转角（rad/m）。

等直圆轴：

$$\varphi' = \frac{\varphi}{l} = \frac{T}{GI_{\mathrm{p}}}$$

刚度条件：

$$\varphi'_{\max} = \frac{T_{\max}}{GI_{\mathrm{p}}} \leqslant [\varphi'] \tag{6-11}$$

按照设计规范和习惯，$[\varphi']$ 许用值的单位为 $(°)/m$ ，可从相应手册中查到。

$$\varphi'_{\max} = \frac{T_{\max}}{GI_p} \cdot \frac{180°}{\pi} \leqslant [\varphi'] \quad (°)/m \qquad (6\text{-}12)$$

3. 刚度计算

（1）刚度校核：

$$I_p \left[ \frac{\pi D^4}{32}, \frac{\pi D^4}{32}(1-\alpha^4) \right] \geqslant \frac{T_{\max} \times 180°}{G\pi[\varphi']}$$

（2）设计截面：

$$\frac{\pi D^4}{32} \geqslant \frac{T_{\max} \times 180°}{G\pi[\varphi']}$$

$$D \geqslant \sqrt[4]{\frac{32 T_{\max} \times 180°}{G\pi^2[\varphi']}}$$

或 $$D \geqslant \sqrt[4]{\frac{32 T_{\max} \times 180°}{G\pi^2[\varphi'](1-\alpha^4)}}$$

式中：$G$——切变模量（$N/m^2$）。

（3）确定许用荷载 $T_{\max}$ 。

$$\frac{T_{\max}}{GI_p} \cdot \frac{180°}{\pi} \leqslant [\varphi']$$

**例 6-4** 如图 6-15 所示传动轴系钢制实心圆截面轴。已知：$M_1 = 1\ 592\ N \cdot m$ ，$M_2 = 955\ N \cdot m$ ，$M_3 = 637\ N \cdot m$ 。截面 $A$ 与截面 $B$、$C$ 之间的距离分别为 $l_{AB} = 300\ mm$ 和 $l_{AC} = 500\ mm$ 。轴的直径 $d = 70\ mm$ ，钢的切变模量 $G = 80\ GPa$ 。试求截面 $C$ 相对于 $B$ 的扭转角。

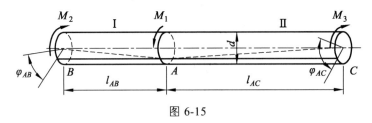

图 6-15

**解** 由截面法求得轴 Ⅰ 、Ⅱ 两段内的扭矩分别为 $T_1 = 955\ N \cdot m$ ，$T_2 = -637\ N \cdot m$ 。

分别计算截面 $B$、$C$ 相对于截面 $A$ 的扭转角 $\varphi_{AB}$ 、$\varphi_{AC}$ 。为此，可假想截面 $A$ 固定不动，由式（6-8）可得：

$$\varphi_{AB} = \frac{T_1 l_{AB}}{GI_p}, \quad \varphi_{AC} = \frac{T_2 l_{AC}}{GI_p}$$

式中：$I_p = \dfrac{\pi d^4}{32}$。

将有关数据代入以上两式，即得：

$$\varphi_{AB} = \frac{955 \times 0.3}{80 \times 10^9 \times \dfrac{\pi}{32} \times (7 \times 10^{-2})^4} = 1.52 \times 10^{-3} \ \text{rad}$$

和

$$\varphi_{AC} = \frac{637 \times 0.5}{80 \times 10^9 \times \dfrac{\pi}{32} \times (7 \times 10^{-2})^4} = 1.69 \times 10^{-3} \ \text{rad}$$

由于假想截面 $A$ 固定不动，故截面 $B$、$C$ 相对于截面 $A$ 的相对转动应分别与扭转力偶矩 $M_2$、$M_3$ 的转向相同（图 6-15）。由此可知，截面 $C$ 相对于 $B$ 的扭转角为 $\varphi_{BC} = \varphi_{AC} - \varphi_{AB} = 1.7 \times 10^{-4} \ \text{rad}$，其转向与扭转力偶 $M_3$ 相同。

# 习 题

6-1  如图所示，一传动轴作匀速转动，转速 $n = 200 \ \text{r/min}$，轴上装有 5 个轮子，主动轮 Ⅱ 输入的功率为 60 kW，从动轮 Ⅰ、Ⅲ、Ⅳ、Ⅴ 依次输出 18 kW、12 kW、22 kW 和 8 kW。试作轴的扭矩图。

6-2  如图所示，一钻探机的功率为 10 kW，转速为 180 r/min。钻杆钻入土层的深度 $l = 40 \ \text{m}$。如土壤对钻杆的阻力可看作均匀分布的力偶，试求分布力偶的集度 $m$，并作出钻杆的扭矩图。

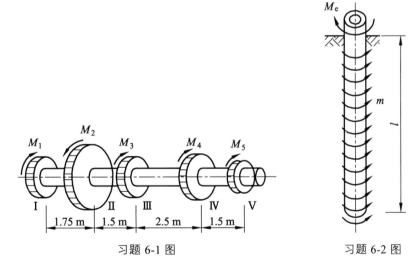

习题 6-1 图　　　　　　　　　习题 6-2 图

6-3  圆轴的直径 $d = 50 \ \text{mm}$，转速为 120 r/min。若该轴横截面上的最大切应力为 60 MPa，试问所传递的功率为多大？

6-4  空心钢轴的外径 $D = 100 \ \text{mm}$，内径 $d = 50 \ \text{mm}$。已知间距 $t = 2.7 \ \text{m}$ 的两横截面的相对扭转角 $\varphi = 1.8°$，材料的切变模量 $G = 80 \ \text{GPa}$。试求：

（1）轴内的最大切应力。

（2）当轴以 $n = 80\ \text{r/min}$ 的速度旋转时，轴所传递的功率。

6-5　如图所示一等直圆杆，已知 $d = 40\ \text{mm}$，$a = 400\ \text{mm}$，$G = 80\ \text{GPa}$，$\varphi_{DB} = 1°$。试求：

（1）最大切应力。

（2）截面 $A$ 相对于截面 $C$ 的扭转角。

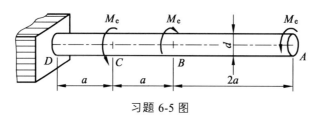

习题 6-5 图

6-6　某小型水电站水轮机容量为 $50\ \text{kW}$，转速为 $300\ \text{r/min}$，钢轴直径为 $75\ \text{mm}$，若在正常运转情况下且只考虑扭矩作用，其许用切应力 $\tau = 20\ \text{MPa}$。试校核轴的强度。

6-7　已知钻探机钻杆（参看习题 6-2）的外径 $D = 60\ \text{mm}$，内径 $d = 50\ \text{mm}$，功率 $P = 7.355\ \text{kW}$，转速 $180\ \text{r/min}$，钻杆入土深度 $l = 40\ \text{m}$，钻杆材料 $G = 80\ \text{GPa}$，许用切应力 $[\tau] = 40\ \text{MPa}$，假设土壤对钻杆的阻力是沿长度均匀分布的。试求：

（1）单位长度上土壤对钻杆的阻力矩集度。

（2）作钻杆的扭矩图，并进行强度校核。

（3）两端截面的相对扭转角。

6-8　如图所示铰车，由两人同时操作，若每人在手柄上沿旋转的切向作用力 $F$ 均为 $0.2\ \text{kN}$，已知轴材料的许用切应力 $[\tau] = 40\ \text{MPa}$。试求：

（1）$AB$ 轴的直径。

（2）铰车所能吊起的最大重量。

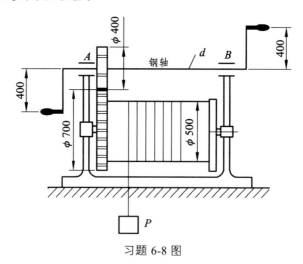

习题 6-8 图

6-9　如图所示，长度相等的两根受扭圆轴，一为空心圆轴，一为实心圆轴，两者材料相同，受力情况也一样。实心轴直径为 $d$；空心轴外径为 $D$，内径为 $d_0$。且 $\dfrac{d_0}{D} = 0.8$。试求当空心轴与实心轴的最大切应力均达到材料的许用切应力（$\tau_{max} = [\tau]$）、扭矩 $T$ 相等时的重量比和刚度比。

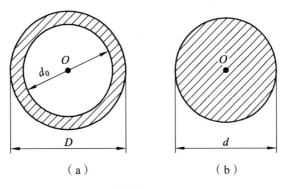

习题 6-9 图

6-10  已知实心圆轴的转速 $n = 300\,\mathrm{r/min}$，传递的功率 $P = 330\,\mathrm{kW}$，轴材料的许用切应力 $[\tau] = 60\,\mathrm{MPa}$，切变模量 $G = 80\,\mathrm{GPa}$。若要求 2 m 长度的相对扭转角不超过 1°，试求该轴的直径。

6-11  如图所示等直圆杆，已知外力偶矩 $M_A = 2.99\,\mathrm{kN\cdot m}$，$M_B = 7.20\,\mathrm{kN\cdot m}$，$M_C = 4.21\,\mathrm{kN\cdot m}$，许用切应力 $[\tau] = 70\,\mathrm{MPa}$，许可单位长度扭转角 $[\varphi'] = 1\,(°)/\mathrm{m}$，切变模量 $G = 80\,\mathrm{GPa}$。试确定该轴的直径。

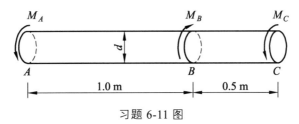

习题 6-11 图

6-12  如图所示阶梯形圆轴，$AE$ 段为空心，外径 $D = 140\,\mathrm{mm}$，内径 $d = 100\,\mathrm{mm}$；$BC$ 段为实心，直径 $d = 100\,\mathrm{mm}$。外力偶矩 $M_A = 18\,\mathrm{kN\cdot m}$，$M_B = 32\,\mathrm{kN\cdot m}$，$M_C = 14\,\mathrm{kN\cdot m}$，已知 $[\tau] = 80\,\mathrm{MPa}$，$[\varphi'] = 1.2\,(°)/\mathrm{m}$，$G = 80\,\mathrm{GPa}$。试校核该轴的强度和刚度。

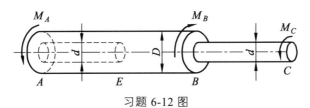

习题 6-12 图

6-13  习题 6-1 中所示的轴，材料为钢，其许用切应力 $[\tau] = 80\,\mathrm{GPa}$，许用单位长度扭转角 $[\varphi'] = 0.25\,(°)/\mathrm{m}$。试按强度及刚度条件选择圆轴的直径。

# 第7章 弯曲内力及应力

## 7.1 梁承受荷载的特点 梁的计算简图

### 7.1.1 梁承受荷载的特点

在土木工程中，梁是一种最常见的基本受力构件，它们主要承受与杆轴不平行的荷载或杆轴平面内的外力偶作用，其变形以弯曲变形为主，即部分材料受拉，另一部分受压。如图7-1～图7-3所示的阳台挑梁、水坝、吊车梁就是工程中常见的实例。

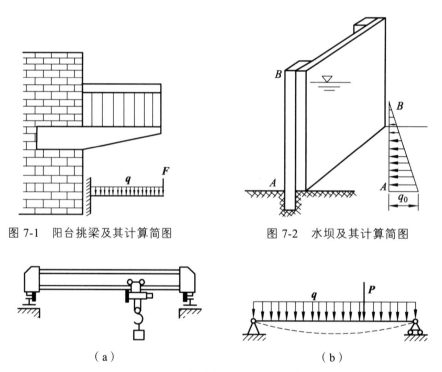

图 7-1 阳台挑梁及其计算简图　　　　图 7-2 水坝及其计算简图

（a）　　　　　　　　　　　　（b）

图 7-3 吊车梁及其计算简图

一般的梁，为了制作方便及受力更合理，其横截面都采用对称形状，如矩形、工字形、T形及圆形，其截面上至少有一条对称轴如图 7-4（a）所示；且梁上所有的外力均作用在包含对称轴与轴线的纵向对称面内，如图 7-4（b）所示。在这种情况下，梁变形时其对称轴将弯曲成一条平面曲线，这条曲线所在平面与外力所在纵向平面相重合的这种弯曲称为平面弯曲。平面弯曲是弯曲变形中最基本的情况，也是工程中最常见的。本教材主要讨论平面弯曲。

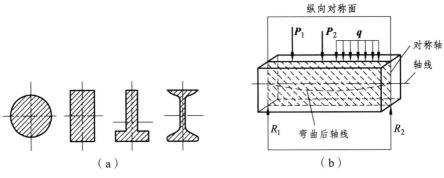

图 7-4　常见对称截面及纵向对称平面

## 7.1.2　梁的计算简图

为了便于计算，要对实际工程实例进行简化，将实际的梁略去次要因素后，以规定的简图形式画出，这种图称为计算简图。计算简图是一种力学模型。

从实际结构简化成计算简图的原则是：

（1）杆件以轴线代替，直梁画直线，曲梁画曲线，折梁画折线。

（2）支座根据其提供的反力简化为如图 7-5 所示的 4 种形式。

（3）荷载全部作用于对称面内。

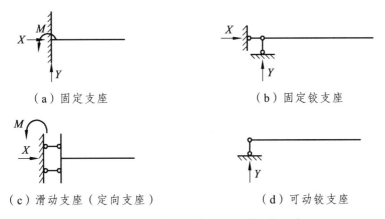

图 7-5　几种常见梁的支座画法及其反力

要注意的是，对于具体结构，简化成什么形式的计算简图，要根据研究问题的目的、要求综合考虑，同一种工程结构，在不同的研究课题里面，可以有不同的简图。

## 7.1.3　常见的简单梁

简支梁：一端为固定铰支座，一端为可动铰支座，如图 7-6（a）所示。

外伸梁：一端或两端向外伸出的简支梁，如图 7-6（b）所示。

悬臂梁：一端为固定支座，另一端悬空的梁，如图 7-6（c）所示。

（a）简支梁　　　　　　　　　　　　　　（b）外伸梁

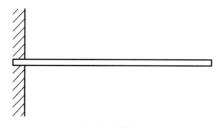

（c）悬臂梁

图 7-6　几种常见的静定梁

## 7.2　梁的弯矩和剪力

当确定了梁的计算简图后，就可以用静力平衡的方法计算出反力。为了进行梁的强度、刚度的设计和校核，就必须先进行梁的内力计算，基本方法仍然是截面法。如图 7-7（a）所示的简支梁，荷载已知，现在分析距左端 $x$ 远的任意横截面的内力。

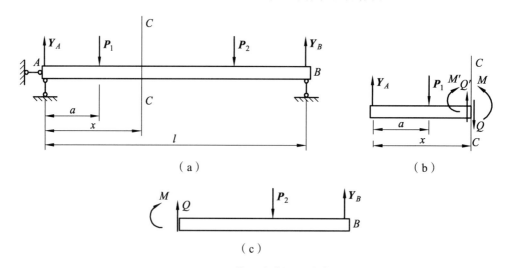

（a）　　　　　　　　　　　（b）

（c）

图 7-7　用截面法求梁的内力

首先，利用截面法，任选一 $C$ 截面，距 $A$ 端为 $x$，在 $C$ 截面处将梁切成左右两段，并任选一段，如左段，作为研究对象。在左段梁上[图 7-7（b）]，作用有外力 $Y_A$ 和 $P_1$，在 $C$ 截面上，则一定作用有某些内力以维持其平衡。

现将左段梁上的所有外力向 $C$ 截面的形心 $c$ 简化，得主矢 $Q'$ 和主矩 $M'$[图 7-7（b）]，由于外力均垂直于杆轴，主矢 $Q'$ 也垂直于杆轴，既平行于横截面。由此可见，为了维持梁的平衡，横截面上必然同时存在两个内力分量：与主矢 $Q'$ 平衡的内力 $Q$，与主矩 $M'$ 平衡的内力偶 $M$。内力 $Q$ 称为剪力，内力偶 $M$ 称为弯矩。

根据左段梁的平衡条件，

由　　　　　　　$\sum Y = 0：\ Y_A - P_1 - Q = 0$

得　　　　　　　$Q = Y_A - P_1$　　　　　　　　　　　　　　　　（a）

由　　　　　　　$\sum M_c = 0：\ M + P_1(x-a) - Y_A x = 0$

得 $\qquad M = Y_A x - P_1(x-a)$ 　　　　　　　　　　　　　　　　　（b）

同样，如果以右段梁为研究对象[图 7-7（c）]并根据平衡条件计算 C 截面的内力，将得到与式（a）相同数值的剪力和与式（b）相同数值的弯矩，但其方向则均相反。

为了便于表达，工程上一般要对内力的符号作出规定。前面已经规定了轴力、扭矩的符号，现将剪力和弯矩的正方向作出规定。如图 7-8（a）所示为剪力、弯矩的正方向，即：企图使微段顺时针方向转动的剪力为正，使微段弯曲变形凹面向上的弯矩为正；反之为负，如图 7-8（b）所示。

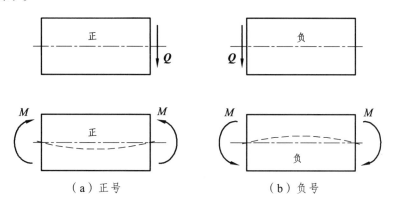

图 7-8　剪力和弯矩的符号规定

**例 7-1**　如图 7-9（a）所示简支梁，试计算 $A_右$、$B_左$、$C_左$、$C_右$ 截面的剪力和弯矩（$A_右$ 表示距 A 点无限接近并位于其右侧的截面，余类推）。

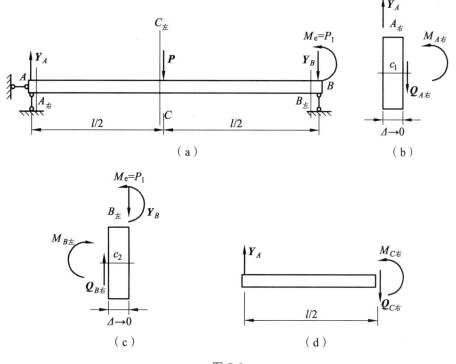

图 7-9

115

**解** （1）求支反力。

取梁整体为隔离体，由平衡方程

$$\sum M_A = 0：Pl - Y_B l - P\frac{1}{2} = 0$$

$$\sum Y = 0：Y_A - P - Y_B = 0$$

解得： $\quad Y_A = \frac{3P}{2}(\uparrow) \quad Y_B = \frac{P}{2}(\downarrow)$

（2）计算 $A_{右}$ 和 $B_{左}$ 截面的 $Q$、$M$。

在 $A_{右}$ 截面将梁假想地切开，并且选右段为研究对象[图 7-9（b）]：

由 $\quad \sum Y = 0$

得 $\quad Q_{A右} = Y_A = \frac{3P}{2}$

由 $\quad \sum M_{c1} = 0$（$c_1$ 为截面 $A_{右}$ 的形心）

得 $\quad M_{A右} = Y_A \Delta = Y_A \times 0 = 0$

在 $B_{左}$ 截面处假想地将梁切开，并选右段为研究对象[图 7-9（c）]：

由 $\quad \sum Y = 0$

得 $\quad Q_{B左} = Y_B = \frac{P}{2}$

由 $\quad \sum M_{c1} = 0$（$c_2$ 为截面 $B_{左}$ 的形心）

得 $\quad M_{B左} = M_e - Y_B \Delta = Pl$

（3）计算截面 $C_{左}$ 的 $Q$、$M$。

由图 7-9（d）可知：

$$Q_{C左} = Y_A = \frac{3P}{2}, \ M_{C左} = Y_A \frac{1}{2} = \frac{3Pl}{4}$$

请读者试计算 $C_{右}$ 截面的 $Q$ 和 $M$。

通过以上分析，现将计算 $Q$、$M$ 的方法和步骤概括如下：

（1）在需要计算内力的截面处，将梁假想地切开，并任选一段为研究对象。

（2）画出所选梁段的受力图，这时，$Q$ 和 $M$ 一般都假设为正。

（3）由平衡方程 $\sum Y = 0$ 计算 $Q$ 值。

（4）以所切截面的形心为矩心，由平衡方程 $\sum M_C = 0$ 计算 $M$ 值。

需要说明的是，当计算出的内力为负值时，只是表示与规定方向相反，不代表大小。

## 7.3 剪力、弯矩方程 剪力图、弯矩图

一般情况下，在梁的不同截面，$Q$、$M$ 均不相同，即 $Q$、$M$ 沿梁轴是变化的。为了进行

强度、刚度验算，需要知道沿梁轴线剪力和弯矩的变化规律，以及剪力和弯矩最大值及其所在位置。

若用 $x$ 表示横截面的位置，并建立 $Q$、$M$ 和 $x$ 间的解析关系式，即：$Q = Q(x)$，$M = M(x)$。这种关系式分别称为剪力方程和弯矩方程，统称内力方程。以剪力方程作出的函数图形，称为剪力图；以弯矩方程作出的函数图形，称为弯矩图。作图时，以 $x$ 为横坐标，以 $Q$ 或 $M$ 为纵坐标，并规定：剪力图根据剪力的正负画在梁的上侧或下侧，并标出正负号；弯矩图必须画在梁的纵向纤维受拉的一侧，一般不标正负号。

下面举例说明建立 $Q$、$M$ 方程和绘制 $Q$、$M$ 图的方法。

**例 7-2**　如图 7-10（a）所示悬臂梁，试建立其 $Q$、$M$ 方程，并绘出 $Q$、$M$ 图。

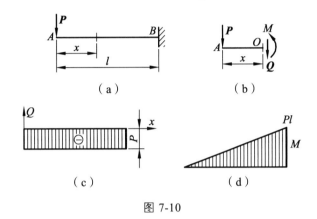

图 7-10

**解**　（1）建立 $Q$、$M$ 方程。

为计算方便，选取截面 $A$ 的形心为 $x$ 轴的原点，并在 $x$ 截面处截取左段为研究对象[图 7-10（b）]，由左段平衡条件，得到剪力和弯矩方程分别为：

$$Q = -P \quad (0 < x < l) \tag{a}$$

$$M = -Px \quad (0 \leqslant x < l) \tag{b}$$

（2）画 $Q$ 图。

式（a）表明，各截面的剪力均等于 $-P$，所以，剪力图是一条位于 $x$ 轴上方并平行于 $x$ 轴的直线[图 7-10（c）]。

（3）画 $M$ 图。

式（b）表明，$M$ 是 $x$ 的正比例函数，因此，弯矩图是一条通过坐标原点的直线。由式（b）可知，当 $x = l$ 时，$M = -Pl$。于是，过原点 $O$ 和点 $(l, -Pl)$ 连直线，即得弯矩图如图 7-10（d）所示。可以方便看出，截面 $B$ 弯矩最大，其值为 $M_{\max} = -Pl$。

**例 7-3**　试建立图 7-11（a）所示简支梁的 $Q$、$M$ 方程，并绘出 $Q$、$M$ 图。

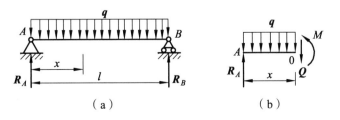

（a）　　　　　　　　（b）

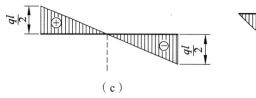

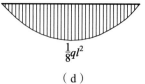

图 7-11

**解** （1）计算支反力。

$$\sum M_A = 0: R_B = \frac{1}{2}ql(\uparrow)$$

$$\sum M_B = 0: R_A = \frac{1}{2}ql(\uparrow)$$

（2）建立 $Q$、$M$ 方程。

利用截面法，在 $x$ 截面处将梁切开，选左段为隔离体[图 7-11（b）]，由平衡条件：

$$\sum Y = 0: Q = R_A - qx = \frac{1}{2}ql - qx \quad (0 < x < l) \tag{a}$$

$$\sum M = 0: M = R_A x - \frac{1}{2}qx^2 = \frac{1}{2}ql - \frac{1}{2}qx^2 \quad (0 \leqslant x \leqslant l) \tag{b}$$

（3）画 $Q$、$M$ 图。

由式（a）可知，$Q$ 是 $x$ 的线性函数，且当 $x = 0$ 时，$Q = \frac{1}{2}ql$；$x = l$ 时，$Q = -\frac{1}{2}ql$。

所以，$Q$ 图是一条如图 7-11（c）所示的直线

由式（b）可知，$M$ 是 $x$ 的二次函数，其图形为二次抛物线。由式（b）求出 $M$、$x$ 的一些对应值如表 7-1 所示。

表 7-1　$M$、$x$ 的对应值

| $x$ | 0 | $l/4$ | $l/2$ | $3l/4$ | $l$ |
|---|---|---|---|---|---|
| $M$ | 0 | $3ql^2/32$ | $ql^2/8$ | $3ql^2/32$ | 0 |

由表 7-1 各点连成光滑曲线即得弯矩图[图 7-11（d）]。

（4）$Q$、$M$ 的最大值。

由 $Q$、$M$ 图可以看出：

$$|Q|_{max} = \frac{1}{2}ql, \quad |M|_{max} = \frac{1}{8}ql^2$$

**例 7-4** 试绘制图 7-12（a）所示简支梁的 $Q$、$M$ 图。

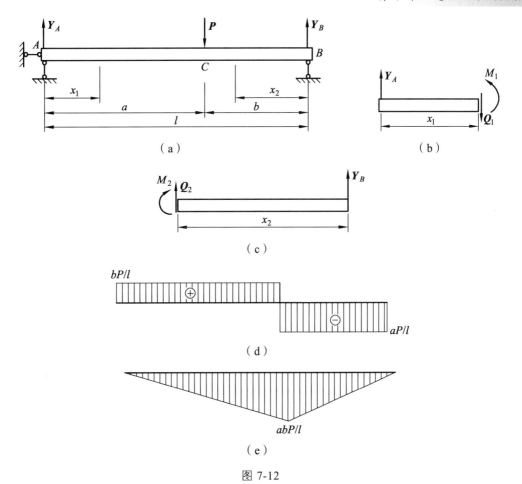

图 7-12

**解** （1）计算支反力。

由 $$\sum M_A = 0 , \quad \sum M_B = 0$$

分别求得：

$$Y_B = \frac{a}{l}P , \quad Y_A = \frac{b}{l}P$$

（2）建立 $Q$、$M$ 方程。

$C$ 处作用有集中荷载 $\boldsymbol{P}$，故将梁分为 $AC$ 段和 $CB$ 段，分别建立 $Q$、$M$ 方程。

对于 $AC$ 段，以 $A$ 点为坐标原点，横截面位置用 $x_1$ 表示，由图 7-12（b）可知：

$$Q_1 = Y_A = \frac{b}{l}P \quad (0 < x_1 < a) \tag{a}$$

$$M_1 = Y_A x_1 = \frac{b}{l}P x_1 \quad (0 \leqslant x_1 \leqslant a) \tag{b}$$

对于 $CB$ 段，为计算方便，选 $B$ 点为坐标原点，以向左的坐标 $x_2$ 代表横截面的位置，由图 7-12（c）可知：

$$Q_2 = -Y_B = -\frac{a}{l}P \quad (0 < x_2 < b) \tag{c}$$

$$M_2 = Y_B x_2 = \frac{a}{l}P x_2 \quad (0 \le x_2 \le b) \tag{d}$$

（3）由式（a）、（c）、（b）、（d）分别绘出 $Q$ 图和 $M$ 图[图 7-12（d）（e）]。可以看出：截面 $C$ 的弯矩最大，其值为 $M_{max} = \frac{ab}{l}P$；当 $a>b$ 时，$CB$ 段的剪力绝对值最大，其值为 $|Q|_{max} = \frac{a}{l}P$。

（4）讨论。

从 $Q$、$M$ 图中看到，在集中荷载 $P$ 的作用处，剪力图发生突变，而弯矩图则出现转角。之所以出现这种情况，是由于将本来是作用于在微段 $\Delta x$ 上的分布荷载，简化成集中荷载的结果[图 7-13（a）]。正是由于这种简化，连续变化的 $Q$ 曲线 $cd$ 变成了垂线 $c'd'$[图 7-13（b）]，而 $M$ 图则由光滑曲线 $eg$ 变为折线 $efg$[图 7-13（c）]。然而，当 $\Delta x$ 很小时，它们之间的差别就很小，所以，外力的简化是允许的。

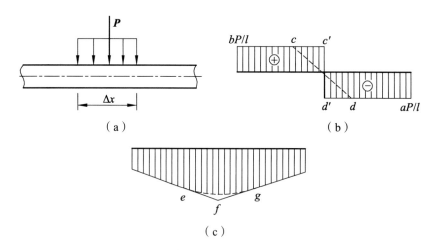

图 7-13 集中荷载引起 $Q$ 图突变、$M$ 图转折

**例 7-5** 如图 7-14（a）所示的简支梁，截面 $C$ 受到力偶矩为 $M_e$ 的集中力偶作用，试作梁的 $Q$、$M$ 图。

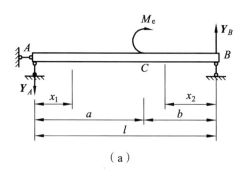

（a）

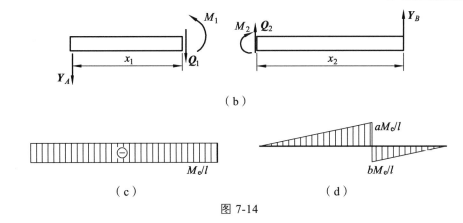

（b）

（c）　　　　　　　　　　　　（d）

图 7-14

**解** （1）计算支反力。

由 $$\sum M_A = 0 ，\quad \sum Y = 0$$

求得支反力分别为：

$$Y_A = \frac{M_e}{l} \text{ 和 } Y_B = \frac{M_e}{l}$$

（2）建立 $Q$、$M$ 方程。

以外力偶的作用面 $C$ 为分界面，将梁分为 $AC$ 和 $CB$ 两段，由图 7-14（b）可知：

$$Q_1 = -Y_A = -\frac{M_e}{l} \quad (0 < x_1 < a) \tag{a}$$

$$M_1 = -Y_A x_1 = -\frac{M_e}{l} x_1 \quad (0 \leqslant x_1 \leqslant a) \tag{b}$$

$$Q_2 = -Y_B = -\frac{M_e}{l} \quad (0 < x_2 < b) \tag{c}$$

$$M_2 = Y_B x_2 = \frac{M_e}{l} x_2 \quad (0 \leqslant x_2 \leqslant b) \tag{b}$$

（3）画 $Q$、$M$ 图。

由式（a）、（c）即可画出剪力图，如图 7-14（c）所示；由式（b）、（d）即可画出弯矩图，如图 7-14（d）所示。

可以看出，如果 $a>b$，则

$$\left| M \right|_{\max} = \frac{M_e a}{l}$$

## 7.4 弯矩、剪力与分布荷载的关系及其应用

### 7.4.1 弯矩、剪力和分布荷载集度间的关系

由上节各例中不难验证，梁的任何截面处，将弯矩函数 $M(x)$ 对 $x$ 求导，就会得到剪力函

数 $Q(x)$；而将剪力函数 $Q(x)$ 对 $x$ 求导，就会得到分布荷载 $q$（以向上为正），这个规律在直梁中是普遍成立的，以下就是对它进行一般的推导。

在图 7-15（a）所示的梁中，以相距 $dx$ 的两截面 $m—m$ 和 $n—n$ 切出一微段[图 7-15（b）]。以 $Q$ 和 $M$ 代表截面 $m—m$ 上的剪力和弯矩，考虑到两截面内力的不同，分别以 $dQ$ 和 $dM$ 代表 $Q$ 和 $M$ 的增量，则作用于 $n—n$ 截面上的剪力为 $Q+dQ$，弯矩为 $M+dM$。

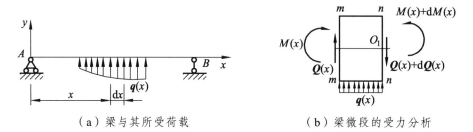

（a）梁与其所受荷载　　　　　　（b）梁微段的受力分析

图 7-15　荷载与梁内力的微分关系

对于微分段而言，分布荷载和剪力、弯矩均为外力，考虑 $dx$ 段的平衡

$$\sum Y = 0 : \quad Q - (Q + dQ) + q\,dx = 0$$

于是有：

$$\frac{dQ}{dx} = q(x) \tag{a}$$

这里规定分布荷载 $q(x)$ 以向上为正。

再对 $n—n$ 截面上形心 $O_1$ 取矩

$$\sum M_{O_1} = 0 : \quad Q\,dx + M - (M + dM) + q\,dx\frac{dx}{2} = 0$$

略去高阶微分小量，得到：

$$\frac{dM}{dx} = Q \tag{b}$$

对（b）式再微分一次：

$$\frac{d^2 M}{dx^2} = \frac{dQ}{dx} = q(x) \tag{c}$$

以上 3 式给出了 $q$、$Q$、$M$ 之间的微分关系。从几何上说，式（a）表明，剪力图在某点处的切线斜率等于相应截面的分布荷载值；式（b）表明，弯矩图在某点的切线斜率等于相应截面的剪力值。

## 7.4.2　集中力、力偶矩作用点处的情况

如图 7-16（a）所示，微段上作用有集中力，那么，由

$$\sum Y = 0 : \quad Q + P - (Q + dQ) + q\,dx = 0$$

$$dQ = P + q\,dx$$

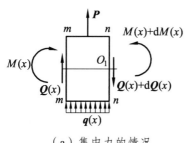
（a）集中力的情况

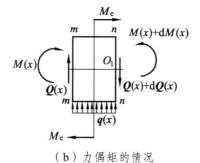
（b）力偶矩的情况

图 7-16

$q\mathrm{d}x$ 为一阶微分小量，所以

$$\mathrm{d}Q = P$$

由

$$\sum M_{O1} = 0 : \quad (M + \mathrm{d}M) - M - P\frac{\mathrm{d}x}{2} - \frac{q}{2}(\mathrm{d}x)^2 - Q\mathrm{d}x = 0$$

略去一阶、二阶微分小量：

$$\mathrm{d}M = 0$$

这说明：在集中力 $P$ 作用处，其左右两侧横截面的弯矩相同，而剪力发生突变，突变值等于 $P$。

同样可以证明，如图 7-16（b）所示，梁上作用力偶矩时，$\mathrm{d}Q = 0$，$\mathrm{d}M = M_\mathrm{e}$。

这说明：在集中力偶作用处，其左右两侧截面剪力相同，而弯矩发生突变，突变量等于该力偶之矩 $M_\mathrm{e}$。

### 7.4.3 几种常见荷载下梁的剪力图与弯矩图的特征

根据如上 3 个微分方程，以及前节所研究过的例题，可以总结出几种常见荷载下，梁的剪力图、弯矩图有如下的特征：

（1）在无荷载作用的梁段，即 $q(x) = 0$ 时，剪力图为一段平行于杆轴的直线，弯矩图为一斜直线。

（2）梁上有向下的均匀分布荷载，即 $q$ 为负常数时，剪力图为向右下方倾斜的直线，弯矩图为向下凹的二次抛物线。

（3）在集中力 $P$ 作用处，由于剪力图有突变，弯矩图切线方向发生转折，形成折角。

（4）在集中力偶 $M_\mathrm{e}$ 作用处，弯矩图有突变，突变值等于集中力偶值。在靠近该点的左右两侧，弯矩图的切线相平行，因此在该点处剪力图并没有什么变化。

（5）在 $Q = 0$ 的截面处，根据高等数学可知，由于弯矩的一阶导数为 0，即 $\dfrac{\mathrm{d}M}{\mathrm{d}x} = 0$，弯矩图在该处应取极值。

利用上述规律，可以检查剪力图、弯矩图是否正确。以上方法对于指导剪力图、弯矩图的作用是很重要的，应该熟练地加以应用。

**例 7-6** 求作图 7-17（a）所示梁的弯矩图。

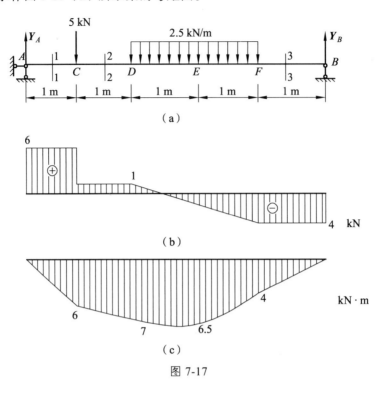

图 7-17

**解** （1）先求出支反力。

$$Y_A = 6 \text{ kN}（\uparrow）,\ Y_B = 4 \text{ kN}（\uparrow）$$

（2）为了作剪力图，可作如下分析：由于 $AC$、$CD$ 和 $FB$ 段没有荷载，$q = 0$，所以在这三段上剪力分别为常数。剪力图分别是平行于轴线的水平直线。这样，只要分别求出 $AC$ 段上任意截面 1—1、$CD$ 段上任意截面 2—2 和 $FB$ 段上任意截面 3—3 的剪力，就可以作出其剪力图。这三个截面的剪力可以通过其一侧的外力求出：

$$Q_{1-1} = Y_A = 6 \text{ kN},\ Q_{2-2} = Y_A - 5 = 1 \text{ kN},\ Q_{3-3} = -Y_B = -4 \text{ kN}$$

由于 $DF$ 段分布荷载为常数，且指向下方，所以在这一段上剪力图是向右下方倾斜的斜直线，为了作出这一段剪力图，需要知道该梁段两端截面的剪力。由于 $D$ 截面没有集中力作用，在该截面两侧剪力没有突变，所以 $D$ 截面剪力就等于 $Q_{2-2}$；同理，$F$ 截面剪力就等于 $Q_{3-3}$。根据以上的定性分析及所求出的剪力，即可作出全梁的剪力图[图 7-17（b）]。

（3）为了作弯矩图，可作如下分析：由于在梁的 $AC$、$CD$ 和 $FB$ 段弯矩图分别为倾斜直线，需要求出各段两端的弯矩。由于 $C$ 截面没有集中力偶作用，弯矩图在 $C$ 截面没有突变，所以，实际只需求出截面 $A$、$C$、$D$、$F$、$B$ 的弯矩即可。这 5 个截面的弯矩可以分别通过其一侧的外力求出。

$$M_A = 0$$

$$M_C = Y_A \times 1 = 6 \text{ kN} \cdot \text{m}$$

$$M_D = Y_A \times 2 - P \times 1 = 7 \text{ kN} \cdot \text{m}$$

$$M_F = Y_B \times 1 = 4 \text{ kN} \cdot \text{m}$$

$$M_B = 0$$

梁的 DF 段 q 为常数，方向向下，弯矩图为向下凸的二次抛物线，故至少应定出图上的 3 个点才能作出这段弯矩图。由于梁在 D、F 截面弯矩没有突变，所以 DF 梁段的 D 段截面弯矩就等于 CD 段 D 截面弯矩 7 kN·m，F 端截面弯矩就等于 FB 段 F 截面的弯矩 4 kN·m，这样只需要再求出 1 个截面的弯矩即可。为了方便，我们一般求出 DF 段中点截面 E 的弯矩：

$$M_E = Y_B \times 2 - q \times 1 \times \frac{1}{2} = 6.75 \text{ kN} \cdot \text{m}$$

根据以上的定性分析及所求出的弯矩，即可作出全梁的弯矩图[图 7-17（c）]。

以上所用的内力图作图方法的主要特点是：

（1）利用荷载集度、剪力和弯矩之间的微分关系分析剪力图和弯矩图的图形性质。

（2）根据剪力图和弯矩图的性质，在梁上适当选择若干必要的截面求得其剪力值和弯矩值，利用这些值分段作出梁的剪力图和弯矩图。例如，荷载集度为 0 的梁段，剪力图为平行于轴线的水平直线，弯矩图为斜直线，于是求出该梁段任意截面的剪力及其两端截面的弯矩，就可以作出剪力图和弯矩图；荷载集度为常数的梁段，剪力图为斜直线，弯矩图为二次抛物线，于是求出该梁段两端截面的剪力、两端截面及跨中截面的弯矩，就可以作出剪力图和弯矩图。

（3）对于所选定的截面，根据梁的内力简化计算规律，直接利用截面一侧的外力求这些截面的剪力和弯矩。

利用上述方法，可以不必写出剪力方程和弯矩方程，只要求出若干截面的内力就可以作出剪力图和弯矩图，从而使作图过程大大简化。

## 7.5　叠加法作弯矩图

在线弹性、小变形的条件下，利用叠加原理，将使梁的弯矩图作法更加简便。所谓叠加法，是指结构在几个外界因素（如多种荷载、温度等）共同作用下产生的某种效应（如内力、应力、反力和位移）的值，等于各个外界因素分别单独作用于结构时所产生的该种效应值的代数和。

我们以上节的例 7-6 来研究叠加法。

根据内力与荷载的关系可知，当确定了 A、C、D、F、B 等几个特殊截面的弯矩值后，AC、CD、FB 三段的弯矩为直线，可直接作出。那么，DF 段的弯矩图为二次抛物线，该怎么办？

截取 DF 段，其受力情况如图 7-18（a）所示，试将其与图 7-18（b）的简支梁相比，用平衡条件很容易得出结论，两图受力情况相同。作出（b）图弯矩即为（a）图弯矩，也就是作出了 DF 段的弯矩图。图 7-18（b）中简支梁 DF 段受到两种荷载作用，即梁端的集中力偶 $M_D$、$M_E$ 和均布荷载 q，图 7-18（c）和（d）是这两种荷载分别作用下梁 DF 的弯矩图，根据叠加原理，图 7-18（b）中梁 DF 任何一个截面 K 的弯矩值就等于图 7-18（c）和（d）中对应截面弯矩值的代数和，即：

$$M_K = M_K^{(c)} + M_K^{(d)} \tag{a}$$

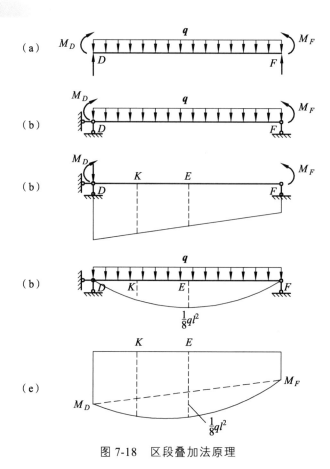

图 7-18　区段叠加法原理

梁 $DF$ 的弯矩图是二次抛物线，我们取梁端截面 $D$、$F$ 和跨中截面 $E$ 的弯矩值来确定它的形状。由于图 7-18（d）中简支梁在均布荷载下两端截面弯矩均为 0，所以梁端 $D$ 截面、梁端 $F$ 截面弯矩值就等于图 7-18（c）中梁两端的弯矩，也就是图 7-18（a）中截面 $D$ 和 $F$ 的弯矩；跨中 $E$ 截面弯矩值则可按式（a）求出，即：

$$M_E = \frac{M_D + M_F}{2} + \frac{ql^2}{8} = \frac{7+4}{2} + \frac{2.5 \times 2^2}{8} = 6.75 \text{ kN} \cdot \text{m} \quad （下侧受拉）$$

我们注意到，这个计算结果与上节 $M_E$ 的值是一致的。这样就可以描述出其弯矩图[图 7-18（e）]，它也就是上节例 7-6 中 $DF$ 段的弯矩图。在实际作图时，可以先分别画出两端截面 $D$、$F$ 弯矩的竖标，以虚线相连，在虚线的中点处沿均布荷载 $q$ 作用的方向叠加长度等于 $ql^2/8$（$l$ 为梁段的长度）的一段竖标，将上述两端截面和中点截面的弯矩竖标顶点连接成抛物线，即为该梁段的弯矩图。

综上所述，对于常见荷载下的梁，用叠加法作弯矩图的要点是：

（1）选取适当截面，即控制截面，将梁分成若干段，使每一段的弯矩图分别是直线或二次抛物线。为此，应将梁的端截面、支座截面、集中力和集中力偶作用的截面、均布荷载起始和终了的截面都选取为控制截面，使某一个梁段内或者只受均布荷载，或者没有荷载作用。

（2）求出各控制截面的弯矩，按比例标在图上。对于无荷载作用的梁段直接将两端截面弯矩竖标顶点连成直线；对于有均布荷载作用的梁段，应先将两端截面弯矩竖标的顶点以虚线连接，在虚线中点处将弯矩竖标沿均布荷载的方向叠加长度等于 $ql^2/8$ 的一段竖标（$l$ 为梁段的长度），将该竖标顶点和两端截面弯矩竖标的顶点连接成抛物线。

**例 7-7**　试用区段叠加法作图 7-19 所示梁的弯矩图。

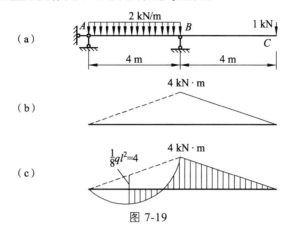

图 7-19

**解**　根据上述要点（1），选取 $A$、$B$、$C$ 等 3 个截面为控制截面。显然，$A$、$B$ 截面的弯矩是 0，$B$ 截面的弯矩为：

$$M_B = -4 \times 1 = -4 \text{ kN·m} \quad （上侧受拉）$$

按上述要点（2），将各控制截面的弯矩竖标在图上[图 7-19（b）]标出，由于 $BC$ 段内没有荷载作用，将 $B$ 和 $C$ 截面弯矩竖标的顶点以直线相连。由于 $AB$ 段内有均布荷载作用，将 $A$、$B$ 截面弯矩竖标的顶点以虚线相连，在虚线中点处，沿均布荷载作用的方向，向下叠加长度等于 $\dfrac{2 \times 4^2}{8} = 4 \text{ kN·m}$ 的竖标，并将该竖标顶点与 $A$、$B$ 截面竖标顶点连成抛物线。

**例 7-8**　用叠加法作图 7-20（a）所示伸臂梁的弯矩图、剪力图。

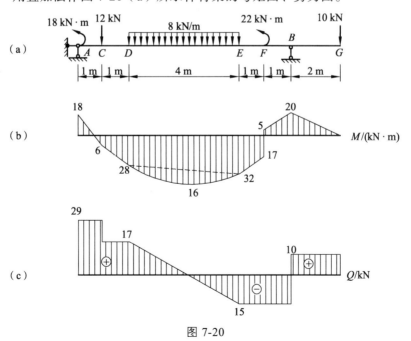

图 7-20

**解** （1）计算支反力。

以梁为隔离体，根据平衡条件

$$\sum X = 0 : \quad H_A = 0$$

$$\sum M_B = 0 : \quad Y_A = 29\ \text{kN}\ (\uparrow)$$

$$\sum M_A = 0 : \quad Y_B = 25\ \text{kN}\ (\uparrow)$$

（2）计算控制截面的内力。

选择 $A$、$D$、$E$、$B$ 为控制截面，利用截面法可求得：

$$Q_A = 29\ \text{kN},\quad M_A = -18\ \text{kN} \cdot \text{m}\quad （上侧受拉）$$

$$Q_D = 17\ \text{kN},\quad M_D = 28\ \text{kN} \cdot \text{m}\quad （下侧受拉）$$

$$Q_E = -15\ \text{kN},\quad M_E = 32\ \text{kN} \cdot \text{m}\quad （下侧受拉）$$

$$Q_{B左}=-15\ \text{kN},\quad Q_{B右}=10\ \text{kN},\quad M_B = -20\ \text{kN} \cdot \text{m}\quad （上侧受拉）$$

（3）作内力图。

① 作弯矩图：首先将控制截面的弯矩标出，然后将相邻两控制截面的弯矩值用虚线连接起来，再以各虚线段为基线，分段叠加相应简支梁在跨间荷载作用下的弯矩图。在 $AD$ 段叠加跨中作用集中荷载的弯矩图，在 $DE$ 段叠加跨间作用均布荷载的弯矩图，在 $EB$ 段叠加跨间作用集中力偶的弯矩图，如图 7-20（b）所示。

② 作剪力图：首先标出控制截面的剪力值，然后根据剪力图的特性逐段绘出，如图 7-20（c）所示。

## 7.6　梁的弯曲试验　平面假设

一般情况下，梁的截面上既有剪力，也有弯矩，所以，在梁的横截面上将同时存在剪应力和正应力[图 7-21（a）]。因为只有切向微内力 $\tau \mathrm{d}A$ 才能构成剪力，只有法向微内力 $\sigma \mathrm{d}A$ 才能构成弯矩[图 7-21（b）]。梁弯曲时横截面上的剪应力和正应力分别称为弯曲剪应力和弯曲正应力。

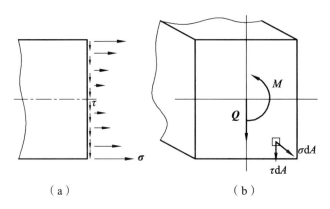

（a）　　　　　　　　　（b）

图 7-21　梁的应力分布

工程实际中最常见的梁，往往至少具有一个纵向对称面，而外力则作用在该对称面内（图 7-22），这种弯曲称为对称弯曲。现在研究对称弯曲时梁内的弯曲正应力。

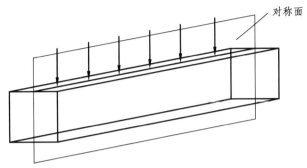

图 7-22　具有对称面的梁

通过试验观察梁的变形：

首先，取一根对称截面梁，例如矩形截面梁，在其表面画上纵线和横线[图 7-23（a）]；然后，在梁两端纵向对称面内施加一对大小相等、方向相反的力偶[图 7-23（b）]。从试验中看到：

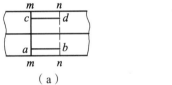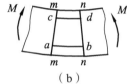

（a）　　　　　　　　　　　　（b）

图 7-23　弯曲试验

（1）横线仍为直线，且仍与纵线正交，只是横线间作相对转动。

（2）纵线变为弧线，而且，靠顶面的纵线缩短，靠底面的纵线伸长。

（3）在纵线伸长区梁的宽度减小，在纵线的缩短区梁的宽度增加，情况与轴向拉伸、压缩时的变形相似。

根据上述现象，对梁的变形和受力作如下假设：

（1）变形后，横截面仍为平面，且仍与梁轴线正交，称为平面假设。

（2）"纵向纤维"之间无拉伸和挤压作用，称为单向受力假设。

根据平面假设，变形后横截面仍与纵线正交，即没有剪应变，所以，横截面上没有剪应力。

根据平面假设，梁底部各纵向纤维弯曲时伸长，顶部各纵向纤维弯曲时缩短。由于变形的连续性，从伸长区到缩短区，中间必有一层纤维既不伸长也不缩短，这个长度不变的过渡层称为中性层（图 7-24），中性层与横截面的交线称为中性轴。显然，在对称弯曲的情况下，中性轴必垂直于截面的对称轴。

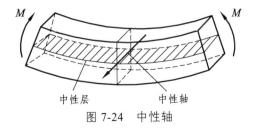

图 7-24　中性轴

概括地说，当梁弯曲时，所有横截面仍然保持平面，只绕中性轴相对转动，而每根纵向纤维则处于单向受力状态。

## 7.7 对称弯曲正应力公式

根据平面假设和单向受力假设，并综合考虑几何、物理和静力学三方面的关系，建立对称弯曲应力公式。

### 1. 几何方面

首先，研究与正应力有关的纵向纤维的变形规律。为此，用横截面 $m$—$m$ 和 $n$—$n$ 从梁中截取长为 $dx$ 的一段来分析[图 7-25（a）]。图中：$y$ 轴为截面对称轴；$z$ 轴为中性轴。梁弯曲后，距中性轴 $y$ 处的纵线 $\overline{ab}$ 变为弧线 $\overset{\frown}{ab}$。若截面 $m$—$m$ 和 $n$—$n$ 间的相对转角为 $d\varphi$，中性层 $\overset{\frown}{O_1O_2}$ 的曲率半径为 $\rho$，那么，纵线 $\overline{ab}$ 的变形为：

$$\Delta l = \overset{\frown}{ab} - \overline{ab} = (\rho+y)d\varphi - dx = (\rho+y)d\varphi - \rho d\varphi = yd\varphi$$

而其正应变则为：

$$\varepsilon = \frac{yd\varphi}{dx} = \frac{yd\varphi}{\rho d\varphi} = \frac{y}{\rho} \tag{a}$$

实际上，由于距中性层等远的各纤维的变形相同，所以，式（a）中 $\varepsilon$ 即代表纵坐标为 $y$ 的任一纤维的正应变。

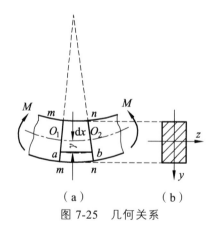

（a）　　　　　　（b）

图 7-25　几何关系

### 2. 物理方面

如前所述，假设各纤维处于单向受力状态，因此，当正应力不超过比例极限时，即可应用胡克定律，由此得到横截面上 $y$ 处的正应力为：

$$\sigma = E\varepsilon = \frac{Ey}{\rho} \tag{b}$$

式（b）表明：$\sigma$ 与 $y$ 成正比，即正应力沿截面高度按直线规律变化，中性轴上各点处的正应力则均为 0（图 7-26）。

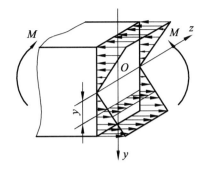

图 7-26　梁截面应力分布

### 3. 静力学方面

以上研究了弯曲正应力的分布规律，得到了公式（b），但是，由于中性轴的位置和中性层的曲率半径 $\rho$ 均为未知，所以，由式（b）还不能确定正应力的大小。这些问题必须利用应力和内力间的静力学关系来解决。

如图 7-27（a）所示，由于横截面上各处的法向微内力 $\sigma \mathrm{d}A$ 组成一空间平行力系。由于横截面上没有轴力，只有弯矩 $M$，所以：

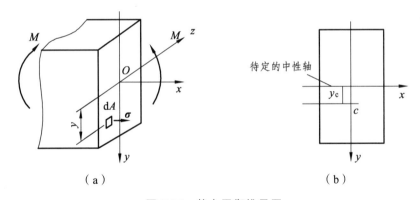

（a）　　　　　　　　　　（b）

图 7-27　静力平衡推导图

$$\int_A \sigma \mathrm{d}A = 0 \tag{c}$$

$$\int_A y\sigma \mathrm{d}A = M \tag{d}$$

将式（b）代入式（c），得：

$$\int_A \frac{E}{\rho} y\mathrm{d}A = \frac{E}{\rho}\int_A y\mathrm{d}A = 0 \text{ 或 } \int_A y\mathrm{d}A = 0 \tag{e}$$

若中性轴（或 $z$ 轴）与截面形心 $C$ 的相对位置用 $y_c$ 表示[图 7-27（b）]，由理论力学可知：

$$y_c = \frac{\int_A y\mathrm{d}A}{A} \tag{f}$$

将式（e）代入式（f），于是得 $y_c = 0$。由此可见，中性轴通过截面的形心。

将式（b）代入式（d），得：

$$\frac{E}{\rho}\int_A y^2 \mathrm{d}A = M \tag{g}$$

式中，积分 $\int_A y^2 \mathrm{d}A$ 只与横截面的形状和尺寸有关，称为截面对 $z$ 轴的惯性矩，并用 $I_z$ 表示，即：

$$I_z = \int_A y^2 \mathrm{d}A \tag{7-1}$$

将式（7-1）代入式（g），得中性层的曲率为：

$$\frac{1}{\rho} = \frac{M}{EI_z} \tag{7-2}$$

此即用曲率表示的弯曲变形公式。它说明，中性层的曲率 $1/\rho$ 与弯矩 $M$ 成正比，与 $EI_z$ 成反比。乘积 $EI_z$ 称为梁的截面抗弯刚度，或简称抗弯刚度。由此可见，惯性矩 $I_z$ 综合地反映了横截面的形状和尺寸对弯曲变形的影响。

中性轴的位置和中性层的曲率半径确定后，弯曲正应力亦随之确定。将公式（7-2）代入式（b），得：

$$\sigma = \frac{My}{I_z} \tag{7-3}$$

此即弯曲正应力的一般公式。

由公式（7-3）可知，在 $y = y_{\max}$ 处，即离中性轴最远处，弯曲正应力最大，其值为：

$$\sigma_{\max} = \frac{My_{\max}}{I_z} \text{ 或 } \sigma_{\max} = \frac{M}{I_z / y_{\max}}$$

式中，$I_z / y_{\max}$ 也是只与横截面的形状和尺寸有关的量，称为抗弯截面模量，用 $W_z$ 表示，即：

$$W_z = I_z / y_{\max} \tag{7-4}$$

这样，最大弯曲正应力即为：

$$\sigma_{\max} = \frac{M}{W_z} \tag{7-5}$$

可见，最大弯曲正应力与弯矩成正比。抗弯截面模量综合地反映了横截面的形状和尺寸对弯曲强度的影响。

以上得到了 3 个重要公式：用曲率表示的弯曲变形公式（7-2），弯曲正应力公式（7-3）和式（7-5）。这些公式都得到了实验的证实。这说明，平面假设和单向受力假设是符合实际的。

分析还表明，以上公式虽然是在梁内只有弯矩、没有剪力即所谓纯弯曲的情况下建立的，但在一定条件下，它们同样适用于非纯弯的情况。

还应指出，对于曲率较小的曲杆，即 $R_0/y_c > 10$ 的曲杆（$y_c$ 为截面形心到截面内侧边缘的距离），其弯曲正应力也可近似地按公式（7-3）进行计算。

## 7.8　常见截面的 $I_z$ 和 $W_z$

上述分析表明，要计算弯曲正应力，必须知道截面的惯性矩 $I_z$ 和抗弯截面模量 $W_z$，本节介绍简单截面和组合截面的 $I_z$ 和 $W_z$ 的计算。

### 7.8.1　矩形截面的 $I_z$ 和 $W_z$

图 7-28 所示矩形截面高为 $h$、宽为 $b$，$O$ 为截面形心，$z$ 轴平行于底边。

为计算方便，取宽为 $b$，高为 $\mathrm{d}y$ 且平行于 $z$ 轴的狭长条为 $\mathrm{d}A$，即 $\mathrm{d}A = b\mathrm{d}y$。

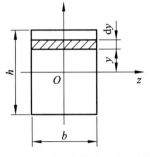

图 7-28　矩形截面 $I_z$ 的推导

根据公式（7-1），得矩形截面对 $z$ 轴的惯性矩为：

$$I_z = \int_{-\frac{h}{2}}^{\frac{h}{2}} y^2 b\mathrm{d}y = \frac{bh^3}{12} \tag{7-6}$$

而抗弯截面模量为：

$$W_z = \frac{I_z}{h/2} = \frac{bh^2}{6} \tag{7-7}$$

### 7.8.2　圆形截面的 $I_z$ 和 $W_z$

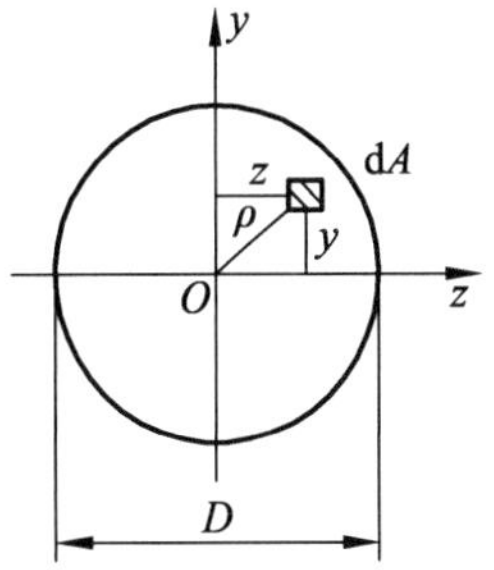

如图 7-29 所示圆形截面，直径为 $D$，$z$ 轴通过截面形心即所谓形心轴，从图中可以看出：

$$\rho^2 = x^2 + y^2$$

所以　　　　$I_\mathrm{p} = \int_A \rho^2 \mathrm{d}A = \int_A (x^2 + y^2)\mathrm{d}A = \int_A x^2 \mathrm{d}A + \int_A y^2 \mathrm{d}A$

即：　　　　$I_\mathrm{p} = I_z + I_y$ 　　　　（7-8）

图 7-29　圆形截面 $I_z$ 的推导

对圆形截面：　　$I_z = I_y$ ，　$I_\mathrm{p} = \dfrac{\pi D^4}{32}$

可见，圆形截面对 $z$ 轴的惯性矩为：

$$I_z = \frac{I_\mathrm{p}}{2} = \frac{\pi D^4}{64} \tag{7-9}$$

而抗弯截面模量则为：

$$W_z = \frac{I_z}{D/2} = \frac{\pi D^3}{32} \tag{7-10}$$

### 7.8.3　组合截面的惯性矩

在工程实际中，常常碰到一些形状比较复杂的截面，如 I 形、T 形，它们一般都可分解成规则的矩形，这类截面称为组合截面。

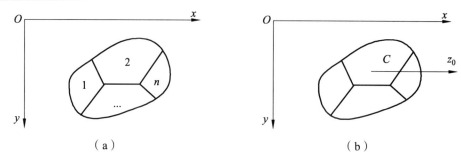

（a）　　　　　　　　　　　（b）

图 7-30　组合截面惯性矩推导

如图 7-30（a）代表一组合截面，它对任一轴 $z$ 的惯性矩为 $I_z = \int_A y^2 \mathrm{d}A$，若该截面由 $n$ 部分组成，它们面积为 $A_1$、$A_2$、$A_3 \cdots A_n$，即 $A = \sum_{i=1}^{n} A_i$，由积分原理得：

$$I_z = \int_A y^2 \mathrm{d}A = \int_{A_1} y^2 \mathrm{d}A + \int_{A_2} y^2 \mathrm{d}A + \cdots + \int_{A_n} y^2 \mathrm{d}A$$

式中：$\int_{A_1} y^2 \mathrm{d}A$ 代表截面 1 对 $z$ 轴的惯性矩，用 $I_z^{(1)}$ 表示，余类推。由此可见：

$$I_z = I_z^{(1)} + I_z^{(2)} + \cdots + I_z^{(n)} \tag{7-11}$$

即组合截面对任一轴的惯性矩等于其组成部分对同一轴的惯性矩之和。式（7-11）称为惯性矩的组合公式。

上述分析表明，要计算组合截面对任一轴 $z$ 的惯性矩，首先需要计算各组成部分对该轴的惯性矩。然而，在很多情况下，组成部分本身的形心轴 $z_0$ 与 $z$ 轴并不重合[图 7-30（b）]。因此，需要确定截面对上述二平行轴的惯性矩之间的关系。

如图 7-31 所示，设 $z_0$ 轴为形心轴，$z$ 轴与 $z_0$ 轴平行，相距为 $a$。根据惯性矩的定义，截面对 $z$ 轴和 $z_0$ 轴的惯性矩分别为 $I_z = \int_A y^2 \mathrm{d}A$ 和 $I_{z_0} = \int_A y_0^2 \mathrm{d}A$，由于 $y = a + y_0$，截面对 $z$ 轴的惯性矩又可写为：

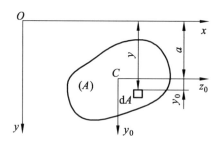

图 7-31　平行移轴公式推导

$$I_z = \int_A y^2 \mathrm{d}A = \int_A (a + y_0)^2 \mathrm{d}A = \int_A a^2 \mathrm{d}A + 2a \int_A y_0 \mathrm{d}A + \int_A y_0^2 \mathrm{d}A$$

上式右边第一项等于 $Aa^2$，第三项即 $I_{z_0}$，至于第二项，因 $z_0$ 轴过截面形心，应为 0，所以：

$$I_z = I_{z_0} + Aa^2 \tag{7-12}$$

即：截面对任一轴的惯性矩 $I_z$，等于它对平行于该轴的形心轴的惯性矩 $I_{z_0}$，加上截面面积与两轴间距离的平方之乘积 $Aa^2$。此式称为惯性矩的移轴公式。

**例 7-9** 如图 7-32 所示倒 T 字形截面，$z$ 轴为形心轴，试计算截面对 $z$ 轴的惯性矩 $I_z$。

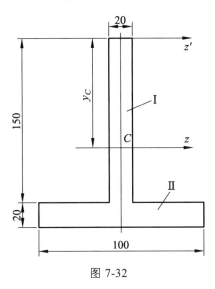

图 7-32

**解** （1）确定截面形心 $C$ 的位置，选参考坐标 $yoz'$。

$$y_c = \frac{A_1 y_1 + A_2 y_2}{A_1 + A_2} = \frac{100 \times 20 \times 160 + 150 \times 20 \times 75}{100 \times 20 + 150 \times 20} = 109 \text{ mm}$$

（2）计算矩形 $A_1$ 和 $A_2$ 对 $z$ 轴的惯性矩。

根据移轴公式（7-12），矩形 I 、II 对 $z$ 轴的惯性矩分别为：

$$I_z^{\text{I}} = \frac{b_1 h_1^3}{12} + A_1 a_1^2 = \frac{100 \times 20^3}{12} + 2\,000 \times (160 - 109)^2 = 5.27 \times 10^6 \text{ mm}^4$$

$$I_z^{\text{II}} = \frac{b_2 h_2^3}{12} + A_2 a_2^2 = \frac{20 \times 150^3}{12} + 3\,000 \times (109 - 75)^2 = 9.09 \times 10^6 \text{ mm}^4$$

（3）计算截面惯性矩 $I_z$。

$$I_z = I_z^{\text{I}} + I_z^{\text{II}} = (5.27 + 9.09) \times 10^6 = 1.436 \times 10^7 \text{ mm}^4$$

**例 7-10** 图 7-33 所示 I 字形薄壁梁，受弯矩 $M = 1.5$ kN·m 作用。求最大弯曲正应力，并计算上下翼缘所承担的弯矩。

**解** （1）计算 $I_z$。

$$I_z = 2 \times \left( \frac{30 \times 5^3}{12} + 30 \times 5 \times 52.5^2 \right) + \frac{1 \times 100^3}{12} = 9.11 \times 10^5 \text{ mm}^4$$

（2）计算 $\sigma_{\max}$。

$$\sigma_{\max} = \frac{M}{W_z} = \frac{M}{I_z / y_{\max}} = \frac{1.5 \times 10^3 \times 10^3}{9.11 \times 10^5 / 55} = 90.6 \text{ MPa}$$

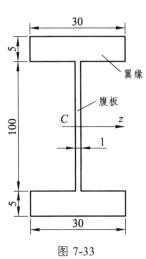

图 7-33

（3）计算上下翼缘承担的弯矩。

设上下翼缘的总面积为 $A_{\mathrm{f}}$，翼缘所受弯矩为：

$$M_{\mathrm{f}} = \int_{A_{\mathrm{f}}} y\sigma\mathrm{d}A = \int_{A_{\mathrm{f}}} \frac{My}{I_z} y\mathrm{d}A = \frac{M}{I_z}\int_{A_{\mathrm{f}}} y^2\mathrm{d}A$$

积分 $\int_{A_{\mathrm{f}}} y^2\mathrm{d}A$ 代表上下翼缘对 $z$ 轴的惯性矩：

$$M_{\mathrm{f}} = \frac{I_{z\mathrm{f}}}{I_z}M = \frac{2\times\left(\dfrac{30\times5^3}{12}+30\times5\times52.5^2\right)}{9.11\times10^5}M = 0.909M$$

可见，对 I 字形薄壁梁，弯矩中绝大部分是由上下翼缘承担的。

## 7.9 梁的正应力强度条件

分析和实践均表明，对于一般细而长的梁，影响其强度的主要应力是弯曲正应力。因此，在一定外力作用下，梁是否破坏或能否安全工作，主要考察梁内最大弯曲正应力 $\sigma_{\max}$ 是否超过材料的许用应力 $[\sigma]$。所以，梁的弯曲强度条件为：

$$\sigma_{\max} \leqslant [\sigma] \quad \text{或} \quad \frac{M}{W_z} \leqslant [\sigma] \tag{7-13}$$

还应指出，对于铸铁、混凝土等脆性材料，由于它们的抗拉和抗压强度不同，则应按拉伸和压缩分别进行强度计算，即要求：

$$\sigma_{\mathrm{t,max}} \leqslant [\sigma_{\mathrm{t}}] \quad \text{和} \quad \sigma_{\mathrm{c,max}} \leqslant [\sigma_{\mathrm{c}}] \tag{7-14}$$

式中：$\sigma_{\mathrm{t,max}}$ 和 $\sigma_{\mathrm{c,max}}$ 分别为最大弯曲拉应力和最大弯曲压应力；$[\sigma_{\mathrm{t}}]$ 和 $[\sigma_{\mathrm{c}}]$ 分别为许用拉应力和许用压应力。

下面，举例说明弯曲强度条件的应用。

**例 7-11** 由铸铁制成的外伸梁[图 7-34（a）]的横截面为 T 形，截面对形心轴 $z_{\mathrm{c}}$ 的惯性矩 $I_{z\mathrm{c}} = 1.36\times10^6\ \mathrm{mm}^4$，$y_1 = 30\ \mathrm{mm}$。已知铸铁的许用拉应力 $[\sigma_{\mathrm{t}}] = 30\ \mathrm{MPa}$，许用压应力 $[\sigma_{\mathrm{c}}] = 60\ \mathrm{MPa}$。试校核梁的强度。

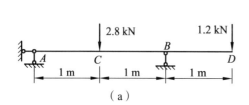

（a）

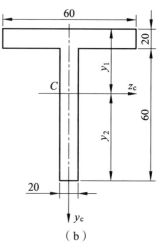

（b）

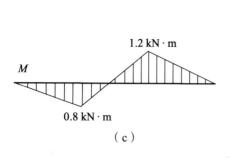 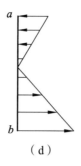 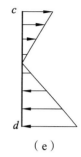

图 7-34

**解**（1）绘制弯矩图。

由梁的平衡方程，求得支座反力为：

$$Y_A = 0.8 \text{ kN } (\uparrow), \quad Y_B = 3.2 \text{ kN } (\uparrow)$$

绘出弯矩图[图 7-34（c）]，由弯矩图可以看出：最大正弯矩发生在截面 $C$ 上，$M_C = 0.8$ kN·m；最大负弯矩发生在截面 $B$ 上，$M_B = 1.2$ kN·m。

（2）强度校核。

由截面 $C$、$B$ 上的正应力分布图[图 7-34（d）、（e）]知，截面 $C$ 上 $b$ 点和截面 $B$ 上 $c$、$d$ 点处的正应力为：

$$\sigma_b = \frac{M_C y_2}{I_{zc}} = \frac{0.8 \times 10^3 \times 50 \times 10^{-3}}{1.36 \times 10^6 \times 10^{-2}} = 29.4 \text{ MPa} \quad （拉）$$

$$\sigma_c = \frac{M_B y_1}{I_{zc}} = \frac{1.2 \times 10^3 \times 30 \times 10^{-3}}{1.36 \times 10^6 \times 10^{-2}} = 26.5 \text{ MPa} \quad （拉）$$

$$\sigma_d = \frac{M_B y_2}{I_{zc}} = \frac{1.2 \times 10^3 \times 50 \times 10^{-3}}{1.36 \times 10^6 \times 10^{-2}} = 44.1 \text{ MPa} \quad （压）$$

$$\sigma_{t,max} = \sigma_b = 29.4 \text{ MPa} < [\sigma_t] = 30 \text{ MPa}$$

$$\sigma_{c,max} = \sigma_d = 44.1 \text{ MPa} < [\sigma_c] = 60 \text{ MPa}$$

## 7.10　梁的剪应力

### 7.10.1　矩形截面梁横截面的剪应力

如图 7-35 所示矩形截面梁，高度为 $h$，宽度为 $b$，且 $h>b$。在其横截面的两侧边缘，剪应力的方向一定平行于截面侧边，因此，对横截面上的剪应力分布可作如下假设：

（1）横截面上各点处的剪应力 $\tau$ 的方向平行于剪力 $Q$。

（2）如果截面窄而高，则剪应力沿截面宽度可以认为是均匀分布的。即与中性轴等距各点的剪应力相等（图 7-35）。

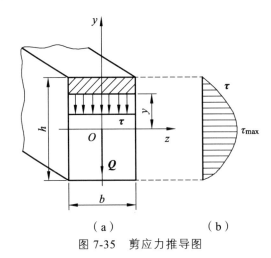

图 7-35　剪应力推导图

根据这两个假设可推导出横截面上距中性轴为 $y$ 处横线上各点的剪应力计算公式（推导从略）为：

$$\tau(y) = \frac{QS_z^*}{I_z b} \qquad (7\text{-}15)$$

式中：$Q$ 为横截面上的剪力，$b$ 为矩形截面宽度，$I_z$ 为整个横截面对中性轴 $z$ 的惯性矩；$S_z^*$ 为横截面上距中性轴为 $y$ 的一侧部分截面[图 7-35（a）中阴影部分]对中性轴 $z$ 的静矩。

由图 7-35 可得：

$$S_z^* = A^* y_c^* = b\left(\frac{h}{2} - y\right)\left(y + \frac{h/2 - y}{2}\right) = \frac{b}{2}\left(\frac{h^2}{4} - y^2\right)$$

式中：$A^*$ 为图 7-35 中阴影部分面积；$y_c^*$ 为阴影部分形心的纵坐标。

将上式及 $I_z = \dfrac{bh^3}{12}$ 代入式（7-15），得：

$$\tau(y) = \frac{QS_z^*}{I_z b} = \frac{Q\dfrac{b}{2}\left(\dfrac{h^2}{4} - y^2\right)}{\dfrac{bh^3}{12}b} = \frac{6Q}{bh^3}\left(\frac{h^2}{4} - y^2\right) \qquad (7\text{-}16)$$

式（7-16）表明，矩形截面梁的弯曲剪应力沿截面高度呈二次抛物线规律分布，如图 7-35（b）所示。在横截面的上下边缘各点处，剪应力为 0，最大剪应力发生在中性轴上各点处，其值为：

$$\tau_{\max} = \frac{3}{2} \cdot \frac{Q}{bh} = \frac{3Q}{2A} \qquad (7\text{-}17)$$

由此可见，矩形截面梁横截面上的最大剪应力值为平均剪应力的 1.5 倍。

### 7.10.2　其他常见典型截面梁的最大剪应力公式

工程中常见的其他截面梁，如 I 字形截面梁、圆形截面梁、圆环形截面梁，其最大剪应力也都发生在中性轴上各点处，如图 7-36 所示。

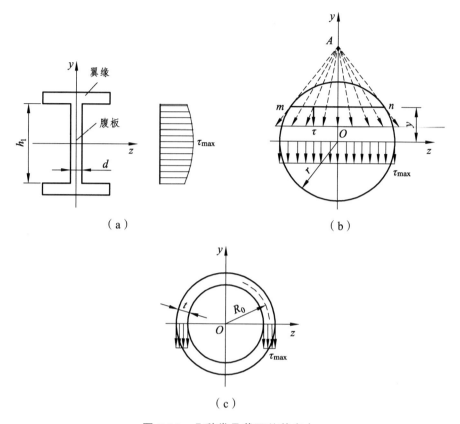

图 7-36 几种常见截面的剪应力

1. I 字形截面梁的最大剪应力公式

I 字形截面由上下翼缘和中间腹板组成,如图 7-36(a)所示。计算结果表明,腹板上的最大剪应力与最小剪应力之差甚小,腹板上的剪应力可近似看成是均匀分布的,故腹板上的最大剪应力为:

$$\tau_{max} \approx \frac{Q}{A} \tag{7-18}$$

翼缘上的剪应力分布情况比较复杂。计算表明,腹板所承担的剪力超过了 95%。翼缘上的剪应力远小于腹板上的剪应力,故可不考虑。

2. 圆形截面梁的最大剪应力公式

$$\tau_{max} \approx \frac{4}{3} \cdot \frac{Q}{A} \tag{7-19}$$

3. 圆环形截面梁的最大剪应力公式

$$\tau_{max} \approx 2\frac{Q}{A} \tag{7-20}$$

### 7.11 梁的合理截面

梁的合理截面主要是从安全性和经济性两个方面来考虑的，即一个合理截面的选择，应使梁满足强度条件并能节约材料和制造费。

一方面，由梁的正应力强度条件知道，梁的抗弯截面系数越大，横截面上的最大正应力就小，梁的抗弯能力就越大；另一方面，由材料的使用来说，梁横截面的面积越大，消耗的材料就越多。因此，梁的合理截面应该是：用最小的截面面积 $A$，使其有更大的抗弯截面系数 $W_z$。可以用比值 $W_z/A$ 来衡量截面的经济程度。这个比值越大，所采用的截面就越经济合理。例如一根钢梁，最大弯矩 $M_{max} = 3.5$ kN·m，许用弯曲应力 $[\sigma] = 140$ MPa，它所需要的抗弯截面系数为：

$$W_z = \frac{M_{max}}{[\sigma]} = \frac{3.5 \times 10^3}{140 \times 10^6} = 250 \times 10^{-6} \text{ m}^3 = 2.5 \times 10^5 \text{ mm}^3$$

如果采用圆形、矩形和 I 字形三种不同截面，它们所需要的截面尺寸及相应的 $W_z/A$ 比值列于表 7-2 中。

表 7-2　几种常见截面的合理性比较

| 截面形状 | 所需 $W_z/\text{mm}^3$ | 所需尺寸/mm | 截面面积/$\text{mm}^2$ | $W_z/A$ |
|---|---|---|---|---|
| $d$（圆形） | 250 000 | $d = 137$ | 14 800 | 1.69 |
| $h$、$b$（矩形） | 250 000 | $b = 72$，$h = 144$ | 10 400 | 2.4 |
| I 字形 | 250 000 | 20b I 字钢 | 3 950 | 6.33 |

由表中数据可见，采用矩形截面比圆形截面合理，而工字形截面又比矩形截面合理。由正应力在梁横截面上的分布情况来看，这一点是易于理解的。因为在距中性轴越远的地方正应力越大，外力对梁的作用主要由距中性轴较远的这部分材料来承担。圆形截面梁的大部分材料靠近中性轴，未能充分发挥作用，所以是不合理的；而工字形截面梁则相反，它可使很大一部分材料充分地发挥作用，这就比较合理。可见，为了更好地发挥材料的作用，应尽可能地将材料放在离中性轴较远的地方。一个矩形截面梁，将截面竖搁比横搁时能承担更大的荷载；在工程实际中，许多受弯曲的构件采用工字形、箱形、槽形等截面形状，就是这个道理。

选择梁的合理截面，还应考虑到材料的特性。上述几种截面形式都是对称于中性轴的，这对钢材等抗拉与抗压性能相同的材料来说，是合理的，因为这样可使截面上的最大拉应力 $\sigma_{max}^+$ 和最大压应力 $\sigma_{max}^-$ 同时达到材料的许用应力 $[\sigma]$，使中性轴上下两侧的材料都同时发挥作用。但对于抗拉与抗压能力不相同的材料，例如铸铁，则应采用不对称于中性轴的截面，并使中性轴偏于受拉的一侧。这样，可使横截面上的最大拉应力小于最大压应力。例如图 7-37 所示的倒 T 形截面，如能使中性轴的位置满足条件：

$$\frac{\sigma_{max}^-}{\sigma_{max}^+} = \frac{My_1/I_z}{My_2/I_z} = \frac{[\sigma_-]}{[\sigma_+]} \quad \text{即} \quad \frac{y_1}{y_2} = \frac{[\sigma_+]}{[\sigma_-]}$$

则最大拉应力和最大压应力就能同时达到材料的许用值，这样就使中性轴上下侧的材料各尽其用了。

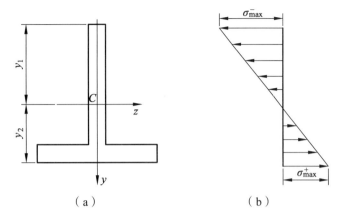

（a）　　　　　　　　　　　　（b）

图 7-37　倒 T 形截面

## 思 考 题

7-1　什么是平面弯曲？

7-2　具有对称截面的直梁发生平面弯曲的条件是什么？

7-3　试绘出常见的三种静定梁的支反力。

7-4　在求某截面的剪力与弯矩时，保留左段与保留右段计算的结果是否相同？

7-5　为什么要绘制梁的剪力图与弯矩图？

7-6　怎样利用微分关系绘制 $M$、$Q$ 图和检查其正确性？

7-7　如何理解在集中力作用处，剪力图有突变；在集中力偶作用处，弯矩有突变？

7-8　推导纯弯曲正应力公式时采用了哪些基本假设？

7-9　什么是中性轴？为什么说中性轴一定通过截面的形心？

7-10　什么情况下有必要进行切应力的强度校核？

7-11　梁截面形状的合理设计原则是什么？比较圆形、矩形和 I 字形截面梁的合理性。

7-12　什么是平行移轴公式？它有哪些用途？

## 习 题

7-1　求图示梁 1—1、2—2 截面上的剪力和弯矩。

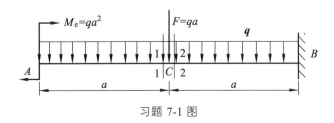

习题 7-1 图

7-2 求图示梁 1—1、2—2 截面上的剪力和弯矩。

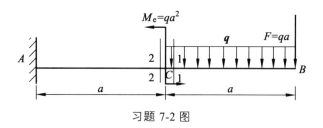

习题 7-2 图

7-3 求图示梁中各指定截面的剪力和弯矩。

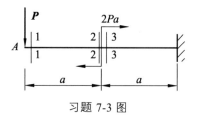

习题 7-3 图

7-4 写出图示各梁的内力方程，并根据内力方程画出内力图。

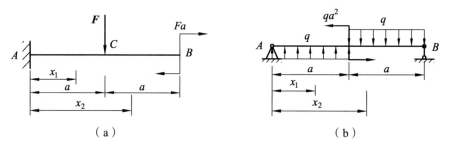

（a） （b）

习题 7-4 图

7-5 用简便方法作图示各梁的剪力图和弯矩图。

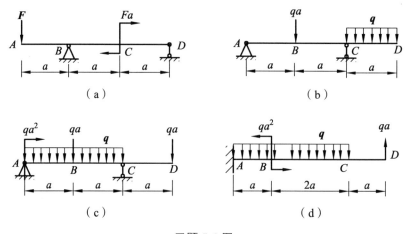

（a） （b）

（c） （d）

习题 7-5 图

7-6 试用导数关系作图示外伸梁的 $Q$、$M$ 图。

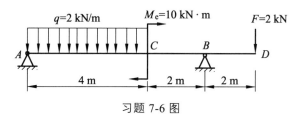

习题 7-6 图

7-7 用微分关系和区段叠加法绘制图示各梁的剪力图和弯矩图。

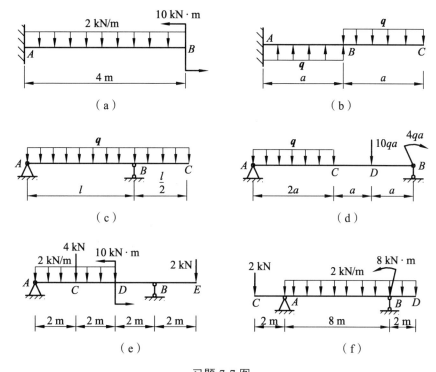

习题 7-7 图

7-8 由 16 号工字钢制成的简支梁承受集中荷载 $F$，在梁的截面 $C—C$ 处下边缘上，用标距 $s = 20$ mm 的应变仪量得纵向伸长 $\Delta_s = 0.008$ mm。已知梁的跨长 $l = 1.5$ m，$a = 1$ m，弹性模量 $E = 210$ GPa。试求 $F$ 力的大小。

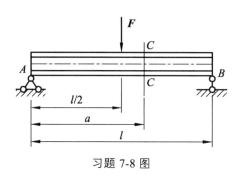

习题 7-8 图

7-9 由两根 28a 号槽钢组成的简支梁受 3 个集中力作用。已知该梁材料为 Q235 钢，其许用弯曲正应力 $[\sigma] = 170$ MPa。试求梁的许可荷载 $[F]$。

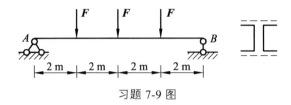

习题 7-9 图

7-10 一简支木梁受力如图所示，荷载 $=5$ kN，距离 $a = 0.7$ m，材料的许用弯曲正应力 $[\sigma] = 10$ MPa，横截面为 $\dfrac{h}{b} = 3$ 的矩形。试按正应力强度条件确定梁横截面的尺寸。

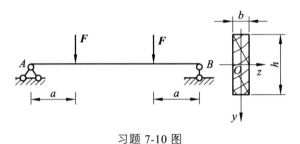

习题 7-10 图

7-11 如图所示，一矩形截面简支梁由圆柱形木料锯成。已知 $F = 5$ kN，$a = 1.5$ m，$[\sigma] = 10$ MPa。试确定弯曲截面系数为最大时矩形截面的高宽比 $\dfrac{h}{b}$，以及梁所需木料的最小直径 $d$。

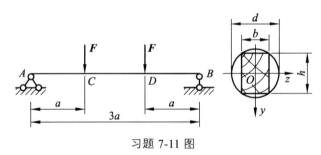

习题 7-11 图

7-12 一正方形截面悬臂木梁的尺寸及所受荷载如图所示。木料的许用弯曲正应力 $[\sigma] = 10$ MPa。现需在梁的截面 $C$ 上中性轴处钻一直径为 $d$ 的圆孔，试问在保证梁强度的条件下，圆孔的最大直径 $d$（不考虑圆孔处应力集中的影响）可达多大？

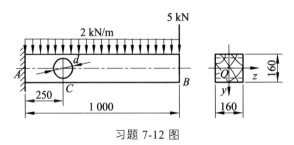

习题 7-12 图

7-13　横截面如图所示的铸铁简支梁，跨长 $l=2$ m，在其中点受一集中荷载 $F=80$ kN 的作用。已知许用拉应力 $[\sigma_t]=30$ MPa，许用压应力 $[\sigma_c]=90$ MPa。试确定截面尺寸 $\delta$ 值。

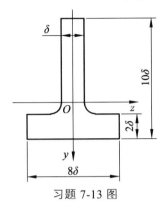

习题 7-13 图

7-14　一箱形梁承受荷载和截面尺寸如图所示。若梁的两支座间横截面上的弯曲正应力不能超过 8 MPa，切应力不能超过 1.2 MPa。试确定作用在梁上的许用集中力 $[F]$ 值。

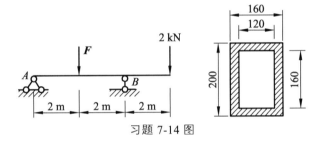

习题 7-14 图

7-15　如图所示，外伸梁由 25b 号工字钢制成，跨长 $l=6$ m，承受均布荷载 $q$ 作用。试问当支座上及跨度中央截面 $C$ 上的最大正应力均为 $\sigma=140$ MPa 时，悬臂的长度 $a$ 及荷载集度 $q$ 等于多少？

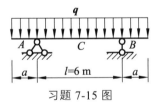

习题 7-15 图

7-16　如图所示，简支梁承受均布荷载，$q=2$ kN/m，$l=2$ m。若分别采用截面面积相等的实心和空心圆截面，且 $D_1=40$ mm，$d_2/D_2=3/5$，试分别计算它们的最大正应力。并问空心截面比实心截面的最大正应力减少了百分之几？

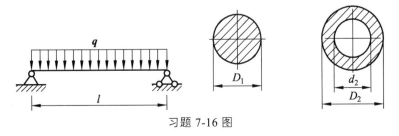

习题 7-16 图

7-17  如图所示，矩形截面简支梁承受均布荷载 $q$ 作用。若已知 $q = 2$ kN/m，$l = 3$ m，$h = 2b = 240$ mm。试求：截面竖放和横放时梁内的最大正应力，并加以比较。

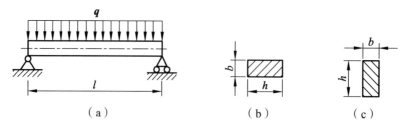

（a）　　　　　　　（b）　　　　（c）

习题 7-17 图

7-18  外伸梁 $AC$ 承受荷载如图所示，$M_e = 40$ kN·m，$q = 20$ kN/m。材料的许用弯曲正应力 $[\sigma] = 170$ MPa，许用切应力 $[\tau] = 100$ MPa。试选择工字钢的型号。

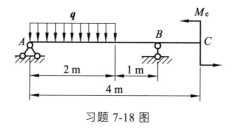

习题 7-18 图

# 第8章 梁弯曲时的位移

## 8.1 弯曲变形的概念

对于工程结构的许多受弯构件，除要求它满足强度条件外，往往还要求它满足刚度条件，即弯曲变形不得超过一定限度。如吊车梁在吊车荷载作用下发生弯曲变形[图 8-1（a）]，如变形过大，将影响吊车的平稳运行；又如，阳台挑梁在外力作用下将向下倾斜[图 8-1（b）]，如果变形过大，将造成墙体和栏杆开裂，影响正常使用。这些实例说明，满足刚度条件要求也是保证结构工作正常的一个重要条件。

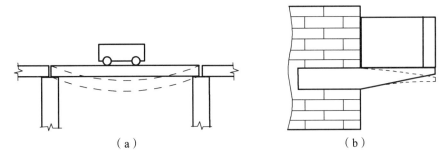

（a） （b）

图 8-1 工程上梁弯曲变形实例

## 8.2 积分法求梁的变形

### 8.2.1 挠度和转角

如图 8-2 所示，梁在外力 **P** 的作用下，其轴线由直线变为一条连续而光滑的曲线，变弯后的梁轴称为挠曲轴。如果作用在梁上的所有外力均位于梁的同一纵向对称面内，则挠曲轴是一条平面曲线，且位于外力作用面内。

为了表示梁的变形，如图 8-2 所示，取变形前的梁轴为 $x$ 轴，取端截面的纵向对称轴为 $y$ 轴。从图中可以看到：当梁在 $x$-$y$ 平面内发生弯曲变形时，梁的各横截面同时产生线位移和角位移，即横截面不仅要移动，还要转动。

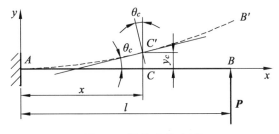

图 8-2 梁的弯曲变形

147

横截面的形心在垂直于 $x$ 轴方向的线位移称为横截面的挠度，用 $y$ 表示、一般情况下，不同截面具有不同的挠度，即挠度随截面的位置而变，可表示为：

$$y = f(x) \tag{a}$$

实际上，式（a）也就是挠曲轴的方程。横截面形心不仅在垂直于轴的方向存在线位移，在沿梁轴线方向也存在线位移，但在小变形的情况下，该位移很小，可以忽略不计。

梁变形时，各横截面不仅要移动，同时，还将绕其中性轴转过一定角度，即存在角位移，横截面的角位移称为转角，用 $\theta$ 表示。如果忽略剪力对变形的影响，那么横截面变形后仍保持平面并与挠曲轴正交。因此，任一横截面的转角也等于挠曲轴在该截面处的切线与 $x$ 轴的夹角 $\theta'$，即 $\theta = \theta'$。在小变形的条件下，横截面的转角很小，于是有：

$$\theta = \tan\theta' = \frac{\mathrm{d}y}{\mathrm{d}x} = y' \tag{8-1}$$

即梁上任一横截面的转角等于该截面的挠度 $y$ 对 $x$ 的一阶导数。在上述坐标系中，逆时针转角为正，反之为负。

由此可见，分析梁变形的关键在于确定挠曲轴的方程 $y = f(x)$。

### 8.2.2 挠曲轴近似微分方程

在推导梁的纯弯曲正应力公式时，曾得到用中性层曲率表示的弯曲变形公式：

$$\frac{1}{\rho(x)} = \frac{M(x)}{EI} \tag{b}$$

另外，通过几何关系可以找到挠曲轴的曲率 $\dfrac{1}{\rho(x)}$ 与挠曲轴方程 $y = f(x)$ 之间存在着的微分关系。为此，从梁上任取出一微段 $\mathrm{d}s$，如图 8-3 所示，有：

$$\mathrm{d}s = \rho(x)\mathrm{d}\theta \quad \text{或} \quad \frac{1}{\rho(x)} = \frac{\mathrm{d}\theta}{\mathrm{d}x}$$

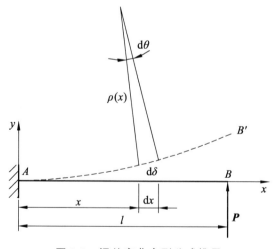

图 8-3 梁的弯曲变形公式推导

再将式（8-1）代入上式，得：

$$\frac{1}{\rho(x)} = \frac{d^2 y}{dx^2} \qquad (c)$$

将式（c）代入式（b），得：

$$y'' = \frac{d^2 y}{dx^2} = \frac{M(x)}{EI} \qquad (8\text{-}2)$$

式（8-2）称为梁的挠曲轴近似微分方程，其所以称为近似，是因为在推导这一方程的过程中，略去了剪力对变形的影响，并近似地认为 $ds = dx$。实践表明，由此方程求得的挠度和转角对工程实际来说已足够精确。在应用式（8-2）时，应取 $y$ 轴的正方向向上。这样，等式两边的符号才能一致，因为当弯矩 $M(x)$ 为正时，梁的挠曲轴向下凸，此时，曲线的二阶导数 $y''$ 在所选坐标系中也是正值，如图 8-4 所示。

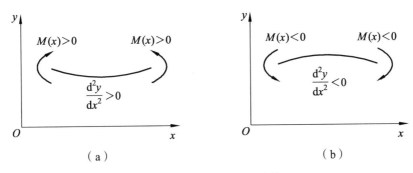

图 8-4　梁的弯曲变形公式符号

### 8.2.3　用积分法求梁的变形

由以上分析得挠曲轴近似微分方程为：

$$y'' = \frac{M(x)}{EI}$$

将上述方程积分，得：

$$\theta = y' = \int \frac{M(x)}{EI} dx + C \qquad (8\text{-}3a)$$

再将式（8-3a）积分，得：

$$y = \iint \frac{M(x)}{EI} dx dx + Cx + D \qquad (8\text{-}3b)$$

式（8-3a）和式（8-3b）分别为梁的转角方程和挠度方程，两式中的 $C$ 和 $D$ 为积分常数，可通过梁的边界条件和挠曲轴的连续光滑条件来确定。

**例 8-1**　如图 8-5 所示一悬臂梁受集中力 $P$ 作用，截面抗弯刚度为 $EI$。试求工件的最大挠度和最大转角。

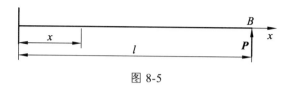

图 8-5

**解** 选坐标系如图 8-5 所示。

（1）写出梁的弯矩方程。

$$M(x) = P(l-x)$$

（2）建立挠曲轴近似微分方程并积分。

$$EIy'' = P(l-x)$$

$$EI\theta = P\left(lx - \frac{x^2}{2}\right) + C \qquad (1)$$

$$EIy = P\left(\frac{lx^2}{2} - \frac{x^3}{6}\right) + Cx + D \qquad (2)$$

（3）确定积分常数。

梁的边界条件：$x=0$，$\theta_A=0$，$y_A=0$。

将这两个边界条件分别代入式（1）（2），可得积分常数：$C=0$，$D=0$。

（4）确定转角方程和挠曲轴方程。

将积分常数值代入式（1）（2），得转角方程与挠曲轴方程分别为：

$$\theta = \frac{P}{EI}\left(lx - \frac{x^2}{2}\right) \qquad (3)$$

$$y = \frac{P}{EI}\left(\frac{lx^2}{2} - \frac{x^3}{6}\right) \qquad (4)$$

（5）求最大挠度和最大转角。

$$\theta_{\max} = \theta\big|_{x=l} = \frac{Pl^2}{2EI} \quad （逆时针）$$

$$y_{\max} = y\big|_{x=l} = \frac{Pl^3}{3EI} \quad （向上）$$

当梁的弯矩方程必须分段建立时，梁的挠曲轴近似微分方程也需分段建立。相应地各段梁的转角方程和挠曲轴方程必随之而异；积分后，每段都将出现两个积分常数，为确定这些积分常数，除利用边界条件外，还需根据挠曲轴为一光滑连续曲线这一特性，利用相邻两段梁在交接处的变形必须连续（相等）的条件。

如图 8-6 所示简支梁的截面抗弯刚度为 $EI$。集中力 $P$ 将全梁分为 $AC$、$CB$ 两段，这时两段的弯矩方程、挠曲轴近似微分方程及其积分分别为：

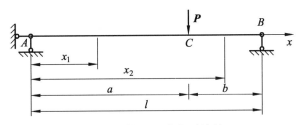

图 8-6　简支梁的变形计算

AC 段：

$$M(x_1) = \frac{bP}{l}x_1 \quad (x_1 < a)$$

$$EIy'' = M(x_1) = \frac{bP}{l}x_1 \quad (x_1 < a) \tag{a}$$

$$EIy' = \frac{bP}{2l}x_1^2 + C_1 \quad (x_1 < a) \tag{b}$$

$$EIy_1 = \frac{bP}{6l}x_1^3 + C_1 x_1 + D_1 \quad (x_1 < a) \tag{c}$$

CB 段：

$$M(x_2) = \frac{bP}{l}x_2 - P(x_2 - a) \quad (a \leqslant x_2 \leqslant l)$$

$$EIy_2'' = M(x_2) = \frac{bP}{l}x_2 - P(x_2 - a) \quad (a \leqslant x_2 \leqslant l) \tag{d}$$

$$EIy_2' = \frac{bP}{2l}x_2^2 - \frac{P}{2}(x_2 - a)^2 + C_2 \quad (a \leqslant x_2 \leqslant l) \tag{e}$$

$$EIy_2 = \frac{bP}{6l}x_2^3 - \frac{P}{6}(x_2 - a)^3 + C_2 x + D_2 \quad (a \leqslant x_2 \leqslant l) \tag{f}$$

积分后一共出现 4 个积分常数，需要 4 个已知的变形条件才能确定。而简支梁的边界条件只有两个，即 $x_1 = 0$，$y_1 = 0$ 和 $x_2 = 0$，$y_2 = 0$。除此之外，梁变形后其挠曲轴必为一光滑连续的曲线，在 AC 和 CB 段交接处的 C 截面，既属于 AC 段又属于 CB 段，其转角和挠度可由 AC 段的有关方程算出，又可由 CB 段的有关方程算出，且两者必须相等，这就是挠曲轴的连续、光滑条件。即：

在 $x_1 = x_2 = a$ 处，$\theta_1 = \theta_2$

在 $x_1 = x_2 = b$ 处，$y_1 = y_2$

利用这两个连续光滑条件和两个边界条件便可确定 4 个积分常数。积分常数确定后，两段梁的转角方程和挠曲线方程也就确定了。以下的计算与例 8-1 类似，请读者自行演算后面步骤。

积分法是求梁变形的一种基本方法，但在实际应用中，并不需要将所遇到的问题都按上述方程加以计算。为了应用上方便，在一般设计手册中，已将常见简单荷载作用下梁的挠度和转角计算公式列出，以备查用。

表 8-1 给出了简单荷载作用下梁的挠度和转角计算公式。

表 8-1  简单荷载作用下梁的变形

| 支承和荷载情况 | 梁端转角 | 挠度方程 | 最大挠度（绝对值） |
|---|---|---|---|
| 悬臂梁 A 固定，自由端 B 受集中力 P | $\theta_B = -\dfrac{Pl^2}{2EI}$ | $y = -\dfrac{Px^3}{6EI}(3l-x)$ | $y_{max} = \dfrac{Pl^3}{3EI}$ |
| 悬臂梁 A 固定，C 处（距 A 为 c）受集中力 P | $\theta_B = -\dfrac{Pc^2}{2EI}$ | $0 \leqslant x < c:$ $y = -\dfrac{Px^3}{6EI}(3c-x)$ $c \leqslant x \leqslant l:$ $y = -\dfrac{Pc^3}{6EI}(3x-c)$ | $y_{max} = \dfrac{Pc^3}{6EI}(3l-c)$ |
| 悬臂梁 A 固定，受满跨均布荷载 q | $\theta_B = -\dfrac{ql^3}{6EI}$ | $y = -\dfrac{qx^2}{24EI}(x^2+6l^2-4lx)$ | $y_{max} = \dfrac{ql^4}{8EI}$ |
| 悬臂梁 A 固定，自由端 B 受力偶 $M_e$ | $\theta_B = -\dfrac{M_e l}{EI}$ | $y = -\dfrac{M_e x^2}{2EI}$ | $y_{max} = \dfrac{M_e l^2}{2EI}$ |
| 简支梁 A、B，跨中 C 受集中力 P | $\theta_A = -\theta_B = -\dfrac{Pl^2}{16EI}$ | $0 \leqslant x \leqslant \dfrac{1}{2}:$ $y = -\dfrac{Px}{48EI}(3l^2-4x^2)$ | $y_{max} = \dfrac{Pl^3}{48EI}$ |
| 简支梁 A、B，C 处（距 A 为 a，距 B 为 b）受集中力 P | $\theta_A = -\dfrac{Pab(l+b)}{6lEI}$ $\theta_B = +\dfrac{Pab(l+a)}{6lEI}$ | $0 \leqslant x < a:$ $y = -\dfrac{Pbx}{6lEI}(l^2-x^2-b^2)$ $a \leqslant x \leqslant l:$ $y = -\dfrac{Pb}{6lEI}\Big[(l^2-b^2)x-x^3+\dfrac{l}{b}(x-a)^3\Big]$ | 若 $a > b$ ，在 $x = \sqrt{\dfrac{l^2-b^2}{3}}$ 处： $y_{max} = \dfrac{\sqrt{3}Pb}{27lEI}(l^2-b^2)^{\frac{3}{2}}$ 在 $x = \dfrac{1}{2}$ 处： $y = \dfrac{Pb}{48EI}(3l^2-4b^2)$ |
| 简支梁 A、B，受满跨均布荷载 q | $\theta_A = -\theta_B = -\dfrac{ql^3}{24EI}$ | $y = -\dfrac{qx}{24EI}(l^3-2lx^2+x^3)$ | $y_{max} = \dfrac{5ql^4}{384EI}$ |

## 8.3  叠加法求梁的变形

由前面的分析可知，在小变形的条件下，挠曲轴的近似微分方程为 $y'' = \dfrac{M(x)}{EI}$ ，它是一个线性方程，说明梁的变形（挠度与转角）与弯矩成线性关系。在小变形的条件下，由于横截面的轴向位移很小，可忽略不计，可认为横截面上的弯矩不受弯曲变形的影响，而只与引起该弯矩的各荷载有关，并保持线性关系。因此，梁的变形与各荷载成线性关系，这一点可从表 8-1 看出。

由此可见，当梁上同时作用几个荷载时，如果梁的变形很小，且应力不超过比例极限，则每个荷载所引起的梁的变形将不受其他荷载的影响，梁的总变形等于各个荷载单独作用所引起的变形的代数和。

以上计算梁变形的方法称为叠加法。用叠加法确定梁的变形时，应注意以下两点：能正确理解梁的变形与位移间的区别和联系。位移是由变形引起的，但没有变形不一定没有位移；能正确地理解和应用挠曲轴光滑连续的概念，根据弯矩的正负，判断曲线的凸凹，根据支承处的约束条件，大致绘出梁的挠曲轴形状。

**例 8-2**　简支梁 $AB$ 受力如图 8-7 所示，试用叠加法求 $C$ 截面的挠度、$B$ 截面的转角，梁的截面抗弯刚度 $EI$ 为已知。

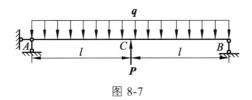

图 8-7

**解**　查表 8-1 得，当集中力 $P$ 单独作用时，$C$ 截面的挠度和 $B$ 截面的转角位移分别为：

$$y_C(\boldsymbol{P}) = \frac{P(2l)^3}{48EI} = \frac{Pl^3}{6EI}$$

$$\theta_B(\boldsymbol{P}) = -\frac{P(2l)^2}{16EI} = -\frac{Pl^2}{4EI}$$

当均布荷载 $q$ 单独作用时，$C$ 截面的挠度和 $B$ 截面的转角分别为：

$$y_C(\boldsymbol{q}) = -\frac{5q(2l)^4}{384EI} = -\frac{5ql^4}{24EI}$$

$$\theta_B(\boldsymbol{q}) = \frac{q(2l)^3}{24EI} = \frac{ql^3}{3EI}$$

由叠加法有：

$$y_C = y_C(\boldsymbol{P}) + y_C(\boldsymbol{q}) = \frac{Pl^3}{6EI} - \frac{5ql^4}{24EI} = \frac{l^3}{6EI}\left(P - \frac{5ql}{4}\right)$$

$$\theta_B = \theta_B(\boldsymbol{P}) + \theta_B(\boldsymbol{q}) = -\frac{Pl^2}{4EI} + \frac{ql^3}{3EI} = \frac{l^2}{EI}\left(\frac{ql}{3} - \frac{P}{4}\right)$$

## 思 考 题

8-1　用什么来度量梁的变形？什么是梁的挠度和转角？

8-2　挠度与转角间有什么关系？其符号如何规定？

8-3 用积分法求变形时，如何确定积分常数？

8-4 哪种情况下可用叠加法求变形？如何用叠加法求变形？

8-5 怎样求梁的最大挠度？梁上最大挠度处的截面转角是否一定为零？为什么？

# 习 题

8-1 简支梁承受荷载如图所示，试用积分法求 $\theta_A$、$\theta_B$，并求出 $y_{max}$ 所在截面的位置及该挠度的算式。

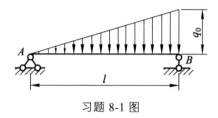

习题 8-1 图

8-2 试用积分法求如图所示外伸梁的 $\theta_A$、$\theta_B$，及 $y_A$，$y_D$。（$EI$ 为常数）

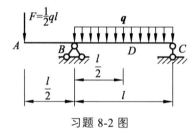

习题 8-2 图

8-3 试用积分法求如图所示悬臂梁的 $B$ 端的挠度 $y_B$。（$EI$ 为常数）

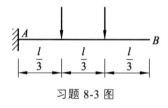

习题 8-3 图

8-4 如图所示外伸梁，两端受 $F$ 作用，$EI$ 为常数，试问：（1）$\dfrac{x}{l}$ 为何值时，梁跨中点的挠度与自由端的挠度数值相等？（2）$\dfrac{x}{l}$ 为何值时，梁跨度中点挠度最大？（$EI$ 为常数）

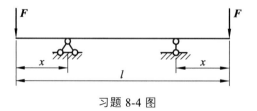

习题 8-4 图

8-5　如图所示梁 $B$ 截面置于弹簧上，弹簧刚度系数为 $k$，求 $A$ 点处挠度，梁的 $EI =$ 常数。

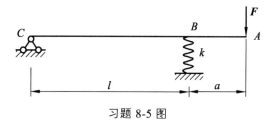

习题 8-5 图

8-6　试用叠加法计算如图所示阶梯形梁的最大挠度，设 $2I_1 = I_2$，$E$ 为常数。

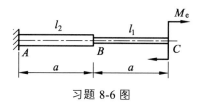

习题 8-6 图

8-7　如图所示的悬臂梁为工字钢梁，长度 $l = 4$ m，在梁的自由端作用有力 $F = 10$ kN，已知钢材的许用应力 $[\sigma] = 170$ MPa，$[\tau] = 100$ MPa，$E = 210$ GPa，梁的许用挠度 $[w] = \dfrac{l}{400}$。试按强度条件和刚度条件选择工字钢型号。

习题 8-7 图

8-8　如图所示各梁，弯曲刚度 $EI$ 为常数。试根据梁的弯矩图与约束条件画出挠曲线的大致形状。

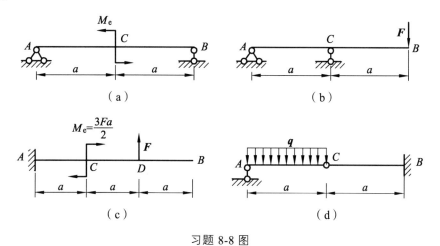

习题 8-8 图

# 第 9 章　简单超静定问题

## 9.1　超静定问题及其解法

### 9.1.1　关于超静定问题的概述

前面所讨论的轴向拉压杆、受扭转的圆杆以及受弯曲的梁，其约束力或构件的内力都可以通过静力学的平衡方程求解，这类问题称为静定问题。

在实际工程中，有时为了减小杆件的应力或变形，往往采用更多的杆件或支座。例如大型承重桁架中某一节点由 3 根杆件铰接而成[图 9-1（a）]，由于平面汇交力系只有两个独立的平衡方程，只能解两个未知数，而图中有 3 个未知数，很显然其杆件的轴力不能由静力学平衡方程求出；又如一个跨度较大的梁，为了降低其最大弯矩和最大挠度，在梁的跨中增加一个支座[图 9-1（b）]，由于平面力系只有 3 个独立的平衡方程，也不能利用平衡方程解出梁中的 4 个支座反力。这类不能全部由静力学平衡方程求解的问题，称为超静定问题。

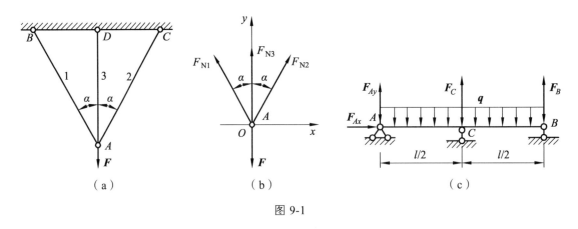

图 9-1

在超静定问题中，都存在多于维持平衡所必需的支座或杆件，我们习惯上把它们称为"多余"约束。从提高结构强度和刚度的角度来说，多余约束往往是必需的，并不是多余的。

由于多余约束的存在，未知力的个数多于独立平衡方程的个数。未知力的个数超过独立平衡方程数的数目，称为超静定次数。与多余约束相应的支座反力或内力，习惯上称为多余未知力。因此，超静定的次数就等于多余约束或多余未知力的个数。如图 9-1（a）和（c）所示都是一次超静定结构。本章主要介绍一次超静定问题的求解方法。

### 9.1.2　解超静定问题的方法

由于多余未知力的存在，未知力的个数超过独立平衡方程个数，因此，除了静力平衡方程以外，还必须寻求补充方程，并且使补充方程的数目等于多余未知力的数目。但是，也正是有"多余"约束的存在，杆件（或结构）的变形受到多余静定结构的附加限制。可根据变形几何相容条件，建立变形几何相容方程，结合物理关系（胡克定律），即可得出需要的补充方程。然后将静力平衡方程和补充方程联立求解，就可以解出全部未知力。这就是综合运用变形几何相容条件、物理关系和静力平衡条件三方面，求解超静定问题的方法。

在求解由于约束多余维持平衡所需的个数而形成的超静定结构时，可假想将某一处的约束当作"多余"约束予以解除，并代之以相应的约束力（多余未知力），从而得到一个作用有荷载和多余未知力的静定结构，称为原超静定结构的基本静定系或相当系统。为使基本静定系与原来的超静定结构等效，基本静定系在多余未知力处相应的位移应满足原超静定结构的约束条件，即变形相容条件。将力与位移间的物理关系代入变形相容方程，再与静力平衡方程联立求解就可解出全部的未知力。

下面分别以轴向拉压、扭转和弯曲的超静定问题来说明超静定问题的解法。

## 9.2　拉压超静定问题

### 9.2.1　拉压超静定基本问题

如图 9-2 所示两端固定的等直杆，在 $C$ 截面处受到轴向荷载 $F$ 的作用，由于外力是轴向荷载，所以支座反力也是沿轴线的，分别记为 $F_A$ 和 $F_B$，方向假设如图 9-2（a）所示。由于共线力系只有一个独立的平衡方程，而未知反力有两个，存在一个多余未知力，是三次超静定结构。为解此题，必须从以下三方面来考虑。

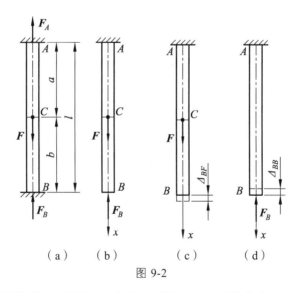

（a）　　（b）　　　（c）　　　（d）

图 9-2

静力方面，由杆件的受力图[图 9-2（a）]可写出一个平衡方程：

$$\sum F_y = 0 : \quad F_A + F_B - F = 0 \tag{9-1}$$

几何方面，由于是一次超静定问题，所以有一个多余约束，取固定端 $B$（也可取上端 $A$）为"多余"约束，暂时将它解除，以未知力来 $F_B$ 代替此约束对杆 $AB$ 的作用，则得一静定杆系，即相应的相当系统[图 9-2（b）]，受已知力 $F$ 和未知力 $F_B$ 作用，并引起变形。设杆由力

$F$ 引起的伸长量为 $\Delta_{BF}$［图 9-2（c）］，由 $F_B$ 引起的缩短为 $\Delta_{BB}$［图 9-2（d）］。但由于 $B$ 端原来是固定的，不能上下移动，因此应有下列几何关系：

$$\Delta_{BF} = |\Delta_{BB}| \tag{9-2}$$

该关系称为变形相容条件，也叫变形协调条件，简称变形条件。每个超静定结构都有具体的变形几何关系，正确找到这些关系是求解超静定问题的关键。

物理方面，材料服从胡克定律，有：

$$\Delta_{BF} = \frac{Fa}{EA}, \quad \Delta_{BB} = \frac{F_B l}{EA} \tag{9-3}$$

称为物理方程，反映各变形和受力之间的关系。在此题中，上式各变形值均取绝对值。

将式（9-3）代入式（9-2），化简得：

$$Fa = F_B l \tag{9-4}$$

联立解方程式（9-1）和式（9-4），得支座反力：

$$F_A = \frac{Fb}{l}, \quad F_B = \frac{Fa}{l} \tag{9-5}$$

求得约束力 $F_A$ 和 $F_B$ 后，即可用截面法求出 $BC$ 段和 $AC$ 段的轴力、应力、变形（位移），以及强度、刚度等，这与静定问题中的计算相同。

至此，可以将超静定问题的一般解法归纳如下：

（1）判断超静定次数 $n$。

（2）根据静力平衡条件列出独立的平衡方程。

（3）根据变形相容条件列出变形几何方程。

（4）列出应有的物理关系，通常是胡克定律。

（5）将物理关系方程代入几何变形方程得到补充方程。

（6）联立求解平衡方程和补充方程，即可得出全部未知力。

应当指出，按照静力、几何、物理这三方面来研究问题的方法是材料力学通用的方法，具有一般的意义。

**例 9-1**　如图 9-3（a）所示结构，由刚性杆 $AB$ 及两弹性杆 $EC$ 及 $FD$ 组成，在 $B$ 端受力 $F$ 作用。两弹性杆的刚度分别为 $E_1 A_1$ 和 $E_2 A_2$。试求杆 $EC$ 和 $FD$ 的内力。

**解**　如图 9-3（b）所示，该结构未知力共有两个支座反力 $F_{Ax}$ 和 $F_{Ay}$ 及两个轴力 $F_{N1}$ 和 $F_{N2}$，它们构成了平面一般力系。平面一般力系独立平衡方程式有三个，故该结构为一次超静定结构，需找到一个补充方程。为此，从下列三方面来分析：

（1）静力方面。取脱离体如图 9-3（b）所示，设两杆的轴力分别为 $F_{N1}$ 和 $F_{N2}$。欲求这两个未知力，有效的平衡方程只有一个，即：

$$\sum M_A = 0: \quad F_{N1} \cdot \frac{l}{3} + F_{N2} \cdot \frac{2l}{3} - Fl = 0 \tag{1}$$

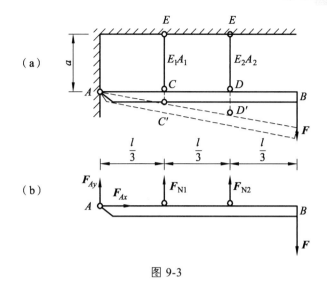

图 9-3

（2）几何方面。假设刚性杆 *AB* 在力 *F* 作用下，将绕 *A* 点顺时针转动，由此，杆 *EC* 和 *FD* 伸长，由于是小变形，可认为 *C*、*D* 两点沿垂直向下移动到 *C*′ 和 *D*′ 点。设杆 *EC* 的伸长为 $CC' = \Delta l_1$。*FD* 的伸长为 $DD' = \Delta l_2$。由图可知，得变形几何方程：

$$\frac{\Delta l_1}{\Delta l_2} = \frac{1}{2} \qquad （2）$$

（3）物理方面。根据胡克定律，得物理方程：

$$\Delta l_1 = \frac{F_{N1}a}{E_1 A_1}, \Delta l_2 = \frac{F_{N2}a}{E_2 A_2} \qquad （3）$$

将式（3）代入式（2）得：

$$2\frac{F_{N1}a}{E_1 A_1} = \frac{F_{N2}a}{E_2 A_2} \qquad （4）$$

这就是所需的补充方程，它表达了未知力 $F_{N1}$ 和 $F_{N2}$ 之间的关系。

将式（4）与平衡方程（1）联立求解，即得：

$$F_{N1} = \frac{3E_1 A_1 F}{E_1 A_1 + 4E_2 A_2}$$

$$\qquad （5）$$

$$F_{N2} = \frac{6E_2 A_2 F}{E_1 A_1 + 4E_2 A_2}$$

所得结果均为正，说明原先假定两杆均为拉力是正确的。上列结果表明，对于超静定结构，各杆内力的大小与各杆的刚度成正比。

### 9.2.2　装配应力

在工程实际中，所有构件在制造中总存在一定的误差。这种误差，对于静定结构来说，只会使结构的几何形状微有改变，但在不承受荷载时，并不会在杆中产生附加内力。对于超静定结构来说，情况就不同。由于有了多余约束，就将在杆内产生附加内力。如图 9-3 所示的超静定结构，如果杆 3 在制造中尺寸短了 $\Delta e$，装配时要把杆 3 拉长，杆 1、2 缩短才能装配在一起，该结构虽然还没有受外力，但已经在杆 3 中产生了拉力，在杆 1、2 中产生了压力。这种由于装配而产生的内力称为装配内力。与之相应的应力称为装配应力。

在工程中，装配应力的存在有时是有利的，需要利用它。钢筋混凝土中的预应力问题和机械制造中的紧密配合等问题都是有效利用装配应力的例子。装配应力的存在有时又是不利的，会增大构件的工作应力，使构件不安全，应予避免。计算装配应力的关键仍然是根据变形相容条件列出变形几何方程。

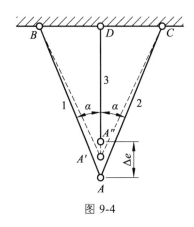

图 9-4

**例 9-2** 如图 9-4 所示，杆 1 和杆 2 的长度为 $l_1$、面积为 $A_1$、弹性模量为 $E_1$，杆 3 的长度为 $l_3$、面积为 $A_3$、弹性模量为 $E_3$，由于杆 3 在制造中短了 $\Delta e$，要把 3 根杆装配成如图虚线所示，试计算各杆内的装配内力。

**解** 如图 9-4 所示，由于杆 3 短了 $\Delta e$，装配后各杆的位置将如图中虚线所示。此时，杆 3 在节点 $A'$ 处受到装配力 $F_{N3}$ 作用[图 9-5（a）]，而杆 1、2 在汇交点 $A'$ 处共同承受与杆 3 相同的装配力 $F_{N3}$ 作用[图 9-2（b）]，节点 $A$ 的受力如图[图 9-5（c）]所示。它们构成了一个平面汇交力系，平面汇交力系的独立平衡方程有两个，故结构为一次超静定结构，需找到一个补充方程。为此，从下列三方面来分析：

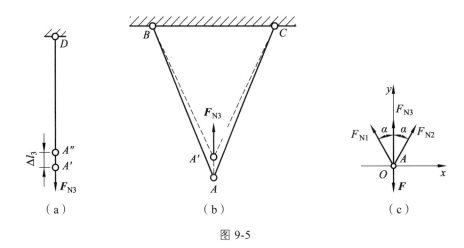

（a）　　　　　　（b）　　　　　　（c）

图 9-5

（1）静力方面。取节点 A 的受力如图 9-5（c）所示，全部假设为拉力，列平衡方程：

$$\sum F_x = 0 :\quad F_{N2}\sin\alpha - F_{N1}\sin\alpha = 0 \tag{1}$$

$$\sum F_y = 0 :\quad F_{N3} + F_{N2}\cos\alpha + F_{N1}\cos\alpha = 0 \tag{2}$$

（2）几何方面。要把三根杆装配在一起，杆 3 的伸长量与杆 1 和杆 2 在垂直方向的压缩量的绝对值之和等于 $\Delta e$，故：

$$\overline{A''A'} + \overline{AA'} = \Delta e$$

（3）物理方面。根据胡克定律，得物理方程：

$$\frac{F_{N3}l_3}{E_3 A_3} + \frac{F_{N1}l_1}{E_1 A_1 \cos\alpha} = \Delta e \tag{3}$$

这就是所需的补充方程。

将式（3）与式（1）和式（2）联立求解得装配内力为：

$$F_{N1} = F_{N2} = -\frac{\Delta e}{2\left[\dfrac{l_3}{E_3 A_3} + \dfrac{l_1}{2E_1 A_1 \cos^2\alpha}\right]\cos\alpha} \quad（压力） \tag{4}$$

$$F_{N3} = \frac{\Delta e}{\dfrac{l_3}{E_3 A_3} + \dfrac{l_1}{2E_1 A_1 \cos^2\alpha}} \quad（拉力） \tag{5}$$

至于各杆横截面上的装配应力只需用装配内力（轴力）除以杆的横截面面积即得。

由此可见，计算超静定杆系（结构）中的装配力和装配应力的关键，仍然在于根据位移（变形）相容条件并利用物理关系列出补充方程。

### 9.2.3　温度应力

在工程实际中，由于温度的变化，杆件会产生热胀冷缩现象，其几何尺寸会发生微小变化。在静定结构中，各杆件可以自由伸长和缩短，温度的变化只会使杆件产生变形，不会在杆件内部产生内力。但是在超静定结构中，由于杆件间相互制约不能自由变形，所以温度的变化会使其内部产生内力。这种由于温度变化产生的内力称为温度内力，与之相应的应力称为温度应力。计算温度应力的关键也同样是根据问题的变形相容条件列出变形几何方程，与前面不同的是，杆的变形包括两部分，即由温度变化所引起的变形，以及与温度内力相应的弹性变形。

**例 9-3**　如图 9-6 所示，计算两端与刚性支承连接的等截面杆当温度升高 $\Delta t$ 时横截面上的温度应力。杆的横截面面积为 $A$，杆的长度为 $l$，材料的弹性模量为 $E$，线膨胀系数为 $\alpha_t$。

**解**　如果杆只有一端固定（例如 A 端），则温度升高以后，杆将自由伸长[图 9-6（b）]。现因刚性支承 B 端的阻碍，使杆不能伸长，相当于在杆的两端增加了压力而将杆顶住。而平面共线力系只有一个有效的独立方程，因此该结构为一次超静定结构，需找出一个补充方程。为此，从下列三方面来分析：

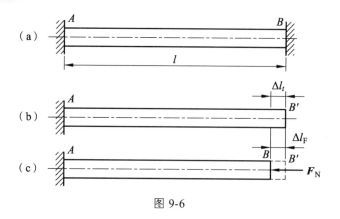

图 9-6

（1）静力方面。设想刚性支承 $B$ 为多余约束，解除后施加相应的多余未知力 $F_N$，如图 9-6（c）所示，大小不知。

（2）几何方面。假定杆件的 $A$ 端固定，$B$ 端可自由伸缩，由于温度的改变，杆件将伸长 $\Delta l_t$，如图 9-6（b）所示。由于杆件两端固定，杆的长度始终为 $l$，相当于用一个力把 $B$ 端压缩了 $\Delta l_F$，即温度内力为压力，如图 9-6（c）所示。由图可得变形几何方程：

$$\Delta l_t = \Delta l_F \tag{1}$$

（3）物理方面。由胡克定律和温度变形关系可得：

$$\Delta l_F = \frac{F_N l}{EA} \tag{2}$$

$$\Delta l_t = \alpha_t \Delta t l \tag{3}$$

将式（2）（3）两式代入式（1）得温度内力为：

$$F_N = \alpha_t E A \Delta t \tag{4}$$

由此得温度应力为：

$$\sigma = \frac{F_N}{A} = \alpha_t E \Delta t \tag{5}$$

结果为正，说明原先认为杆受轴向压力是对的，该杆的温度应力为压应力。

若该杆为钢杆，而 $\alpha_t = 1.2 \times 10^{-5} / °C$，$E = 210$ GPa，则当温度升高 $\Delta t = 40$ °C 时有

$$\sigma = \alpha_t E \Delta t = 1.2 \times 10^{-5} \times 210 \times 10^3 \times 40 = 100.8 \text{ MPa （压应力）}$$

由以上计算可知，在超静定结构中，温度应力是一个不容忽视的因素。如在铁轨接头处以及在混凝土路面中通常都留有空隙，桁架一端用可活动的铰链支座，都是为了消除或减少温度应力。如果忽视了温度变化的影响，将会导致破结构坏或妨碍结构物的正常工作。

## 9.3 扭转超静定问题

前面讨论的扭转问题，其支座反力矩都可以用静力平衡方程确定，即均属于静定问题。然而，当轴的未知力矩（支座反力矩与扭矩）的数目超过有效平衡方程式的数目时，就成为

超静定轴，即扭转超静定结构。扭转超静定问题的解法，同样是综合考虑静力、几何、物理三个方面。现以图 9-7（a）为例，说明其解题方法。

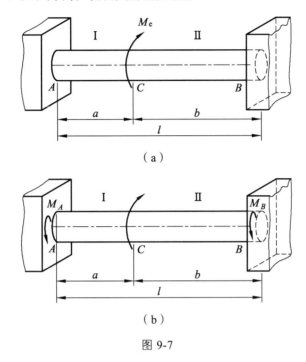

图 9-7

设圆轴 AB 两端的支座反力矩分别为 $M_A$ 和 $M_B$ [图 9-7（b）]，则有两个未知力矩，平面力偶系只有一个有效的平衡方程，故为一次超静定问题，需找出一个补充方程。为此，从下列三方面来分析：

（1）静力方面。由静力平衡方程得：

$$\sum M = 0: \quad M_A - M_e + M_B = 0 \tag{9-6}$$

（2）几何方面。圆轴两端固定，横截面两端 A、B 间的相对转角为零，所以圆轴应满足的变形相容条件为：

$$\varphi_{AB} = \varphi_{AC} + \varphi_{CB} = 0 \tag{9-7}$$

（3）物理方面。圆轴处于线弹性范围时，扭转角与力偶矩之间的物理关系为：

$$\varphi_{AC} = -\frac{T_1 a}{GI_p} = -\frac{M_A}{GI_p} \tag{9-8}$$

$$\varphi_{CB} = \frac{T_2 a}{GI_p} = \frac{M_B}{GI_p} \tag{9-9}$$

将式（9-8）与式（9-9）代入式（9-7）得：

$$-\frac{M_A a}{GI_p} + \frac{M_B b}{GI_p} = 0 \tag{9-10}$$

这就是所需的补充方程。

将式（9-10）与静力平衡方程（9-6）联立求解得：

$$M_B = \frac{M_e a}{l}, \quad M_A = \frac{M_e b}{l} \tag{9-11}$$

支座反力矩求出以后，就可以根据以前所介绍的方法分析轴的内力、应力与变形，并进行强度和刚度的计算。

**例 9-4** 一空心圆管 $A$ 套在实心圆杆 $B$ 的一端，如图 9-8 所示。两杆在同一截面处各有一直径相同的孔，但两孔的中心线构成一个 $\beta$ 角。现在杆 $B$ 上施加外力偶使杆 $B$ 扭转，以使两孔对准，并穿过孔装上销钉，在装上销钉后卸除施加在杆 $B$ 上的外力偶，计算管 $A$ 和杆 $B$ 截面上的扭矩。已知：杆 $A$ 和杆 $B$ 的极惯性矩分别为 $I_{pA}$ 和 $I_{pB}$；两杆的材料相同，其切变模量为 $G$。

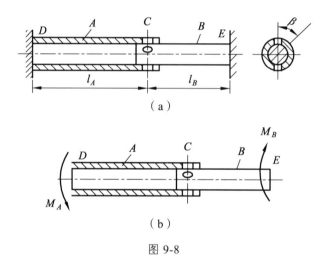

图 9-8

**解** 设 $A$、$B$ 两端的支座反力偶分别为 $M_A$ 和 $M_B$，平面力偶系只有一个有效的独立方程，故为一次超静定问题。需要找出一个补充方程，为此，从下列三方面来分析：

（1）静力方面。结构受力如图 9-8（b）所示，列平衡方程为：

$$\sum M = 0 : \quad M_A - M_B = 0 \tag{1}$$

（2）变形方面。先对实心圆杆施加外力偶矩并使其截面 $C$ 相对 $E$ 转过 $\beta$ 角，当套 $A$ 和杆 $B$ 上的孔对准重合后，装上销钉；然后去除外力偶矩，杆 $B$ 产生回弹，并带动套 $A$ 的截面 $C$ 相对截面 $D$ 转过一个 $\varphi_A$ 角，杆 $B$ 回弹后，其截面 $C$ 对截面 $E$ 的实际转角为 $\varphi_B$，并且有：

$$\varphi_A + \varphi_B = \beta \tag{2}$$

（3）物理方面。圆轴处于线弹性范围时，扭转角与力偶矩之间的物理关系为：

$$\varphi_A = \frac{M_A l_A}{G I_{pA}} \tag{3}$$

$$\varphi_B = \frac{M_B l_B}{G I_{pB}} \tag{4}$$

将式（3）和式（4）代入式（2）中，得补充方程：

$$\frac{M_A l_A}{GI_{pA}} + \frac{M_B l_B}{GI_{pB}} = \beta \tag{5}$$

将式（5）与式（1）联立求解得：

$$M_A = M_B = \frac{GI_{pA}I_{pB}\beta}{l_A I_{pB} + l_B I_{pA}} \tag{6}$$

## 9.4　简单超静定梁

在求解梁的应力和变形的过程中，首先要计算支座反力。而前面讨论的梁都是静定梁，其梁的支座反力仅由平衡方程即可求解。有时为了提高梁的强度和刚度，需要增加支座（或约束）。例如：为了降低简支梁跨中的挠度，在跨中加一支座，如图 9-9（a）所示；悬臂梁自由端加支座如图 9-9（b）所示；等等。它们的约束个数都超过了静力平衡方程数。通常把多余的维持梁静力平衡所需的约束，称为"多余"约束，超静定梁中"多余"约束的数目就是超静定次数。图 9-5（a）（b）中的梁为一次超静定梁。

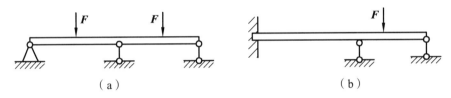

图 9-9

求解超静定梁的思路与拉压、扭转超静定问题求解思路一致。除了建立静力平衡方程外，还需要根据超静定梁的变形相容条件写出变形几何方程，通过力与变形间的相互关系（胡克定律），建立补充方程，由补充方程和静力平衡方程联立求解，得出全部的支座反力。这就是前面所说的从几何、物理、静力三方面求解超静定问题的方法。如何建立补充方程是求解超静定梁的关键。下面通过具体例题来说明超静定梁的解法。

**例 9-5**　如图 9-10 所示悬臂梁抗弯刚度为 $EI$，受均布荷载 **q** 作用，试作梁的剪力图及弯矩图。

**解**　（1）确定超静定次数。

该梁有 4 个支座反力，而有效的独立平衡方程只有 3 个，只是 A 端水平方向的反力为 0，故为一次超静定问题，需建立一个补充方程。

（2）解除多余约束，代之以相应的多余支座反力，得原超静定梁的相当系统（或基本静定系统）。如将支座 B 作为多余约束予以解除，并用相应的多余支座反力 **$F_B$** 代替其作用，则原超静定的相当系统如图 9-10（b）所示。

（3）建立变形几何方程。

图 9-10（b）所示相当系统的变形应与原超静定梁的变形完全相同，故相应的变形相容条件为 B 截面的挠度为零，即：

$$w_B = w_{Bq} + w_{BB} = 0 \tag{1}$$

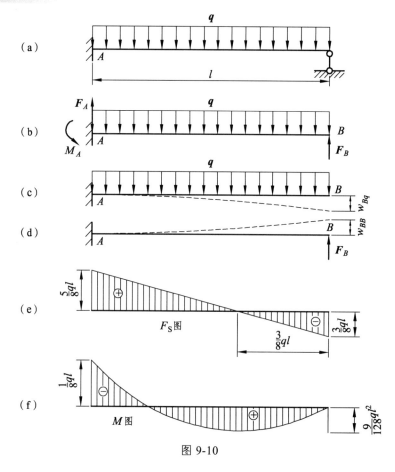

图 9-10

（4）利用力与位移之间的物理关系，可得补充方程：

$$-\frac{ql^4}{8EI}+\frac{F_Bl^3}{3EI}=0 \tag{2}$$

解得：

$$F_B=\frac{3}{8}ql \tag{3}$$

（5）建立平衡方程。

$$\sum F_y=0: \quad F_A+F_B-ql=0 \tag{4}$$

$$\sum M_A(F)=0: \quad M_A+F_Bl-ql\cdot\frac{1}{2}l=0 \tag{5}$$

将式（4）（5）与式（3）联立求解得：

$$F_A=\frac{5}{8}ql, M_A=\frac{ql^2}{8} \tag{6}$$

作剪力图如图 9-10（e）所示，弯矩图如图 9-10（f）所示。

从此题中不难看出，一个超静定梁不止一个基本静定结构。上例中，还可以去掉 A 支座一个约束，使基本静定结构为一简支梁，读者可自行求解。但应注意，解除的多余约束不同，利用的变形相容条件也不同，得到的补充方程亦不同，但计算支座反力的结果相同。并不要将原结构解除成机构，即几何可变体系，如将固定端解除成定向支座。有几次超静定相应地就有几个变形相容条件，可建立同等数量的补充方程。

上述解超静定梁的方法称为变形比较法。具体解题步骤如下：

（1）确定超静定次数。

（2）去掉多余约束，代之以相应的多余约束力。

（3）根据多余约束处的变形关系建立补充方程。

（4）解补充方程求出多余约束力。

（5）将多余约束力视为主动力，将原超静定梁视为静定梁，然后按静定梁求解其他问题。

**例 9-6**　计算如图 9-11 所示结构中 $BD$ 杆的轴力。已知梁 $AB$ 与 $CD$ 的抗弯刚度为 $EI$，杆 $BD$ 的抗拉刚度为 $EA$。

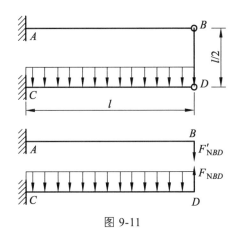

图 9-11

**解**　梁上承受荷载后，$D$ 点将产生向下的位移而在杆 $BD$ 内产生拉力 $F_{NBD}$。这将使悬臂梁多了一个未知力，因此该结构为一次超静定结构。

$AB$ 梁在 $F_{NBD}$ 作用下 $B$ 点的位移为：

$$w_B = \frac{F_{NBD} l^3}{3EI} \tag{1}$$

如图 9-11（b）所示，$D$ 截面的位移为：

$$w_D = \frac{q l^4}{8EI} - \frac{F'_{NBD} l^3}{3EI} \tag{2}$$

由 $BD$ 杆的变形相容条件得：

$$\Delta l_{BD} = w_D - w_B \tag{3}$$

由拉压杆力与变形的物理关系知：

$$\Delta l_{BD} = \frac{F_{NBD} \cdot \dfrac{l}{2}}{EA} \tag{4}$$

将式（1）和式（2）代入式（3）中得：

$$\frac{F_{NBD} \cdot \frac{l}{2}}{EA} = \frac{ql^4}{8EI} - \frac{F'_{NBD}l^3}{3EI} - \frac{F_{NBD}l^3}{3EI} \quad (5)$$

化简得 $BD$ 杆的轴力为：

$$F_{NBD} = F'_{NBD} = \frac{\dfrac{ql^3}{8EI}}{\dfrac{1}{2EA} + \dfrac{2l^2}{3EI}} \quad (6)$$

本题采用了 $B$、$D$ 点及 $BD$ 杆的变形相容条件，加上拉压杆力与变形的物理关系、梁的变形与位移间的物理关系求解。

**例 9-7** 试求图 9-12（a）所示等截面连续梁的约束力 $\boldsymbol{F}_A$、$\boldsymbol{F}_B$、$\boldsymbol{F}_C$，并绘出该梁的剪力图和弯矩图。已知梁的弯曲刚度 $EI = 5 \times 10^6 \, \text{N} \cdot \text{m}^2$。

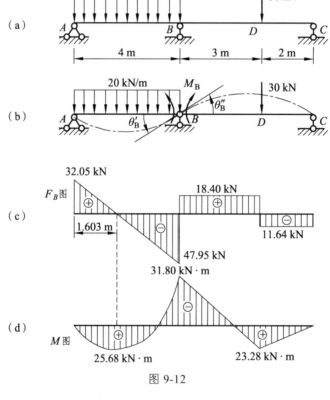

图 9-12

**解** （1）确定超静定次数。如图 9-12（a）所示两端铰支的连续梁其超静定次数就等于中间支座的数目。此梁为一次超静定梁，需要找出一个补充方程。

（2）解除多余约束，代之以相应的多余支座反力，得原超静定梁的相当系统（或基本静定系统）。如取支座 $B$ 截面上阻止截面相对转动的约束为多余约束，则相应的多余未知力为分别为作用于简支梁 $AB$ 与 $BC$ 在 $B$ 端处的一对弯矩 $M_B$，如图 9-12（b）所示。

（3）建立变形几何方程。支座 $B$ 的变形相容条件是简支梁 $AB$ 的截面 $B$ 转角和 $BC$ 梁的截面 $B$ 转角相等，即：

$$\theta'_B = \theta''_B \tag{1}$$

（4）利用力与转角之间的物理关系得：

$$
\begin{aligned}
\theta'_B &= -\frac{(20 \times 10^3\ \text{N/m})(4\ \text{m})^3}{24EI} - \frac{M_B \times 4\ \text{m}}{3EI} \\
&= -\left(\frac{1\,280 \times 10^3\ \text{N} \cdot \text{m}^2}{24EI} + \frac{M_B \times 4\ \text{m}}{3EI}\right)
\end{aligned} \tag{2}
$$

$$
\begin{aligned}
\theta''_B &= -\frac{(230 \times 10^3\ \text{N/m}) \times (3\ \text{m}) \times (2\ \text{m}) \times (5\ \text{m} + 2\ \text{m})}{6EI \times 5\ \text{m}} + \frac{M_B \times 5\ \text{m}}{3EI} \\
&= \frac{42 \times 10^3\ \text{N} \cdot \text{m}^2}{EI} + \frac{M_B \times 5\ \text{m}}{3EI}
\end{aligned} \tag{3}
$$

应该注意，在列出转角 $\theta'_B$ 和 $\theta''_B$ 的算式时，每一项的正负号都必须按同一规定（例如顺时针为正，逆时针为负）确定。

将式（2）和式（3）代入式（1），得补充方程：

$$-\left(\frac{1\,280 \times 10^3\ \text{N} \cdot \text{m}^2}{24EI} + \frac{M_B \times 4\ \text{m}}{3EI}\right) = \frac{42 \times 10^3\ \text{N} \cdot \text{m}^2}{EI} + \frac{M_B \times 5\ \text{m}}{3EI}$$

解得：

$$M_B = -31.8\ \text{kN} \cdot \text{m} \tag{4}$$

其中负号表示实际的中间支座处梁截面上的弯矩与图 9-12（b）中所假设相反，即为负弯矩。

（5）建立平衡方程。求得多余约束力后，可以由基本静定系统[图 9-12（b）]，根据静力平衡条件求得其余支座反力为：

$$F_A = 32.05\ \text{kN}(\uparrow),\ F_B = 66.35\ \text{kN}(\uparrow),\ F_C = 11.64\ \text{kN}(\uparrow) \tag{5}$$

绘出剪力图和弯矩图，如图 9-12（c）（d）所示。

若梁具有一个或更多的中间支座，则称为连续梁。对于连续梁，常选取中间支座截面上阻止截面相对转动的约束为多余约束，所得基本静定系为一系列简支梁，可使求解过程大为简化。

## 思 考 题

9-1　什么是超静定问题？求解超静定问题的方法是什么？

9-2　试判断图示各结构是静定的，还是超静定的？若是超静定结构，则为几次超静定结构？

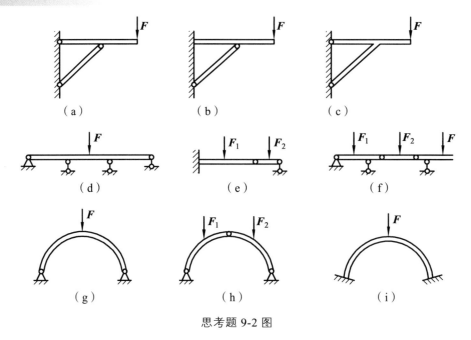

（a）　　　　　（b）　　　　　（c）

（d）　　　　　（e）　　　　　（f）

（g）　　　　　（h）　　　　　（i）

思考题 9-2 图

9-3　超静定结构的基本静定系和变形几何方程是不是唯一的？其解答是不是唯一的？

9-4　如何判定静定梁和超静定梁？

9-5　简述超静定梁的解题方法。

# 习　题

9-1　如图所示结构，杆 $AB$ 的重量及变形可忽略不计。钢杆 $AC$ 和铜杆 $BD$ 的弹性模量分别为 $E_1 = 200\,\text{GPa}$ 和 $E_2 = 100\,\text{GPa}$。试求使杆 $AB$ 保持水平时荷载 $F$ 的位置。若此时 $F = 30\,\text{kN}$，求 $AC$、$BD$ 两杆横截面上的正应力。

9-2　如图所示的刚性梁 $AB$ 由三根同材料、同截面、等长的弹性杆悬吊，受力如图所示。已知 $F$、$a$、$l$、$E$、$A$，试求三杆的内力。

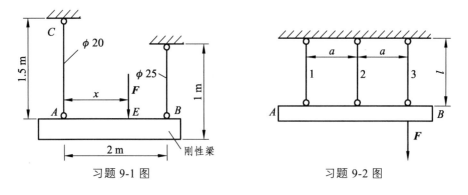

习题 9-1 图　　　　　　　　　　　习题 9-2 图

9-3　刚性梁 $AB$ 受力如图所示，梁在 $A$ 端铰支，在 $B$ 点和 $C$ 点由两根钢杆 $BD$ 和 $CE$ 支承。已知钢杆 $BD$ 和 $CE$ 的横截面面积 $A_2 = 200\,\text{mm}^2$ 和 $A_1 = 400\,\text{mm}^2$，钢的许用应力 $[\sigma] = 170\,\text{MPa}$。试校核钢杆的强度。

9-4　如图所示的短木桩,横截面尺寸为 250 mm×250 mm,用 4 根 40 mm×40 mm×5 mm 的等边角钢加固,并承受压力 $F$。已知角钢的许用应力 $[\sigma]_s = 160$ MPa,弹性模量 $E_s = 200$ GPa;木材的许用应力 $[\sigma]_w = 12$ MPa,弹性模量 $E_w = 10$ GPa。试求短木桩的许可荷载 $[F]$。

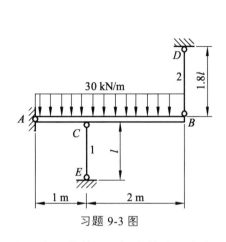

习题 9-3 图

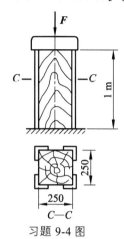

习题 9-4 图

9-5　如图所示结构,3 杆的制造误差为 $\delta$,求装配后各杆轴力。

9-6　如图所示为一等截面直杆,两端固定于刚性墙上,已知钢的弹性模量为 $E = 200$ GPa,线膨胀系数为 $\alpha = 1.25 \times 10^{-5}$ /°C;铜的弹性模量为 $E = 100$ GPa,线膨胀系数为 $\alpha = 1.65 \times 10^{-5}$ /°C。当杆被嵌入后,温度升高了 50 °C,试求杆内的应力。

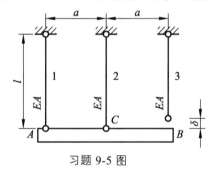

习题 9-5 图

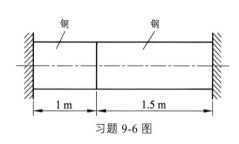

习题 9-6 图

9-7　如图所示为一两端固定的阶梯状圆轴,在截面突变处受一外力偶 $M_e$。若 $d_1 = 2d_2$,试求固定端的支座反力偶矩 $M_A$ 和 $M_B$,并作扭矩图。

9-8　如图所示为一两端固定的钢圆轴,其直径 $d = 60$ mm。轴在截面 $C$ 处受一外力偶矩 $M_e = 3.8$ kN·m。已知钢的切变模量 $G = 80$ GPa,试求截面 $C$ 两侧横截面上的最大切应力和截面 $C$ 的扭转角。

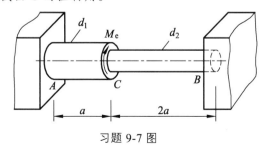

习题 9-7 图

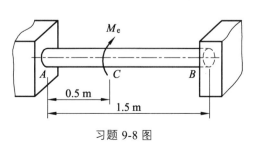

习题 9-8 图

9-9 试求如图所示各超静定梁的支座反力。

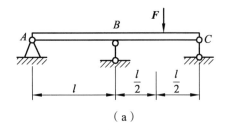 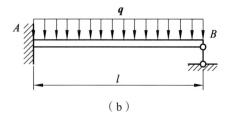

（a）　　　　　　　　　　（b）

习题 9-9 图

9-10 试求如图所示各超静定梁的支座反力。

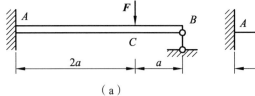 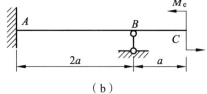

（a）　　　　　　　　　　（b）

习题 9-10 图

9-11 如图所示，荷载 $F$ 作用在梁 $AB$ 和 $CD$ 的连接处，试求每根梁在连接处所受的力。已知其跨长比和刚度比分别为 $\dfrac{l_1}{l_2}=\dfrac{3}{2}$ 和 $\dfrac{EI_1}{EI_2}=\dfrac{4}{5}$。

9-12 梁 $AB$ 因强度和刚度不足，用同一材料和同样截面的短梁 $AC$ 加固，如图所示。试求：

（1）二梁接触处的压力 $F_C$。

（2）加固后梁 $AB$ 的最大弯矩和 $B$ 点的挠度减小的百分数。

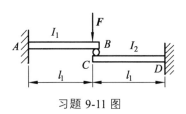 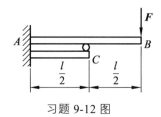

习题 9-11 图　　　　　　　习题 9-12 图

# 第 10 章 应力状态和强度理论

## 10.1 应力状态问题概述

前面几章在求拉、压、弯、剪杆内的应力时，都是用截面法截取杆件的正截面来计算的。例如求图 10-1（a）所示梁内某一点 $C$ 的应力时，其方法是先用通过 $C$ 点的正截面 $m—m$ 将梁截开，然后再去求 $C$ 点的应力。实际上这种方法只是在求通过该点的正截面上的应力[图 10-1（b）]。但是，通过同一点 $C$ 可以截取无数个斜截面，如图 10-1（a）中的 $n—n$、$o—o$ 横截面等。显然，在每一个斜截面上也存在着应力，且其应力的大小和方向会随横截面方位的不同而不同[图 10-1（c）（d）]。

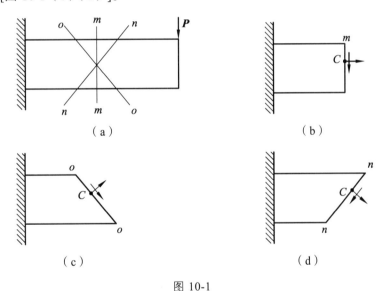

图 10-1

实践也证实了这一点。例如，图 10-2 所示的钢筋混凝土梁在破坏时，除了在跨中底部会发生竖向裂缝外，在其他部位还会发生斜向裂缝。又如，铸铁试件受压缩而破坏时（图 10-3），裂缝会发生在与杆轴约成 $\pi/4$ 角的方向。这些实例说明，杆件的破坏不一定都沿正截面方向，也有沿斜截面方向的。这也说明斜截面上有应力存在，有时可能还比较大，以致使该截面早通过该处的其他截面率先达到破坏强度。所以对杆件内某点的应力情况应有一个全面的了解，有必要研究所有斜截面上的应力。

定义：通过一个点的所有截面上的应力情况的集合，称为点的应力状态。

研究一点的应力状态时，往往取一个围绕该点大小为极限小的六面体——单元体来研究。这一无穷小的单元体就代表这一点。

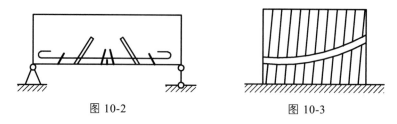

图 10-2  图 10-3

　　我们通过一些举例说明怎样从受力构件的某一指定截面上截取单元体并通过分析该单元体上的应力情况然后把这些应力表示出来。如图 10-4 所示的 $D$ 的点为受轴向拉力的某直杆上的一点。围绕该点以一对横截面和两对互相垂直的纵截面（无限接近于该点）截取出代表该点的单元体[图 10-4（b）]。可知在该拉杆任意横截面上其应力是均分布的且大小相等，其 $\sigma = F_N / A = P / A$。所有纵截面上无任何应力。

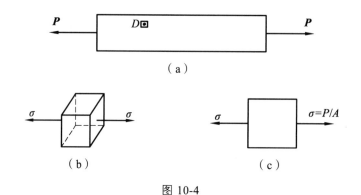

（a）

（b）  （c）

图 10-4

　　所以可进一步将其平面图表示为图 10-4（c）。如图 10-5（a）所示的储水容器、如图 10-6（a）所示的纯热构件和如图 10-7（a）所示的受均布荷载作用的简支梁，其相应的应力单元体和其平面图均可表达出来，如图 10-5（b）（c）、图 10-6（b）（c）、图 10-7（b）（c）所示。

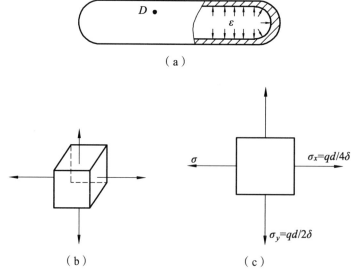

（a）

（b）  （c）

图 10-5

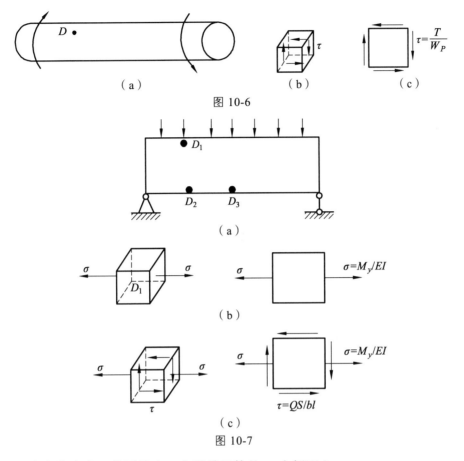

图 10-6

图 10-7

其上的应力状态有一共同特点，在微单元体的 6 个侧面上，仅在 4 个侧面上或两个侧面上作用有应力，且其作用线均平行于同一平面，这种微体的应力状态，称为平面应力状态。对于图 10-8，其全部应力不在同一平面内，称为空间应力状态。

由弹性理论可以证明，在从受力构件内某点处以不同方位截取的诸单元体中，总可以找到一个特殊单元体，其各个面上只有正应力而无剪应力。这种单元体称为主单元体。主单元体上的每一个侧面称为主平面（或简称主面）。主面每一点上都有三个主应力，一般以 $\sigma_1$、$\sigma_2$、$\sigma_3$ 表示（按代数值 $\sigma_1 \geqslant \sigma_2 \geqslant \sigma_3$）。若三个主应

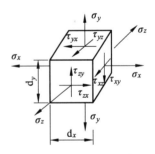

图 10-8　应力单元体

力均不为零，则称为三向应力状态；只有一个主应力为零，则称为二向（双向）应力状态或平面应力状态；只有一个应力不为零的，则称为单向应力状态。这三种情况如图 10-9 所示。

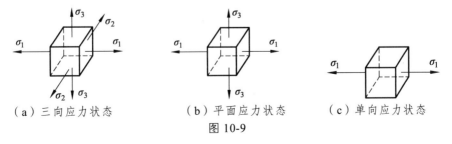

（a）三向应力状态　　　　（b）平面应力状态　　　　（c）单向应力状态

图 10-9

如图 10-4 所示属单向应力状态，如图 10-5 所示属双向应力状态。如图 10-6 所示属平面应力状态的一种特例，单元体的 4 个侧面上只有剪应力而无正应力。这种应力状态被称为纯剪切应力状态。

应该指出的是：在受力构件中取出的微单元体并非主单元体。如图 10-7（b）所示，在其表面上既有正应力又有剪应力，对于这种情况，要判断其属于单向应力状态还是双向应力状态，就必须求出其主应力后，再作结论。

这里应该说明的是，三向应力状态属空间应力状态，双向、单向包括纯剪切状态属平面应力状态。本章主要研究一点处的平面应力状态。

## 10.2 平面应力状态的应力分析

所谓平面应力状态的分析，是指在平面应力状态下，当一点处三个互相垂直平面上的应力均为已知时，通过一定的方法可确定通过该点其他截面上的应力，进而得到我们需要确定的主平面、主应力和最大剪应力。

### 10.2.1 应力状态分析——解析法

如图 10-10 所示为平面应力状态的一般形式。若其应力均为已知，现研究与坐标轴 $z$ 平行的任一斜截面 $ef$ 应力。

如图 10-11（a）所示，斜截面的方位以其外法线 $n$ 与 $x$ 轴的夹角 $\alpha$ 表示，该截面上的应力用 $\sigma_\alpha$ 与 $\tau_\alpha$ 表示。

规定 $\alpha$ 角从 $x$ 轴起逆时针转向外法线 $n$ 时为正，反之为负。

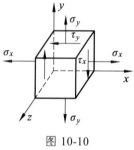

图 10-10

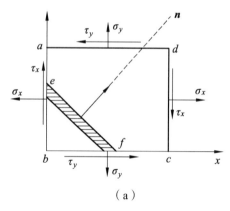

（a）　　　　　　　　　　　（b）

图 10-11

按照正应力、剪应力的符号规定，可知 $\sigma_x$、$\sigma_y$ 和 $\tau_x$ 均为正，而 $\tau_y$ 为负。

用截面法沿截面 $ef$ 把微单元体切开分成两部分，并取 $ebf$ 为研究对象。设 $ef$ 的面积为 $\mathrm{d}A$，则 $eb$ 和 $bf$ 的面积分别为 $\mathrm{d}A \cdot \cos\alpha$ 与 $\mathrm{d}A \cdot \sin\alpha$。其微体 $ebf$ 的受力情况如图 10-11（b）所示。将作用在微体上的力沿 $ef$ 面的外法线 $n$ 和切线 $t$ 方向上投影，可得出其两个方面的平衡方程式。

$$\sum F_n = 0:$$

$$\sigma_\alpha \mathrm{d}A + (\tau_x \mathrm{d}A \cos\alpha)\sin\alpha - (\sigma_x \mathrm{d}A \cos\alpha)\cos\alpha + (\tau_x \mathrm{d}A \sin\alpha)\cos\alpha - (\sigma_y \mathrm{d}A \sin\alpha)\sin\alpha = 0$$

$$\sum F_t = 0:$$

$$\tau_\alpha \mathrm{d}A - (\tau_x \mathrm{d}A \cos\alpha)\cos\alpha - (\sigma_x \mathrm{d}A \cos\alpha)\sin\alpha + (\tau_y \mathrm{d}A \sin\alpha)\sin\alpha - (\sigma_y \mathrm{d}A \sin\alpha)\cos\alpha = 0$$

根据剪应力互等定理可知 $\tau_x$ 与 $\tau_y$ 数值相等并结合三角学的知识简化上述两个方程得：

$$\sigma_\alpha = \frac{\sigma_x + \sigma_y}{2} + \frac{\sigma_x - \sigma_y}{2}\cos 2\alpha - \tau_x \sin 2\alpha \qquad (10\text{-}1)$$

$$\tau_\alpha = \frac{\sigma_x - \sigma_y}{2}\sin 2\alpha - \tau_x \cos 2\alpha \qquad (10\text{-}2)$$

这就是平面应力状态下任意斜截面上应力的解析式。

应该指出：式（10-1）和式（10-2）是根据静力平衡方程得出的。因此，它们既可用于线弹性问题，也可用于非线性或非弹性问题，既可用于各向同性情况，也可用于各向异性情况，即与材料的力学性能无关。

## 10.2.2　平面应力状态分析——图解法（应力图）

平面应力状态的应力分析，也可利用图解法进行，并且用图解法分析更加形象、直观、便于理解。

由式（10-1）和（10-2）可看出。任意斜截面上的正应力 $\sigma_\alpha$ 与剪切应力 $\tau_\alpha$ 均为 $\alpha$ 的函数。这就说明 $\sigma_\alpha$ 和 $\tau_\alpha$ 之间也存在着一定的函数关系。而上述二式其实为参数方程，消去 $\alpha$，即得：

$$\left(\sigma_\alpha - \frac{\sigma_x + \sigma_y}{2}\right)^2 + \tau_\alpha^2 = \left(\frac{\sigma_x - \sigma_y}{2}\right)^2 + \tau_x^2$$

可以看出当 $\sigma_x$、$\sigma_y$ 和 $\tau_x$ 均为已知时，$\sigma_\alpha$、$\tau_\alpha$ 在 $\sigma\text{-}\tau$ 直角坐标系中轨迹为圆。其圆心 $C$ 的坐标为 $\left(\dfrac{\sigma_x + \sigma_y}{2}, 0\right)$，半径为 $\sqrt{\left(\dfrac{\sigma_x - \sigma_y}{2}\right)^2 + \tau_x^2}$，如图 10-12 所示。而圆上任一点的纵、横坐标分别代表单元体上相应截面的剪切应力和正应力。此圆称为应力圆，它由德国科学家莫尔（C.O.Mohr）首先提出，故也称为莫尔圆。同时要注意应力圆圆周上的点与单元体的斜截面有着一一对应的关系。

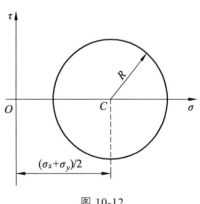

图 10-12

用图解法求解有关问题时，首先应作出应力圆。

作应力圆时，可先找出圆心，然后再求出半径，这样就可作出该应力圆。

我们一般采用的是不必先计算圆心坐标和圆的半径即可按下面步骤绘制应力圆。

如图 10-13 所示，设与 $x$ 面对应的点位于 $D(\sigma_x, \tau_x)$，与 $y$ 面对应的点位于 $E(\sigma_y, \tau_y)$，由于 $\tau_x = \tau_y$，所以 $\overline{DF} = \overline{EG}$。

那么连接 $D$、$E$ 两点的直线与 $\sigma$ 轴的交点的横坐标应力为 $(\sigma_x + \sigma_y)/2$，该交点即为应力圆的圆心 $C$ 点。这样就可以以 $C$ 为圆心、$CD$ 或 $CE$ 为半径作圆，作出的圆即为所求的应力圆。

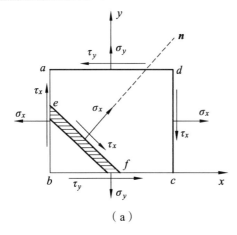 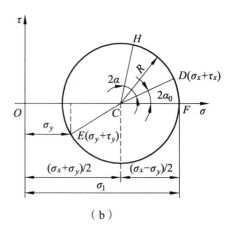

（a） （b）

图 10-13

应力圆作出之后，就可求出任一截面上的剪切应力和正应力。如欲求 $\alpha$ 截面的应力，则只需将半径 $CD$ 沿方位角 $\alpha$ 的转向旋转 $2\alpha$ 至 $CH$ 处。所得的 $H$ 点的纵、横坐标值，即分别代表该截面的切应力 $\tau_\alpha$ 与正应力 $\sigma_\alpha$。可说明如下：

设将 $\angle DCF$ 用 $2\alpha_0$ 表示，则：

$$\sigma_H = \overline{OC} + \overline{CH}\cos(2\alpha_0 + 2\alpha) = \overline{OC} + \overline{CD}\cos(2\alpha_0 + 2\alpha)$$
$$= \overline{OC} + \overline{CD}\cos 2\alpha_0 \cos 2\alpha - \overline{CD}\sin 2\alpha_0 \sin 2\alpha$$
$$= \frac{\sigma_x + \sigma_y}{2} + \frac{\sigma_x - \sigma_y}{2}\cos 2\alpha - \tau_x \sin 2\alpha = \sigma_\alpha$$

同理可证：

$$\tau_H = \tau_\alpha$$

从以上的证明可知，应力圆上的点与单元体上的面之间有以下对应关系：

（1）点面对应。应力圆圆周上一点的横、纵坐标，必对应于单元体上某一截面的正应力和剪应力，且成一一对应关系。

（2）转向一致，转角 2 倍。应力圆圆周上任意两点 $A_1$、$B_1$ 之间的圆弧所对的圆心角 $2\alpha$ 是单元体上两个相应截面 $A$ 与 $B$ 的外法线间的夹角度 $\alpha$ 的 2 倍，且两点间的走向与相应截面外法线间的转向相同。因此与两互相垂直截面相对应的点，必位于应力圆上同一直径的两端。

**例 10-1** 已知应力状态如图 10-14 所示，试用解析法计算截面 $m$—$m$ 上的正应力 $\sigma_m$ 与剪应力 $\tau_m$。

**解** 由图可知，$x$ 与 $y$ 截面的应力分别为 $\sigma_x = -100\ \text{MPa}$，$\tau_x = -60\ \text{MPa}$，$\sigma_y = 50\ \text{MPa}$。

截面 $m$—$m$ 的方位角则为 $\alpha = -30°$。

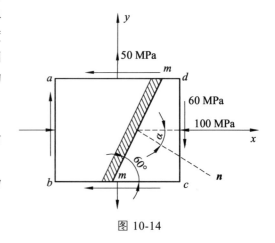

图 10-14

将上述数据代入式（10-1）和式（10-2）得：

$$\sigma_m = \frac{(-100+50)\,\text{MPa}}{2} + \frac{(-100-50)\,\text{MPa}}{2} \times \cos(-60°) - $$
$$(-60\,\text{MPa}) \times \sin(-60°) = -114.5\,\text{MPa}$$

$$\tau_m = \frac{(-100-50)\,\text{MPa}}{2}\sin(-60°) + (-60\,\text{MPa}) \times \cos(-60°) = 35.0\,\text{MPa}$$

**例 10-2** 图 10-15（a）所示单元体 $\sigma_x = 100\,\text{MPa}$，$\tau_x = -20\,\text{MPa}$，$\sigma_y = 30\,\text{MPa}$。试用图解法求 $\alpha = 40°$ 斜截面上和正应力和剪应力。

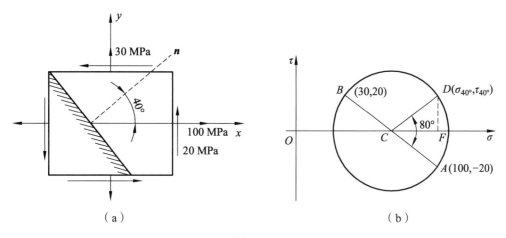

图 10-15

**解** 首先在 $\sigma\text{-}\tau$ 平面内，按选定的比例尺，由坐标（100、-20）与（30、20）分别确定 $A$ 与 $B$ 点。然后以 $AB$ 为直径画圆，即得相应的应力圆。

为了确定 $\sigma$ 截面上的应力，将半径 $CA$ 沿逆时针方向旋转 $2\alpha = 80°$ 至 $CD$ 处。所得 $D$ 点即为 $\alpha$ 截面的对应点。

按选定的比例尺量得 $\overline{OF} = 90\,\text{MPa}$，$\overline{FD} = 31\,\text{MPa}$ 由此得 $\alpha$ 截面的正应力与剪应力分别为 $\sigma_{40°} = 90\,\text{MPa}$，$\tau_{40°} = 31\,\text{MPa}$。

## 10.3 平面应力状态下的极值应力和主应力

我们利用所学的应力圆的有关知识，很容易地可求出极值应力和主应力。

### 10.3.1 极值应力

如图 10-16 所示平面应力状态下的应力圆，可以看出最大正应力、最小正应力分别为：

$$\sigma_{\max} = OA = \overline{OC} + \overline{CA} = \frac{\sigma_x + \sigma_y}{2} + \sqrt{\left(\frac{\sigma_x - \sigma_y}{2}\right)^2 + \tau_x^2} \tag{10-3}$$

$$\sigma_{\min} = OB = \overline{OC} - \overline{CA} = \frac{\sigma_x + \sigma_y}{2} - \sqrt{\left(\frac{\sigma_x - \sigma_y}{2}\right)^2 + \tau_x^2} \qquad (10\text{-}4)$$

其最大正应力所在截面的方位角为 $\alpha$。从应力圆中可以看出：

$$\tan 2\alpha_0 = -\frac{\overline{DF}}{\overline{CF}} = -\frac{\tau_x}{\dfrac{\sigma_x - \sigma_y}{2}} = -\frac{2\tau_x}{\sigma_x - \sigma_y} \qquad (10\text{-}5)$$

式中的负号是根据 $\alpha$ 角的正负规定，由 $x$ 面到 $\sigma_{\max}$ 面为顺时针方向转动了 $\alpha$，此角应为负值，所以应加负号。

$A$ 与 $B$ 点位于应力圆上同一直径的两端，故 $\sigma_{\max}$ 与 $\sigma_{\min}$ 所在截面互相垂直。所以正应力极值所在截面的方位如图 10-17 所示。

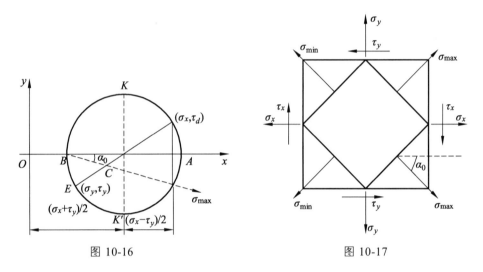

图 10-16 图 10-17

另外可根据图 10-16 所示应力圆可得到：

$$\tau_{\max} = \overline{CK} = \sqrt{\left(\frac{\sigma_x - \sigma_y}{2}\right)^2 + \tau_x^2}$$

$$\tau_{\min} = \overline{CK} = -\sqrt{\left(\frac{\sigma_x - \sigma_y}{2}\right)^2 + \tau_x^2}$$

其所在截面也相互垂直，并与正应力极值截面成 45°夹角。

### 10.3.2 主应力

由前可知，正应力为极值的截面剪应力为零。我们把剪应力为零的截面应力称为主应力，把剪应力为零的截面称为主平面。当然对于平面应力状态而言的微单元体，其前、后两面（不受力表面）的剪应力自然为零，因此也是主平面。由此三对互相垂直的主平面所构成单元体称为主平面单元体。

理所当然地，主平面上的正应力就应为主应力。通常按其代数值依次用 $\sigma_1$、$\sigma_2$、$\sigma_3$ 表示，所以 $\sigma_1 \geqslant \sigma_2 \geqslant \sigma_3$。

一种特殊平面应力状态——纯剪状态下的最大应力：

纯剪状态是一种特殊的且常见的一种应力状态[图 10-18（a）]。现在我们研究一下在平面应力状态下纯剪切的最大应力。其相应的应力圆如图 10-18（b）所示。单元体中 $x$ 截面与 $y$ 截面的应力状态分别对应于应力圆上的 $A$ 点和 $B$ 点。

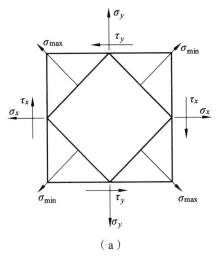

图 10-18

通过对应力圆进行分析，可以很清楚地得出：纯剪状态下最大拉应力为 $C$ 点的应力状态，

$$\sigma_{t,max} = \sigma_c = \tau$$

最大压应力为 $D$ 点的应力状态，

$$\sigma_{c,max} = |\sigma_D| = |\tau|$$

且分别位于 $\alpha = -45°$ 和 $\alpha = 45°$ 的截面上。

从应力圆的分析中还可得出：剪应力的极值在 $A$ 和 $B$ 点都应在纵、横截面上，且其极值的绝对值都等于 $\tau$，即：

$$\tau_{max} = -\tau_{min} = \tau$$

这就可以很好地解释在脆性材料中如混凝土端部出现约 45°的斜裂缝，龙口铸铁发生扭转破坏时会在与轴线方向约成 45°的螺旋向发生断裂，即分别与其最大拉应力有关。

**例 10-3**　已知某点的应力单元体如图 10-19 所示（应力单位为 MPa）。求其主应力和主平面位置。

**解**　将 $\sigma_x = -20 \text{ MPa}$，$\sigma_y = 30 \text{ MPa}$，$\tau_x = 20 \text{ MPa}$ 代入式（10-3）和式（10-4）得：

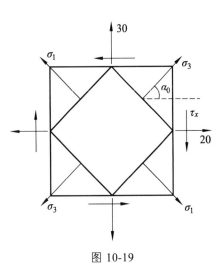

图 10-19

$$\left.\begin{array}{c}\sigma_{max}\\\sigma_{min}\end{array}\right\} = \frac{\sigma_x + \sigma_y}{2} \pm \sqrt{\left(\frac{\sigma_x - \sigma_y}{2}\right)^2 + \tau_x^2}$$

$$= \frac{-20 + 30}{2} \pm \sqrt{\left(\frac{-20 - 30}{2}\right)^2 + 20^2}$$

$$= \frac{37}{-27} \text{ MPa}$$

3 个主应力分别为 $\sigma_1 = 37 \text{ MPa}$ ，$\sigma_2 = 0$ ，$\sigma_3 = -27 \text{ MPa}$ 。

主平面方位角 $\alpha_0$ ，由公式（10-5）得：

$$\tan 2\alpha_0 = -\frac{2\tau_x}{\sigma_x - \sigma_y} = -\frac{2 \times 20}{-20 - 30} = 0.8$$

$$2\alpha_0 = 38.66°，\quad \alpha_0 = 19.33°$$

主应力如图 10-19 所示。

在这里特别要说明的是：在求平面应力状态下的主应力时，应该有 3 个主应力。其中有一个主应力是主应力单元体没有受力的正面和背面的主应力，该主应力为零。

**例 10-4** 试用图解法（应力圆）求解例 10-3。

**解** 建立 $\sigma$-$\tau$ 直角坐标系，如图 10-20 所示。由单元体 $x$、$y$ 面上的应力在坐标中确定 $D_x$（ $-20$，$20$），$D_y$（ $30$，$-20$）两点（图 10-20）。连接 $D_x D_y$ 与 $\sigma$ 轴交于 $O$，即为应力圆的圆心。以线段 $D_x D_y$ 为直径，作应力圆如图 10-20 所示，应力圆与 $\sigma$ 轴的两个交点坐标为两个主应力。第三个主应力为零。比较后得：$\sigma_1 = 37 \text{ MPa}$ ，$\sigma_2 = 0$ ，$\sigma_3 = -27 \text{ MPa}$ 。

讨论：此应力单元体的最大切应力值及其截面位置可以方便地由图 10-20 确定。建议读者以此作为练习，并与解析法比较。

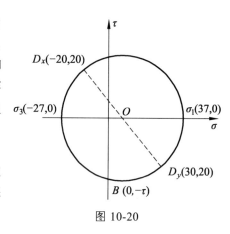

图 10-20

## 10.4 广义胡克定律

广义胡克定律研究的是各向同性材料在弹性范围内在复杂应力状态下的应力应变关系。

先研究在单向应力状态下应力应变的关系（图 10-21），得：

$$\varepsilon_1' = \frac{\sigma_1}{E} \tag{10-6}$$

这样就得到了单向应力状态下的胡克定律。

其中：$\varepsilon_1'$ 表示的是沿 $\sigma_1$ 方向的应变；$E$ 是弹性模量。

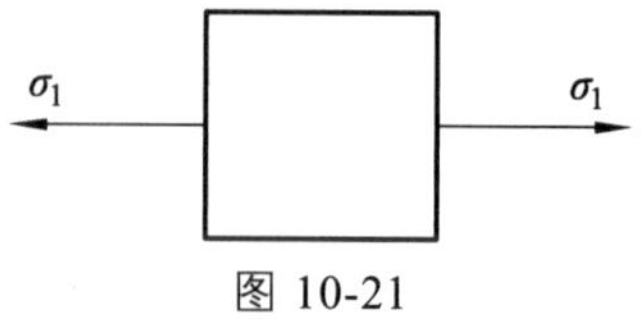

相应的垂直于 $\sigma_1$ 应力方向的应变为：

图 10-21

$$\varepsilon_3'' = -\mu\varepsilon_1' = -\mu\frac{\sigma_1}{E} \tag{10-7}$$

其中：$\mu$ 称为横向变形系数，亦称为泊松比。式中的负号表示其变形与 $\sigma_1$ 方向的变形相反。

同理对图 10-22，参照式（1）（2）得到：

$$\varepsilon_3' = \frac{\sigma_3}{E} \tag{10-8}$$

$$\varepsilon_1'' = -\mu\varepsilon_3' = -\mu\frac{\sigma_3}{E} \tag{10-9}$$

双向应力状态（图 10-23）可以看成是图 10-21 和图 10-22 两者的叠加。这样只要将图 10-21 和图 10-22 两者结果叠加，就可得到：

$$\left.\begin{aligned}\varepsilon_1 &= \varepsilon_1' + \varepsilon_1'' = \frac{\sigma_1}{E} - \mu\frac{\sigma_3}{E} \\ \varepsilon_3 &= \varepsilon_3' + \varepsilon_3'' = \frac{\sigma_3}{E} - \mu\frac{\sigma_1}{E}\end{aligned}\right\} \tag{10-10}$$

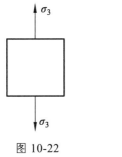

图 10-22

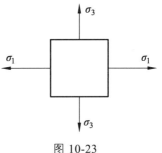

图 10-23

这就是双向应力状态下的胡克定律。

同理应用叠加原理对图 10-24 所示三向应力状态可得到其胡克定律为：

$$\left.\begin{aligned}\varepsilon_1 &= \frac{\sigma_1}{E} - \mu\frac{\sigma_2}{E} - \mu\frac{\sigma_3}{E} \\ \varepsilon_2 &= \frac{\sigma_2}{E} - \mu\frac{\sigma_1}{E} - \mu\frac{\sigma_3}{E} \\ \varepsilon_3 &= \frac{\sigma_3}{E} - \mu\frac{\sigma_1}{E} - \mu\frac{\sigma_2}{E}\end{aligned}\right\} \tag{10-11}$$

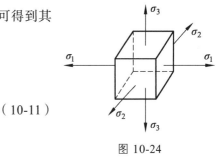

图 10-24

此式也称为广义的胡克定律。

要注意：（1）式中的主应力 $\sigma_1$、$\sigma_2$、$\sigma_3$ 为代数值，其主应变也为代数值。若为正，表示为拉应变，其结果为伸长；若为负，表示缩短。

（2）$\varepsilon_1 \geqslant \varepsilon_2 \geqslant \varepsilon_3$，最大应变沿 $\sigma_1$ 方向。

（3）当单元体上各面的应力状态不是以主应力的形式出现，而是既有正应力又有剪应力时，如图 10-25（a）所示，对于小变形各向同性材料，我们认为剪应力引起的剪应变、正应力引起的正应变，两者之间的影响是可以忽略不计的，或者认为两者之间无相关性。按照这样的思路，可把平面应力状态分解为纯剪状态和二向应力状态的叠加，如图 10-25（b）（c）所示。

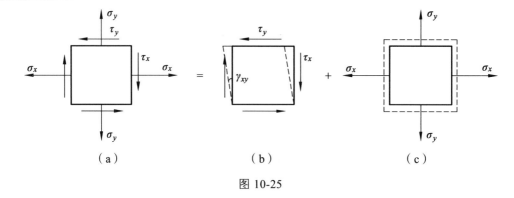

（a）                    （b）                    （c）

图 10-25

因此可以得出：

$$\left.\begin{array}{l} \varepsilon_x = \dfrac{1}{E}(\sigma_x - \mu\sigma_y) \\[2mm] \varepsilon_y = \dfrac{1}{E}(\sigma_y - \mu\sigma_x) \\[2mm] \gamma_{xy} = \dfrac{\tau_x}{G} \end{array}\right\} \qquad (10\text{-}12)$$

当然对于空间应力状态（图 10-26），也可将其分解为空间纯剪状态和三向应力状态的组合。同理可写出：

$$\left.\begin{array}{l} \varepsilon_x = \dfrac{1}{E}[\sigma_x - \mu(\sigma_y + \sigma_z)] \\[2mm] \varepsilon_y = \dfrac{1}{E}[\sigma_y - \mu(\sigma_z + \sigma_x)] \\[2mm] \varepsilon_z = \dfrac{1}{E}[\sigma_z - \mu(\sigma_x + \sigma_y)] \\[2mm] \gamma_{xy} = \dfrac{\tau_{xy}}{G} \\[2mm] \gamma_{yz} = \dfrac{\tau_{yz}}{G} \\[2mm] \gamma_{zx} = \dfrac{\tau_{zx}}{G} \end{array}\right\} \qquad (10\text{-}13)$$

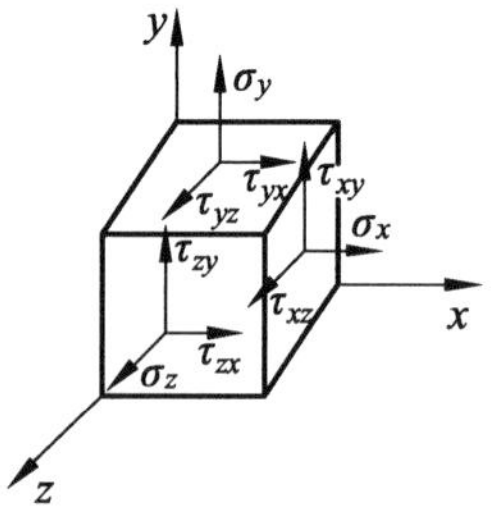

图 10-26

我们称式（10-12）、式（10-13）为广义胡克定律的一般表达式。

（4）只有当材料为各向同性，且处于线弹性范围之内时，上述定律才成立。

## 10.5　强度理论

实际上在前面我们已经建立了一些强度条件，如构件在轴向拉伸和压缩时，其危险点的强度条件为：

$$\sigma_{\max} \leqslant [\sigma] \text{ 且 } [\sigma] = \sigma^0$$

其中： $\sigma^0$ 为材料破坏时的极限应力。其取值为：当材料为塑性材料时，以 $\sigma_s$ （屈服强度）或者 $\sigma_{0.2}$ 作为极限应力；当为脆性材料时，取极限强度 $\sigma_b$ 为极限应力，$n$ 为安全系数。

又如圆截面杆纯扭时，其强度条件为：

$$\tau_{max} = \frac{M}{W_t} \leqslant [\tau] \text{ 且 } [\tau] = \frac{\tau^0}{n}$$

$\tau^0$ 的取值方法同上。

其强度条件之所以这样建立，一方面是因为构件内的应力状态比较简单且容易建立；另一方面是因为在实际测定中，其危险应力的确定是较容易实现且是切实可行的。

但在实际工程中，有许多构件是处于复杂应力状态的，应力与应力之间的相互组合不同会使得构件中破坏时的极限应力不同，且应力与应力有无穷多种，其极限应力就会有无穷多个。若通过试验来测定其极限应力，显然是做不到的。

通过长期的观察和研究，现在我们认为构件破坏时的形式，可以归纳为两种：一种是脆性断裂，如铸铁试件在拉伸时的破坏；另一种是塑性屈服，这类构件通过产生显著的塑性流幅而使构件丧失正常的承载能力，如低碳钢在拉伸时的破坏。

但在实际工程中很难判断构件的破坏属于哪一类。材料属于哪类破坏，除了与自身和材性因素有关外，还和构件所处的荷载状态有关。如低碳钢处于单向应力情况时会发生塑性破坏，若处于二向或三向拉应力情况下，则有时会发生脆性破坏；又如由 Q235 钢焊接而成的 T 型钢，由于残余应力而形成三向受拉的状况而易发生脆性破坏。那么如何判断构件究竟出现何种破坏形式以及引起破坏的主要原因是什么？许多学者经过实践、分析提出了各种不同的观点和假说，认为材料之所以按某种方式破坏，是危险点处的拉应力、拉应变或变形比能等因素中的某一因素引起的。按照这类假说，不论是简单应力状态还是复杂应力状态，引起破坏的因素是相同的，从而可以利用简单应力状态下的试验结果，建立复杂应力状态下危险点的强度理论。这些假说我们称之为强度理论。强度理论的建立，需要由实践来证实。事实上，也正是在反复实践的基础上，强度理论才得以发展和日趋完善。

下面介绍常用的四种强度理论及相应的强度条件

## 10.5.1  最大拉伸应力理论（第一强度理论）

这一理论认为：不论材料处于何种应力状态，只要最大拉应力 $\sigma_1$ 达到该材料在单向拉伸时最大拉应力的危险值 $\sigma_b$，材料就会发生断裂破坏，于是其强度条件可表示为：

$$\sigma_1 \leqslant [\sigma]$$

式中： $\sigma_1$——材料在任何应力状态下的最大拉应力；

[σ]——材料受单向拉伸时的容许应力。

实践证明，该理论对某些脆性材料如砖石、玻璃、铸铁等脆性材料的破坏现象能较好地解释，但对塑性材料受拉时不符合。因此，该理论目前多用于脆性材料受拉应力作用的情况。

## 10.5.2  最大拉伸应变理论（第二强度理论）

该理论认为：不论材料处于何种应力状态，只有其最大拉应变 $\varepsilon_1$ 达到材料单向拉伸时最大拉应变的危险值 $\varepsilon_1^0$，材料就会发生脆性断裂破坏。

该理论只能对少数脆性材料在某些特殊受力状态下的破坏形式作较好的解释，但目前在工程中已很少采用。基于此，本书不作详细介绍。

### 10.5.3　最大剪应力理论（第三强度理论）

这一理论认为：引起材料塑性破坏的主要因素是最大剪应力。即不论材料处于何种应力状态，其最大剪应力达到该材料单向拉伸或压缩时的最大剪应力的危险值 $\tau^0$，材料就会发生塑性屈服破坏。于是其强度条件为：

$$\tau_{max} \leqslant [\tau]$$

式中：$\tau_{max}$——材料在任何应力状态下的最大剪应力。

在单向拉伸时，当横截面上的正应力达到屈服强度 $\sigma_s$ 时，沿 45° 斜截面上的最大剪应力 $\tau_{max} = \dfrac{\sigma_s}{2}$。$\sigma_s$ 除以安全系数 $n$，就可得到 $[\sigma]$。所以可得：

$$[\tau] = \frac{[\sigma]}{2}$$

在复杂应力状态下：

$$\tau_{max} = \frac{\sigma_1 - \sigma_3}{2}$$

根据该理论 $\tau_{max} \leqslant [\tau]$，可得到：

$$\sigma_1 - \sigma_2 \leqslant [\sigma]$$

该式的左边部分反映了主应力的综合值，可用相当应力或折算应力 $\sigma_{3d}$ 表示，即：

$$\sigma_{3d} = \sigma_1 - \sigma_3 \leqslant [\sigma]$$

$\sigma_{3d}$ 中的 3 代表第三强度理论。

该理论能较好地解释塑性材料的屈服现象。在实际工程中，许多塑性材料达到屈服时，通常均是由剪应力引起的。在钢结构中应用此理论很广泛。但该理论的不足之处是没有考虑 $\sigma_2$ 的影响。

### 10.5.4　畸变能理论（第四强度理论）

这一理论认为：不论材料处于何种应力状态，只要形状改变比能达到材料单向拉伸或压缩时形状改变比能的极限值，材料就会发生塑性屈服破坏。

其强度条件（推导从略）为：

$$\sqrt{\sigma_1^2 + \sigma_2^2 + \sigma_3^2 - \sigma_1\sigma_2 - \sigma_2\sigma_3 - \sigma_1\sigma_3} \leqslant [\sigma]$$

若为平面应力状态，上式中令 $\sigma_2 = 0$，可得：

$$\sqrt{\sigma_1^2 + \sigma_3^2 - \sigma_1\sigma_3} \leqslant [\sigma]$$

和第三强度理论一样。可令：

$$\sigma_{4d} = \sqrt{\sigma_1^2 + \sigma_2^2 - \sigma_1\sigma_3}$$

得到：$\sigma_{4d} \leqslant [\sigma]$

试验证明：对于塑性材料，该理论比第三强度理论更符合试验结果，在钢结构中得到了很好的使用。

同时要注意：前面介绍的 4 种强度理论（除第二强度理论的表达式没有写出来外），其 $[\sigma]$ 均为材料单向拉伸或压缩时的容许应力。在一般情况下，脆性材料通常发生脆性破坏，宜采用第一或第二强度理论；塑性材料通常发生塑性屈服破坏，宜采用第三或第四强度理论。但应该指出的是：在实际工程运用中，究竟应采用何种强度理论，应综合考虑各种因素加以确定。如塑性材料在接近于三向受拉的情况下，会发生脆性断裂破坏，其强度理论应采用第一强度理论。

**例 10–5**　如图 10-27（a）所示，一焊接工字钢梁[图 10-27（b）]，已知 $P = 750$ kN，$L = 4.2$ m，$b = 22$ cm，$h_1 = 80$ cm，$t = 2.2$ cm，$d = 1$ cm，$[\sigma] = 16.9 \times 10^4$ kPa。试按第三强度理论检验翼缘与腹板连接处 $C$ 点的强度。

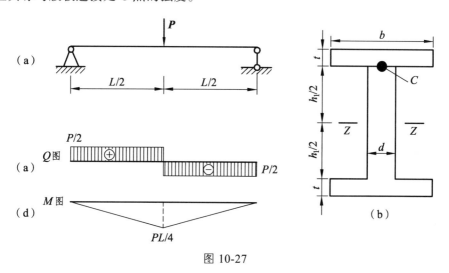

图 10-27

**解**　（1）确定梁的危险截面。作剪力图和弯矩图，如图 10-27（c）、（d）所示。从图上可知危险截面在跨中，最大弯矩 $M_{max}$ 和最大剪力 $Q_{max}$ 分别为：

$$M_{max} = \frac{Pl}{4} = \frac{1}{4} \times 750 \times 4.2 = 788 \text{ kN·m}$$

$$Q_{max} = \frac{P}{2} = \frac{1}{2} \times 750 = 375 \text{ kN}$$

（2）求 $C$ 点在横截面上的正应力 $\sigma_C$ 和剪应力 $\tau_C$。根据公式

$$\sigma_C = \frac{M}{J_z} \cdot y_C, \quad \tau_C = \frac{QS_C}{J_z d}$$

式中：
$$J_z = 2\left[bt\left(\frac{h_1}{2}+\frac{t}{2}\right)^2\right]+\frac{1}{12}dh_1^3 = 206\,200\ \text{cm}^4$$

$$S_C = bt\left(\frac{h_1}{2}+\frac{t}{2}\right) = 1\,990\ \text{cm}^3$$

$$y_C = \frac{h_1}{2} = 40\ \text{cm}\,,\quad d = 1\ \text{cm}$$

可得：

$$\sigma_C = 15.3\times10^4\ \text{kPa}$$

$$\tau_C = 3.60\times10^4\ \text{kPa}$$

（3）求 C 点的主应力。

$$\left.\begin{array}{c}\sigma_1\\\sigma_2\end{array}\right\} = \frac{\sigma_x}{2}\pm\sqrt{\left(\frac{\sigma_x}{2}\right)^2+\tau_x^2} = \begin{cases}16.1\times10^4\ \text{kPa}\\-0.8\times10^4\ \text{kPa}\end{cases}$$

（4）作强度校核。将求得的 $\sigma_1$、$\sigma_3$ 值代入第三强度理论：

$$\sigma_{3d} = \sigma_1 - \sigma_3 = 16.1\times10^4 - (-0.8\times10^4) = 16.9\times10^4\ \text{kPa} < [\sigma]$$

所以安全。

# 思 考 题

10-1　何谓一点处的应力状态？何谓平面应力状态？

10-2　何谓主平面？何谓主应力？如何确定主应力的大小与方位？

10-3　何谓单向、二向与三向应力状态？何谓复杂应力状态？二向应力状态与平面应力状态的含义是否相同？

10-4　何谓广义胡克定律？其应用条件是什么？

10-5　何谓强度理论？在静荷载与常温条件下，材料的破坏或失效主要有几种形式？

10-6　目前 4 种常用强度理论的基本观点是什么？如何建立相应的强度条件？各适用于何种情况？

10-7　强度理论是否只适用于复杂应力状态，不适用于单向应力状态？

10-8　当圆轴处于弯扭组合及弯拉（压）扭组合变形时，横截面存在哪些内力？应力如何分布？危险点处于何种应力状态？如何根据强度理论建立相应的强度条件？

# 习 题

10-1　如图所示一单向应力状态，已知 $\sigma_x = 2.5\times10^4\ \text{kPa}$。

试求：

（1）$\alpha = \dfrac{\pi}{3}$ 角斜面上的正应力和剪应力值。

（2）$\alpha = \dfrac{\pi}{3} + \dfrac{\pi}{2}$ 角斜面上的正应力和剪应力值。

（3）分析上两项结果之间的关系。

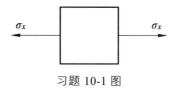

习题 10-1 图

10-2　已知某点的应力单元体如图所示（应力单位为 MPa），试求图中指定截面上的应力，并求出单元体的主应力和主平面位置以及主剪应力值。

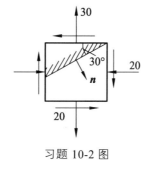

习题 10-2 图

10-3　如图所示两块钢板由斜焊缝焊接（对接）。焊缝材料的容许应力为 $[\sigma_t^h] = 14.5 \times 10^4 \ \text{kPa}$，$[\tau^h] = 10 \times 10^4 \ \text{kPa}$，板宽 $b = 20 \ \text{cm}$，板厚 $\delta = 1 \ \text{cm}$，焊缝斜角 $\theta = \pi / b$。试求此焊缝所容许的最大拉力 $[P]$ 值。

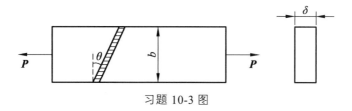

习题 10-3 图

10-4　如图所示一悬臂梁，已知 $P = 40 \ \text{kN}$，$L = 50 \ \text{cm}$。试求支座截面上 $A$、$B$、$C$ 三点的主剪应力值及其作用的方位。

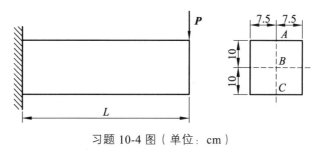

习题 10-4 图（单位：cm）

189

10-5 如图所示一简支梁，截面为矩形。已知：$P = 200\ \text{kN}$，$L = 4\ \text{m}$。

试求：

（1）在梁的危险截面上 $a$、$b$、$c$、$d$、$e$ 5 个点的主应力值及其作用面的方位（绘出单元体图）。

（2）该 5 个点的主剪应力值。

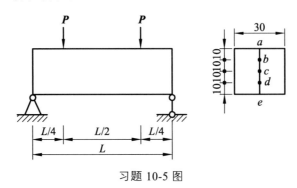

习题 10-5 图

10-6 如图所示一简支工字组合梁，由钢板焊成。已知：$P = 500\ \text{kN}$，$L = 4\ \text{m}$。

试求：

（1）在危险截面上位于翼缘与腹板交界处的 $A$、$B$ 两点的主应力值，并指出它们的作用面的方位。

（2）根据第三、第四强度理论，求出相当应力值。

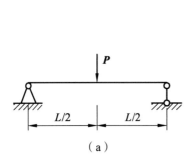

（a）

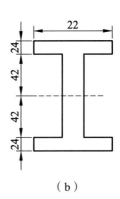

（b）

习题 10-6 图

# 第 11 章　组合变形及连接部分计算

## 11.1　组合变形和连接概述

前面几章分别讨论了杆件在单一基本变形条件下的强度与刚度计算问题。但在实际工程中，许多构件在荷载作用下常常发生两种或两种以上的基本变形。若其中有一种变形是主要的，其余变形很小，则构件可按主要的基本变形进行计算。若几种变形所对应的应力（或应变）权重基本相等，则构件的变形称为组合变形。例如：图 11-1（a）所示的烟囱，除因自重所引起的轴向压缩变形外，还有因水平风力作用而产生的弯曲变形；图 11-1（b）所示的卷扬机机轴同时有弯曲和扭转变形；图 11-1（c）所示厂房中柱子同时发生轴向变形和弯曲变形。

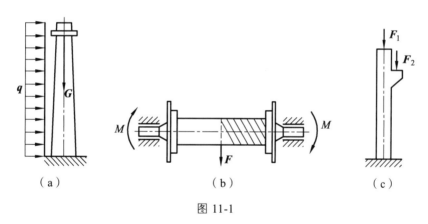

图 11-1

对发生组合变形的构件，在线弹性范围内、小变形条件下，可先将荷载进行简化或分解，使简化后的静力等效荷载各自只引起一种简单变形，分别计算构件在每一种基本变形下的内力、应力或变形；然后进行叠加，以确定构件的危险截面、危险点的位置及危险点的应力状态，并据此进行强度计算。

若发生组合变形的构件，超出了线弹性范围，或虽在线弹性范围内但变形较大，则不能简化为几种简单变形进行叠加，必须考虑各基本变形之间的相互影响。对此类问题，本章不作介绍。

另外，在工程实际中，经常需要将构件相互连接。例如钢屋架结点处的螺栓或铆钉的连接[图 11-2（a）]、机械中的轴与齿轮间的键连接[图 11-2（b）]等。螺栓、铆钉、键等起连接作用的部件，统称为连接件。连接件的变形往往比较复杂，而且尺寸较小。在实际工程设计时，通常按连接破坏的可能性，采用既能反映受力的基本特征，又能简化计算的假设，计算其名义应力，以此来进行强度计算。这种方法称为工程实用计算法。

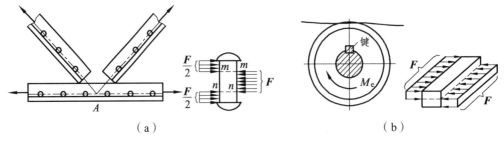

图 11-2

## 11.2 两相互垂直平面内的弯曲——斜弯曲

对于横截面具有对称轴的梁，当所有外力或外力偶作用在梁的纵向对称面内时，梁变形后的轴线是一条位于外力所在平面内的平面曲线，因而称之为平面弯曲。当外力不作用在纵向对称面内时，梁的挠曲线并不在梁的纵向对称面内，这种弯曲称为斜弯曲。

现以矩形截面悬臂梁为例（图 11-3）。矩形截面上的 y 轴、z 轴为主形心惯性轴。设在梁的自由端受一集中力 $F_P$，其作用线垂直于梁轴线，且与纵向对称轴成一夹角 $\varphi$，当梁发生斜弯曲时，求梁中距固定端为 x 的任一截面 m—n 上，点 k(y,z) 处的应力。

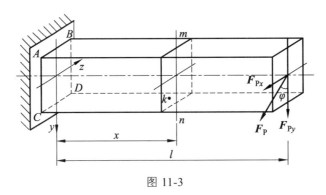

图 11-3

1. 内力分析

首先将外力分解为沿截面形心主轴的两个分力：

$$F_{Py} = F_p \cos\varphi, \quad F_{Pz} = F_p \sin\varphi$$

其中，$F_{Py}$ 使梁在 xy 平面内发生平面弯曲，中性轴为 z 轴，内力弯矩用 $M_z$ 表示；$F_{Pz}$ 使梁在 xz 平面内发生平面弯曲，中性轴为 y 轴，内力弯矩用 $M_y$ 表示。在应力计算时，因为梁的强度主要由正应力控制，所以通常只考虑弯矩引起的正应力，而不计切应力。

任意横截面 m—n 上的内力为：

$$M_z = F_{Py}(l-x) = F_p(l-x)\cos\varphi = M\cos\varphi$$

$$M_y = F_{Pz}(l-x) = F_p(l-x)\sin\varphi = M\sin\varphi$$

式中：$M = F_p(l-x)$ 是横截面上的总弯矩。

$$M = \sqrt{M_z^2 + M_y^2} \qquad\qquad (11-1)$$

2. 应力分析

横截面 $m—n$ 上第二象限内任一点 $k(y,z)$ 处，对应于 $M_z$、$M_y$ 引起的正应力分别为：

$$\sigma' = -\frac{M_z}{I_z}y = -\frac{M\cos\varphi}{I_z}y$$

$$\sigma'' = -\frac{M_y}{I_y}z = -\frac{M\sin\varphi}{I_y}z$$

因为 $\sigma'$ 和 $\sigma''$ 都垂直于横截面，所以 $k$ 点的正应力为：

$$\sigma = \sigma' + \sigma'' = -M\left(\frac{\cos\varphi}{I_z}y + \frac{\sin\varphi}{I_y}z\right) \tag{11-2}$$

注：求横截面上任一点的正应力时，只需将此点的坐标（含符号）代入式（11-2）即可。

3. 中性轴的确定

设中性轴上各点的坐标为（$y_0,z_0$），因为中性轴上各点的正应力等于零，于是有：

$$\sigma = -M\left(\frac{\cos\varphi}{I_z}y_0 + \frac{\sin\varphi}{I_y}z_0\right) = 0$$

即
$$\frac{\cos\varphi}{I_z}y_0 + \frac{\sin\varphi}{I_y}z_0 = 0 \tag{11-3}$$

此即为中性轴方程，可见中性轴是一条通过截面形心的直线。设中性轴与 $a, b$ 轴夹角为 $a, b$，如图 11-4 所示，则：

$$\tan\alpha = \left|\frac{y_0}{z_0}\right| = \frac{I_z}{I_y}\tan\varphi \tag{11-4}$$

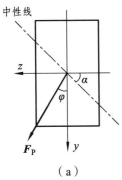 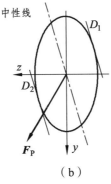 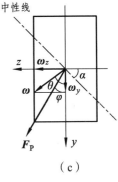

（a）　　　　　（b）　　　　　（c）

图 11-4

式（11-4）表明：① 中性轴的位置只与 $\varphi$ 和截面的形状、大小有关，而与外力的大小无关；② 一般情况下，$I_y \neq I_z$，则 $\alpha \neq \varphi$，即中性轴不与外力作用平面垂直；③ 对于圆形和正多边形，通过形心的轴都是形心主轴，$I_y = I_z$，则 $\alpha = \varphi$，此时梁不会发生斜弯曲。

4. 强度计算

$$\sigma_{\max} = \frac{M_{z,\max}}{W_z} + \frac{M_{y,\max}}{W_y} = \frac{M_{z,\max}}{I_z} y + \frac{M_{y,\max}}{I_y} z \leqslant [\sigma] \tag{11-5}$$

对于周边有棱角的截面,危险点发生在弯矩最大截面上距中性轴最远的棱角地方。

对于周边无棱角的截面,可作两条与中性轴平行的直线与横截面的周边相切,两切点 $D_1$ 和 $D_2$ 即为横截面上最大拉应力和最大压应力所在的危险点[图 11-4(b)],将两点的坐标代入公式(11-2),就可得到横截面上的最大拉、压应力。

## 11.3 拉伸或压缩与弯曲的组合

### 11.3.1 横向力与轴向力共同作用

等直杆受横向力与轴向力共同作用时,杆件将发生弯曲与拉伸(压缩)组合变形。图 11-1(a)所示的烟囱就是压缩与弯曲的组合变形。对弯曲刚度 $EI$ 较大的杆件,由于横向力引起的挠度与横截面的尺寸相比很小,因此,由轴向力引起的弯矩可忽略不计。可分别计算拉伸(压缩)压缩正应力和弯曲正应力,按叠加原理求得在弯曲与拉伸(压缩)组合变形下,杆件横截面上的正应力。

图 11-5(a)表示简支梁的计算简图,在其纵对称面内有横向力 $F$ 和轴向力 $F_t$ 共同作用,以此说明杆件在拉伸与弯曲组合变形时的强度计算。

1. 内力计算

在轴向力作用下,杆件各截面上有相同的轴力,$F_N = F_t$;横向力作用下,杆件跨中截面上有最大弯矩,$M_{\max} = \dfrac{1}{4} Fl$。

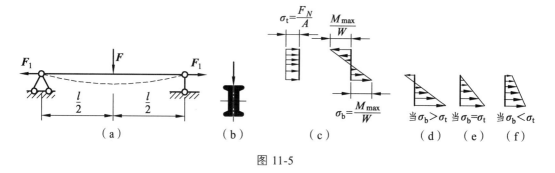

图 11-5

2. 应力计算

与轴力对应的拉伸正应力 $\sigma_t$ 在截面各点处处均相等,其值为:

$$\sigma_t = \frac{F_N}{A} = \frac{F_t}{A}$$

与弯矩对应的最大弯曲正应力 $\sigma_b$,在该截面的上、下边缘处,其绝对值为:

$$\sigma_b = \frac{M_{\max}}{W} = \frac{Fl}{4W}$$

危险截面上与 $F_N$ ， $M_{max}$ 对应的正应力沿截面高度变化的情况分别如图 11-5（b）（c）所示，进行叠加后，正应力沿截面高度的变化情况如图 11-5（d）（e）（f）所示。显然，杆件的最大正应力是危险截面下边缘处的拉应力，其值为：

$$\sigma_t = \frac{F_t}{A} = \frac{Fl}{4W}$$

3. 强度条件

$$\sigma_t = \frac{F_t}{A} = \frac{Fl}{4W}$$

注：当材料的许用拉应力和许用压应力不相等时，杆件的最大拉应力和最大压应力必须分别满足杆件的拉、压强度条件。

一般应力公式：

$$\sigma_x = \pm \frac{F_N}{A} \pm \frac{M_y}{I_y} z \pm \frac{M_z}{I_z} y \tag{11-6}$$

一般强度条件公式：

$$\sigma_{max} = \frac{F_{N,max}}{A} + \frac{M_{y,max}}{W_y} + \frac{M_{z,max}}{W_z} \leqslant [\sigma] \tag{11-7}$$

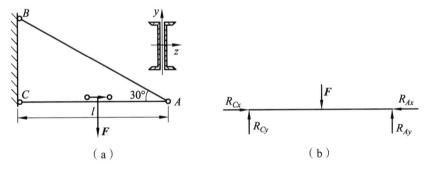

图 11-6

**例 11-1**　如图 11-6（a）所示起重架的最大起吊重量（包括行走小车等）为 $F = 40$ kN，横梁（ $l = 3.5$ m）由两根 No.18b 槽钢组成，材料为 Q235 钢，许用应力 $[\sigma] = 120$ MPa。试校核横梁的强度。

**解**　横梁受压弯组合变形。小车位于跨中时，横梁最危险，危险截面在横梁中间。

（1）求支反力及内力。

受力简图如图 11-6（b）所示。

支反力，由平衡方程得：

$$R_{Ay} = R_{Cy} = \frac{F}{2} = 20 \text{ kN}$$

$$R_{Ax} = R_{Cx} = \frac{R_{Ay}}{\tan 30°} = \frac{20}{0.577} = 34.6 \text{ kN}$$

内力：轴向压力为 $N = R_{Cx} = 34.6 \text{ kN}$

最大弯矩为 $M_{\max} = \dfrac{Fl}{4} = \dfrac{40 \times 3.5}{4} = 35 \text{ kN} \cdot \text{m}$

（2）查 No.18b 槽钢数据，得截面的几何性质：

$$A = 29.30 \text{ cm}^2, \quad W_z = 152.20 \text{ cm}^3$$

（3）强度校核

$$\sigma_{\text{t}} = \frac{N}{2A} + \frac{M_{\max}}{2W_z} = \frac{34.6 \times 10^3}{2 \times 29.29 \times 10^{-4}} + \frac{35 \times 10^3}{2 \times 152.2 \times 10^{-6}} = 121 \text{ MPa} \geqslant [\sigma] = 120 \text{ MPa}$$

（不满足强度要求）

### 11.3.2　偏心拉伸（压缩）

当作用在杆件上的轴向力作用线与杆件的轴线平行但不重合时，称为偏心拉伸（压缩），此时杆件受拉伸（压缩）和弯曲的组合。如图 11-1（c）所示厂房中柱子即发生偏心压缩。

如图 11-7（a）所示横截面具有两对称轴的等直杆承受距截面形心为 $e$ 的偏心拉力，下面以此为例，说明偏心拉伸（压缩）杆件的强度计算。

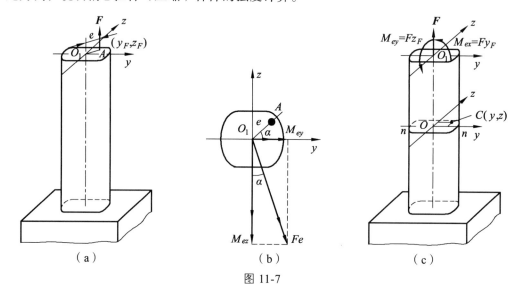

图 11-7

先将作用在杆端的偏心拉力 $F$ 用静力等效力系来代替，得到轴向拉力 $F$ 和力偶矩 $Fe$ [图 11-7（b）]。再将力偶矩 $Fe$ 分解为 $M_{ey}$ 和 $M_{ez}$：

$$M_{ey} = Fe\sin\alpha = Fz_F$$
$$M_{ez} = Fe\cos\alpha = Fy_F$$

式中：坐标轴 $y$、$z$ 为截面的两条对称轴；$z_F$，$y_F$ 为偏心拉力 $F$ 作用点（$A$点）的坐标。于是，得到一个包含轴向拉力和两个在纵对称面的力偶[图 11-7（c）]。当杆件的弯曲刚度较大时，同样可按叠加原理求解。

上述力系作用下任一截面 $n$—$n$[图 11-7（c）]上任一点 $C(y,z)$ 处，对应于轴力 $F_N = F$ 和两个弯矩 $M_y = M_{ey} = Fz_F$，$M_z = M_{ez} = Fy_F$ 的正应力分别为：

$$\sigma' = \frac{F_N}{A} = \frac{F}{A}$$

$$\sigma'' = \frac{M_y z}{I_y} = \frac{F z_F z}{I_y} \ , \quad \sigma''' = \frac{M_z y}{I_z} = \frac{F y_F y}{I_z}$$

由于 $A$ 点与 $C$ 点均在同一象限内，由叠加原理，求得 $C$ 点处的正应力为：

$$\sigma = \frac{F}{A} + \frac{F z_F z}{I_y} + \frac{F y_F y}{I_z}$$

式中：$A$ 为横截面面积；$I_y$ 和 $I_z$ 分别为横截面对 $y$ 轴和 $z$ 轴的惯性矩。将惯性矩与惯性半径的关系 $I_y = A i_y^2$，$I_z = A i_z^2$ 代入上式得：

$$\sigma = \frac{F}{A}\left(1 + \frac{z_F z}{i_y^2} + \frac{y_F y}{i_z^2}\right) \tag{11-8}$$

此式表明正应力在横截面上按线性规律变化，而应力平面与横截面相交的直线就是中性轴[图 11-8（a）]。令 $y_0$、$z_0$ 为中性轴上任一点的坐标，代入上式得中性轴方程式为：

$$1 + \frac{z_F}{i_y^2} z_0 + \frac{y_F}{i_z^2} y_0 = 0 \tag{11-9}$$

为定出中性轴的位置，在式（11-9）中，令 $z_0 = 0$，相应的 $y_0$ 即为 $a_y$，而令 $y_0 = 0$，相应的 $z_0$ 即为 $a_z$。由此求得：

$$a_y = -\frac{i_z^2}{y_F} \ , \quad a_z = -\frac{i_y^2}{z_F} \tag{11-10}$$

$z_F$、$y_F$ 均为正值，由此可见 $a_y$、$a_z$ 均为负值。即中性轴与外力作用点分别处于截面形心的相对两侧。

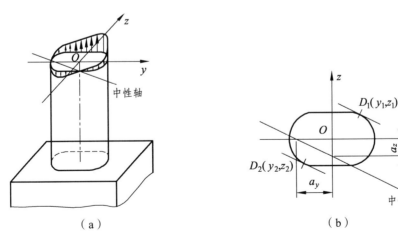

图 11-8

对于周边无棱角的截面，可作两条与中性轴平行的直线与横截面的周边相切，两切点 $D_1$ 和 $D_2$ 即为横截面上最大拉应力和最大压应力所在的危险点[图 11-8（b）]。

对于周边具有棱角的截面，其危险点必定在截面的棱角处。最大拉应力和最大压应力的公式为：

最大拉应力　$\sigma_{t,\max} = \dfrac{F}{A} + \dfrac{Fz_F}{W_y} + \dfrac{Fy_F}{W_z}$　　　　　　　　　（11-11）

最大压应力　$\sigma_{c,\max} = \dfrac{F}{A} - \dfrac{Fz_F}{W_y} - \dfrac{Fy_F}{W_z}$　　　　　　　　　（11-12）

注：此式适用于矩形、箱形、工字形等具有棱角的截面。由图 11-8 可看出，当外力偏心矩 $z_F$、$y_F$ 值较小时，截面就可能不出现压应力，即中性轴不与横截面相交。

从以上归纳来看，解决偏心拉伸（压缩）问题有以下三方面工作要做：

（1）应力计算。

$$\sigma = \frac{F}{A} + \frac{M_y z}{I_y} + \frac{M_z y}{I_z} = \frac{F}{A}\left(1 + \frac{z_F z}{i_y^2} + \frac{y_F y}{i_z^2}\right)$$

（2）确定中性轴位置。

中性轴方程式为：

$$1 + \frac{z_F}{i_y^2} z_0 + \frac{y_F}{i_z^2} y_0 = 0$$

中性轴在 $y$ 轴、$z$ 轴上的截距为：

$$a_y = -\frac{i_z^2}{y_F}, \quad a_z = -\frac{i_y^2}{z_F}$$

（3）强度条件。

$$\sigma_{\max} = \frac{F}{A} + \frac{M_y}{W_y} + \frac{M_z}{W_z} = \frac{F}{A}\left(1 + \frac{z_F z}{i_y^2} + \frac{y_F y}{i_z^2}\right) \leqslant [\sigma] \qquad （11\text{-}13）$$

例 11-2　如图 11-9（a）所示，试对发动机阀门进气的杆 A 进行强度校核。已知凸轮压力 $F = 1.6$ kN，尺寸如图，材料为合金钢，$[\sigma] = 200$ Mpa。

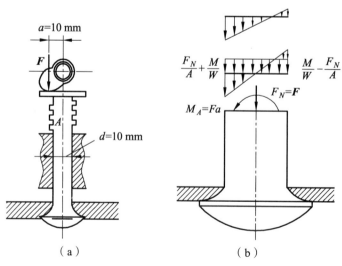

（a）　　　　　　　　　（b）

图 11-9

**解**　（1）先将作用在杆端的偏心拉力 $F$ 用静力等效力系来代替，得到轴向拉力 $F$ 和力偶矩 $Fa$，其受力分析如图 11-9（b）所示。

$$F = 1.6 \times 10^3 = 1\,600\,\text{N}, \quad M = Fa = 1.6 \times 10^3 \times 10 = 16\,000\,\text{N·mm}$$

（2）截面几何性质计算：

$$I_y = \frac{\pi d^4}{64}, \quad W_y = \frac{I_y}{r} = \frac{\pi d^3}{32}$$

（3）强度校核：

$$\sigma_{\max} = \frac{F}{A} + \frac{M_y}{W_y} = \frac{4 \times 1\,600}{\pi \times 10^2} + \frac{32 \times 1\,600}{\pi \times 10^3} = 20.4 + 163 = 183.4\,\text{MPa} < [\sigma] = 200\,\text{MPa}$$

满足强度要求。

**例 11-3**　压力机框架如图 11-10 所示，材料为灰铸铁，抗拉许用应力 $[\sigma_t] = 30\,\text{MPa}$，抗压许用应力 $[\sigma_c] = 80\,\text{MPa}$。试校核立柱的强度。

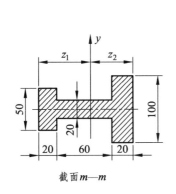 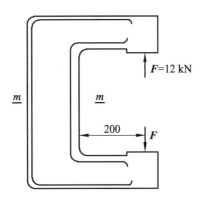

截面 **m—m**

图 11-10

**解**　该立柱为拉弯组合。

（1）截面的几何性质：

$$A = 50 \times 20 + 60 \times 20 + 100 \times 20 = 4\,200\,\text{mm}^2$$

$$z_2 = \frac{100 \times 20 \times 10 + 60 \times 20 \times 50 + 50 \times 20 \times 90}{4\,200} = 40.5\,\text{mm}$$

$$z_1 = 100 - 40.5 = 59.5\,\text{mm}$$

$$
\begin{aligned}
I_y = &\left[ \frac{100 \times 20^3}{12} + (40.5 - 10)^2 \times (100 \times 20) \right] + \\
&\left[ \frac{20 \times 60^3}{12} + (50 - 40.5)^2 \times (60 \times 20) \right] + \\
&\left[ \frac{50 \times 20^3}{12} + (90 - 40.5)^2 \times (50 \times 20) \right] \\
= &\ 4.88 \times 10^6\,\text{mm}^4
\end{aligned}
$$

（2）横截面 $m$—$m$ 的内力：

$$F_N = F = 12 \text{ kN} = 12 \times 10^3 \text{ N}$$

$$M_y = Fe = 12 \times 10^3 \times (200 + 40.5) = 2.89 \times 10^6 \text{ N} \cdot \text{mm}$$

（3）强度校核。

① 抗拉校核，此时截面右侧在轴向力和弯矩作用下均受拉应力作用：

$$\sigma_{t,\max} = \frac{F_N}{A} + \frac{M_y z_2}{I_y} = \frac{12 \times 10^3}{4\,200} + \frac{2.89 \times 10^6 \times 40.5}{4.88 \times 10^6} = 26.9 \text{ MPa} < [\sigma_t] = 30 \text{ MPa}$$

满足抗拉强度要求。

② 抗压校核，此时截面左侧在轴向力作用下受拉应力作用，在弯矩作用下受压应力作用：

$$\sigma_{c,\max} = \frac{M_y z_1}{I_y} - \frac{F_N}{A} = \frac{2.89 \times 10^6 \times 59.5}{4.88 \times 10^6} - \frac{12 \times 10^3}{4\,200} = 32.3 \text{ MPa} < [\sigma_c] = 80 \text{ MPa}$$

满足抗压强度要求。

### 11.3.3　截面核心

对于混凝土、大理石、砖和砖砌体等抗拉强度比抗压强度小得多的材料，设计时不希望偏心压缩在构件中产生拉应力。满足这一条件的压缩荷载的偏心距 $\rho_{y1}$、$\rho_{z1}$ 应控制在横截面中一定范围内（使中性轴不会与截面相割，最多只能与截面周线相切或重合），横截面上存在的这一范围称为截面核心。

由式（11-10）可知，对于给定的截面，$y_F$、$z_F$ 值越小，$a_y$、$a_z$ 值就越大，即外力作用点离形心越近，中性轴距形心就越远。

为确定任意形状截面（图 11-11）的截面核心边界，可将与截面周边相切的任一直线①看作中性轴，其在 $y$、$z$ 两个形心主惯性轴上的截距分别为 $a_{y1}$ 和 $a_{z1}$。由式（11-10）确定与该中性轴对应的外力作用点 1，即截面核心边界上一点的坐标（$\rho_{y1}$，$\rho_{z1}$）：

$$\rho_{y1} = -\frac{i_z^2}{a_{y1}}, \quad \rho_{z1} = -\frac{i_z^2}{a_{z1}} \tag{11-14}$$

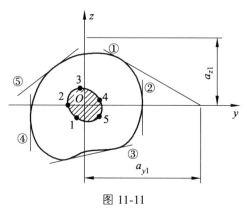

图 11-11

利用同样的原理，可求到直线②、③等在截面核心边界上点 2、3 等的坐标，并连接这些点所得到的一条封闭曲线，即为所求截面核心的边界。该曲线所包围的阴影线的部分，即为截面核心。

下面举例说明截面核心的求法。

**例 11-4**　如图 11-12 所示矩形截面，边长尺寸为 $b \times h$。求截面核心。

**解**　（1）求截面的几何性质：

$$A = bh ， \quad I_y = \frac{hb^3}{12} ， \quad I_z = \frac{bh^3}{12} ， \quad i_y^2 = \frac{I_y}{A} = \frac{hb^2}{12} ， \quad i_z^2 = \frac{I_z}{A} = \frac{bh^2}{12}$$

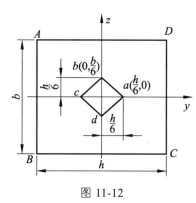

图 11-12

（2）设中性轴与 $AB$ 边重合，则它在坐标轴上的截距为：$a_{ya} = -\dfrac{h}{2}$，$a_{za} = \infty$。则对应的截面核心边界上点 $a$ 的坐标为：

$$\rho_{ya} = -\frac{i_z^2}{a_{y1}} = -\frac{h}{6} ， \quad \rho_{za} = -\frac{i_z^2}{a_{z1}} = 0$$

同理可得，中性轴与 $BC$、$CD$、$AD$ 边重合，所对应的截面核心边界上点 $b$、$c$、$d$ 的坐标分别为：

$$\rho_{yb} = -\frac{i_z^2}{a_{yb}} = 0 ， \quad \rho_{zb} = -\frac{i_z^2}{a_{zb}} = \frac{b}{6}$$

$$\rho_{yc} = -\frac{i_z^2}{a_{yc}} = \frac{h}{6} ， \quad \rho_{zc} = -\frac{i_z^2}{a_{zc}} = 0$$

$$\rho_{yd} = -\frac{i_z^2}{a_{yd}} = 0 ， \quad \rho_{zd} = -\frac{i_z^2}{a_{zd}} = -\frac{b}{6}$$

这样，就得到截面核心边界上的 4 个点，当中性轴从截面 $AB$ 边绕截面的顶点 $B$ 旋转到 $BC$ 边时，由中性轴方程式 $1 + \dfrac{z_F}{i_y^2} z_B + \dfrac{y_F}{i_z^2} y_B = 0$（$z_B$、$y_B$ 为常数）得外力作用点 $z_F$ 与 $y_F$ 间关系的直线方程。故直线连接 $a$、$b$、$c$、$d$ 四点，围成的阴影线的部分即为矩形截面的截面核心（图 11-12）。

思考：如图 11-13 所示圆形截面，半径为 $r$。读者自行证明其

截面核心是半径 $y_p = \dfrac{r}{4}$ 的圆形。

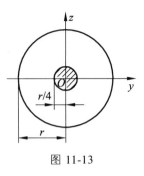

图 11-13

## 11.4 扭转与弯曲的组合变形

一般机械传动轴，大多同时受到扭转力偶和横向力的作用，发生扭转与弯曲组合变形。由于机械传动轴大都是圆截面，现以圆截面的钢制摇臂轴（图 11-14）为例，讨论说明弯扭组合变形的强度计算方法。

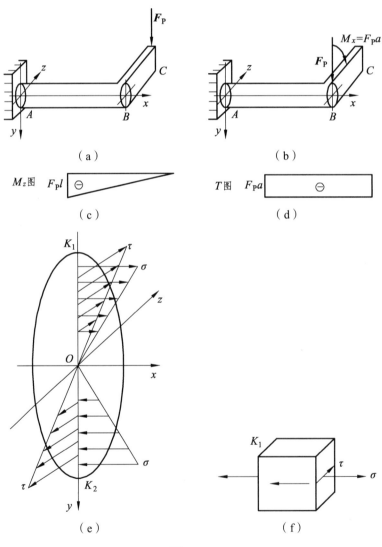

图 11-14

$AB$ 轴的直径为 $d$，$A$ 端为固定端，在受柄的 $C$ 端作用有铅垂向下的集中力 $F_p$，设 $AB$ 段长度为 $l$，$BC$ 段长度为 $a$。

（1）外力分析简化和内力计算。

将外力 $F_p$ 向截面 $B$ 形心简化，得到 $AB$ 轴的计算简图，如图 11-14（b）所示。横向力 $F_p$ 使轴发生平面弯曲，而力偶矩 $M_x = F_p a$ 使轴发生扭转。作 $AB$ 轴的弯矩图和扭矩图，如图 11-14（c）（d）所示。可见，固定端截面为危险截面，其上的内力分别为：

$$M_z = F_p l , \quad M_T = T = F_p a$$

（2）应力计算。

画出固定端截面上的弯曲正应力和扭转切应力的分布图，如图 11-14（e）所示，固定端截面上的 $K_1$ 和 $K_2$ 点为危险点，其应力为：

$$\sigma = \frac{M_z}{W} , \quad \tau = \frac{T}{W_t} \tag{11-15}$$

式中：$W = \dfrac{\pi d^3}{32}$，为圆轴的抗弯截面模量（圆形截面的 $W_z = W_y = W$，均由 $W$ 表示）；$W_t = \dfrac{\pi d^3}{16}$，为圆轴的抗扭截面模量（$W_t = 2W$）。

$K_1$ 点的单元体如图 11-14（f）所示。

（3）强度条件。

危险点 $K_1$（或 $K_2$）处于二向应力状态，其主应力为：

$$\left.\begin{array}{c}\sigma_1 \\ \sigma_3\end{array}\right\} = \frac{\sigma}{2} \pm \sqrt{\left(\frac{\sigma}{2}\right)^2 + \tau^2} , \quad \sigma_2 = 0 \tag{11-16}$$

对于用塑性材料制成的杆件，在复杂应力状态下可按第三或第四强度理论来建立强度条件。

若采用第三强度理论，则强度条件为：

$$\sigma_{r3} = \sigma_1 - \sigma_3 \leqslant [\sigma]$$

将式（11-16）代入上式得：

$$\sigma_{r3} = \sqrt{\sigma^2 + 4\tau^2} \leqslant [\sigma] \tag{11-17a}$$

将式（11-15）代入式（11-17a）得：

$$\sigma_{r3} = \frac{1}{W}\sqrt{M_z^2 + T^2} \leqslant [\sigma] \tag{11-17b}$$

若采用第四强度理论，则强度条件为：

$$\sigma_{r4} = \sqrt{\sigma^2 + 3\tau^2} \leqslant [\sigma] \tag{11-18a}$$

$$\sigma_{r4} = \frac{1}{W}\sqrt{M_z^2 + 0.75T^2} \leqslant [\sigma] \tag{11-18b}$$

注：式（11-17b）和式（11-18b）中的 $M_z$ 为危险截面处的组合弯矩，若同时存在 $M_z$ 和 $M_y$，则组合弯矩为 $M = \sqrt{M_z^2 + M_y^2}$。

值得注意的是，转轴通常情况下是受到交变应力的作用，此时杆件往往在最大应力远小于材料的静荷载强度指标的情况下就发生破坏（即疲劳破坏）。但在一般转轴的初步设计时，也可按上述公式进行强度计算，只是需将许用应力值适当降低。

**例 11−5** 如图 11-15（a）所示传动轴，传递功率 $P = 7.5 \text{ kW}$，轴的转速 $N = 100 \text{ r/min}$，$AB$ 为皮带轮，$A$ 轮上的皮带为水平，$B$ 轮上的皮带为铅直，若两轮的直径 $D$ 均为 600 mm，且已知 $F_1 > F_2$，$F_2 = 1\,500 \text{ N}$，轴材料的许用应力 $[\sigma] = 80 \text{ MPa}$，试按第三强度理论计算轴的直径 $d$。

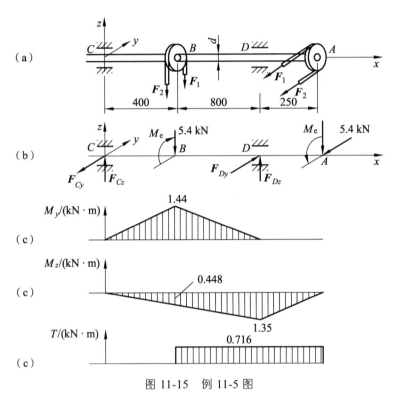

图 11-15　例 11-5 图

**解**　（1）外力计算[图 11-5（b）]：

$$M_e = 9\,549 \frac{p}{n} = 9\,549 \times \frac{7.5}{100} = 716 \text{ N·m}$$

$$(F_1 - F_2) \times \frac{D}{2} = M_e$$

$$F_2 = 1.5 \text{ kN}, \quad F_1 = 3.9 \text{ kN}$$

$$F_1 + F_2 = 5.4 \text{ kN}$$

（2）荷载简化及计算简图。

$$\sum M_{Dz} = 0 \qquad F_{Cz} \times 1\,200 - 5.4 \times 800 = 0 \qquad F_{Cz} = 3.6 \text{ kN}$$

$$\sum M_{Cz} = 0 \qquad F_{Dz} \times 1\,200 - 5.4 \times 400 = 0 \qquad F_{Dz} = 1.8 \text{ kN}$$

$$\sum M_{Dy} = 0 \qquad F_{Cy} \times 1\,200 - 5.4 \times 250 = 0 \qquad F_{Cy} = 1.12 \text{ kN}$$

$$\sum M_{Cy} = 0 \qquad F_{Dy} \times 1\,200 - 5.4 \times 1\,450 = 0 \qquad F_{Dy} = 6.52 \text{ kN}$$

（3）根据已知可得 $B$ 处为危险截面，作弯矩图、扭矩图，如图 11-15（c）（d）（e）所示。

$$M_{Bz} = 3.6 \times 0.4 = 1.44 \text{ kN} \cdot \text{m}, \quad M_{By} = 1.12 \times 0.4 = 0.448 \text{ kN} \cdot \text{m}$$

$$M_z = \sqrt{M_{Bz}^2 + M_{By}^2} = \sqrt{1.44^2 + 0.448^2} = 1.51 \text{ kN} \cdot \text{m}$$

$$T = 0.716 \text{ kN} \cdot \text{m}$$

（4）第三强度理论公式：

$$\sigma_{r3} = \frac{1}{W}\sqrt{M_z^2 + T^2} \leqslant [\sigma]$$

$$W = \frac{\pi d^3}{32}, \quad \sqrt{M_z^2 + T^2} = \sqrt{1.51^2 + 0.716^2} = 1.67 \text{ kN} \cdot \text{m}$$

$$d \geqslant \sqrt[3]{\frac{32 \times 1.67 \times 10^6}{\pi[\sigma]}} = 59.67 \text{ mm}$$

## 11.5　连接件的实用计算

连接件的变形往往比较复杂，而且其尺寸较小。在实际工程设计时，通常按连接破坏的可能性，采用既能反映受力的基本特征，又能简化计算的假设，计算其名义应力，以此来进行强度计算。这种方法称为工程实用计算法。

现以螺栓连接为例来说明，连接处的破坏可能性有以下几种：①螺栓杆被剪断；②构件被挤压破坏；③构件被拉断破坏；④构件端部被拉断破坏；⑤螺栓杆受弯破坏。在实际工程设计时④、⑤种破坏通常采取构造措施来防止；①、②、③种破坏需通过计算来防止，其中，①、②种属于连接计算，③种属于构件计算。其他连接也都有类似的破坏可能。下面介绍①、②种破坏的实用计算。

### 11.5.1　剪切的实用计算

如图 11-16 中两块钢板用螺栓连接后承受拉力 $F$。螺栓在外力作用下，将沿两侧外力之间，并与外力作用线平行的截面 $m$—$m$ 发生剪切。

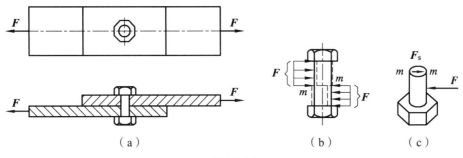

（a）　　　　　　　　　　（b）　　　　　（c）

图 11-16

利用截面法，可计算出剪切面上的内力 $F_s$。在实用计算中，假设剪切面上各点处的切应力相等，则剪切面上的名义切应力为：

$$\tau = \frac{F_s}{A_s}$$

（11-19）

式中：$F_s$ 为剪切面上的剪力；$A_s$ 为剪切面的面积。

剪切的强度条件实用公式为：

$$\tau = \frac{F_s}{A_s} \leqslant [\tau]$$

（11-20）

### 11.5.2 挤压的实用计算

如图 11-16 中两块钢板用螺栓连接后承受拉力 $F$。在螺栓与钢板相互接触的侧面上，将发生彼此间的局部承压现象，称为挤压。

在实用计算中，假设挤压面上各点处的挤压应力相等，则挤压面上的名义挤压应力为：

$$\sigma_{bs} = \frac{F_{bs}}{A_{bs}}$$

（11-21）

式中：$F_{bs}$ 为接触面上的挤压力；$A_{bs}$ 为计算挤压面面积。

注：当接触面为圆柱面（图 11-17）时，计算挤压面面积 $A_{bs}$ 取为实际接触面在直径平面上的投影面积；当接触面为平面时，计算挤压面面积 $A_{bs}$ 取为实际接触面面积。

挤压的强度条件实用公式为：

$$\sigma_{bs} = \frac{F_{bs}}{A_{bs}} \leqslant [\sigma_{bs}]$$

（11-22）

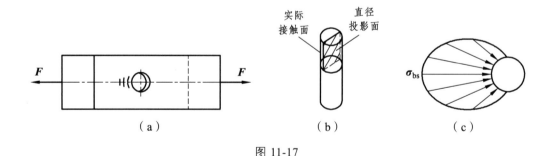

（a）　　　　　　　　（b）　　　　　　　　（c）

图 11-17

**例 11-6**　某钢屋架的一结点如图 11-18 所示。斜杆 $A$ 由两根 63 mm × 6 mm 的等边角钢组成，受力 $F = 140$ kN 的作用。该斜杆用 3 个螺栓连接在厚度为 $\delta = 10$ mm 的结点板上，螺栓直径为 $d = 16$ mm。已知角钢、结点板和螺栓的材料均为 Q235 钢，许用应力为 $[\sigma] = 170$ MPa，$[\tau] = 130$ MPa，$[\sigma_{bs}] = 300$ MPa。试计算校核该结点螺栓的剪切、挤压强度和斜杆的拉伸强度。

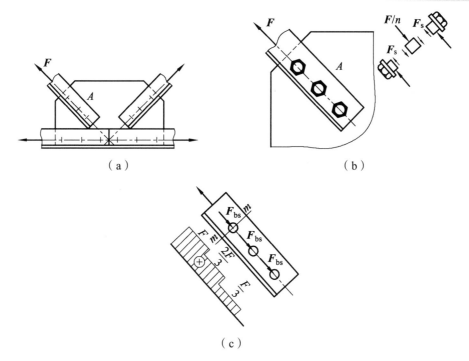

（a）　　　　　　　　　　　　　（b）

（c）

图 11-18　例 11-6 图

**解**　（1）螺栓的剪切强度校核。

根据已知条件，每个螺栓有两个剪切面，3 个螺栓共 6 个剪切面，由此得每个剪切面的剪力为：

$$F_s = \frac{F}{2 \times 3} = \frac{140}{6} = 23.3\,\text{kN} = 23.3 \times 10^3\,\text{N}$$

$$A_s = \frac{\pi d^2}{4} = \frac{\pi \times 16^2}{4} = 201.06\,\text{mm}\ （一个剪切面面积）$$

$$\tau = \frac{F_s}{A_s} = \frac{23.3 \times 10^3}{201.06} = 115.89 \leqslant [\tau] = 130\,\text{MPa}\ （满足强度要求）$$

（2）螺栓的挤压强度校核。

根据已知条件，每个螺栓的挤压力为：

$$F_{bs} = \frac{F}{3} = \frac{140 \times 10^3}{3} = 4.67 \times 10^4\,\text{N}$$

$$A_{bs} = \delta d = 10 \times 16 = 160\,\text{mm}\ （一个挤压面面积）$$

$$\sigma_{bs} = \frac{F_{bs}}{A_{bs}} = \frac{4.67 \times 10^4}{160} = 291.88\,\text{MPa} \leqslant [\sigma_{bs}] = 300\,\text{MPa}\ （满足强度要求）$$

（3）斜杆的拉伸强度校核。

根据已知条件，63 mm × 6 mm 的等边角钢，查表得 $A = 7.288\,\text{cm}^2$，危险截面为 $m$—$m$：

$$F_{N,max} = F = 140 \text{ kN} = 140 \times 10^3 \text{ N}$$

$$A = 2 \times (7.288 - 1.6 \times 0.6) = 12.66 \text{ cm}^2 = 1.266 \times 10^3 \text{ mm}^2$$

$$\sigma = \frac{F_{N,max}}{A} = \frac{140 \times 10^3}{1.266 \times 10^3} = 110.58 \text{ MPa} \leqslant [\sigma] = 170 \text{ MPa} \quad （满足强度要求）$$

## 11.6　铆钉连接的计算

铆钉连接在工程结构中被广泛应用。其连接方式主要有搭接、单盖板对接、双盖板对接，如图 11-19 所示。

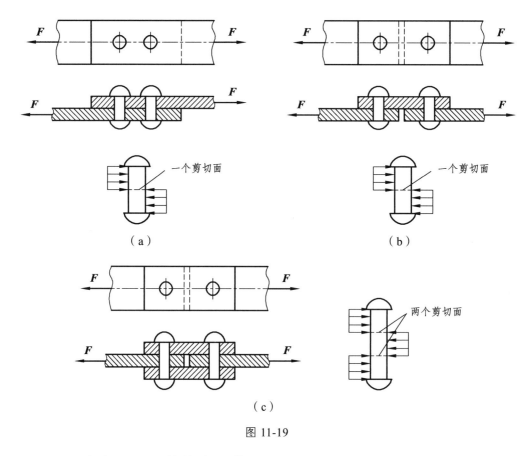

图 11-19

## 11.6.1　铆钉组承受的横向荷载

如图 11-19 所示，铆钉承受荷载后，其变形较为复杂。为简化计算，并考虑连接在破坏前将发生塑性变形，在铆钉组的计算中假设：

（1）不论铆接的方式如何，均不考虑弯曲的影响。

（2）若外力的作用线通过铆钉组横截面的形心，且同一组内铆钉的材料与直径均相同，则每个铆钉的受力也相等。

据上述假设，得到每个铆钉的受力为：

$$F_1 = \frac{F}{n} \tag{11-23}$$

式中：$n$ 为铆钉组中铆钉个数。

① 铆钉的剪切强度计算：

$$\tau = \frac{F_s}{A_s} \leqslant [\tau]$$

② 铆钉的挤压强度计算：

$$\sigma_{bs} = \frac{F_{bs}}{A_{bs}} \leqslant [\sigma_{bs}]$$

③ 连接件最弱截面拉伸强度计算：

$$\sigma = \frac{F_{N,max}}{A}$$

### 11.6.2　铆钉组受扭转荷载

承受扭转荷载的铆钉组如图 11-20 所示。

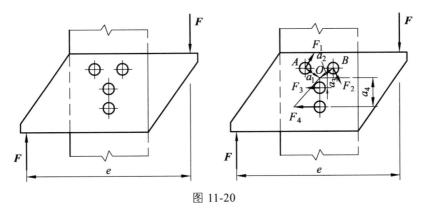

图 11-20

由于被连接件的转动趋势，每个铆钉的受力将不再相同，$O$ 点为铆钉组的截面形心（图 11-19），假设连接件为刚体，即不计连接件的变形。于是，每个铆钉的平均切应变与该铆钉截面中心至 $O$ 点的距离成正比。若铆钉组中每个铆钉的直径相同，且切应力与应变成正比，则每个铆钉所受的力与该铆钉截面中心至铆钉组的截面形心 $O$ 点的距离成正比，即：

$$\frac{F_1}{F_2} = \frac{a_1}{a_2}, \quad \frac{F_1}{F_3} = \frac{a_1}{a_3}, \quad \frac{F_1}{F_4} = \frac{a_1}{a_4} \cdots \tag{a}$$

其方向垂直于该点与 $O$ 点的连线，且每个铆钉上的力对 $O$ 点力矩的代数和等于连接件所受的转矩 $M_e$，即：

$$M_e = Fe = \sum F_i a_i \tag{b}$$

式中：$F_i$ 为铆钉 $i$ 所受的力；$a_i$ 为该铆钉截面中心至铆钉组截面形心的距离。

由式（a）、式（b）得：

$$F_i = \frac{M_e a_i}{a_1^2 + a_2^2 + a_3^2 + \cdots}$$ （11-24）

承受偏心横向荷载的铆钉组如图 11-21 所示。

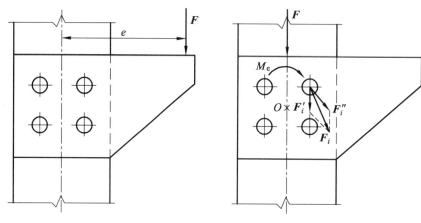

图 11-21

将偏心荷载 $F$ 向铆钉组截面形心 $O$ 点简化，得到一个通过 $O$ 点的荷载 $F$ 和一个绕 $O$ 点旋转的转矩 $M_e = Fe$（图 11-21）。若同一铆钉组中每个铆钉的材料和直径均相同，则由 $F$ 引起的每个铆钉的力：

$$F_i' = \frac{F}{n}$$

由 $M$ 引起的每个铆钉的力：

$$F_i'' = \frac{M_e a_i}{a_1^2 + a_2^2 + a_3^2 + \cdots}$$

铆钉 $i$ 的受力为力 $F_i'$ 和 $F_i''$ 的矢量和。

求得铆钉 $i$ 的受力 $F_i$ 后，即可分别核算受力最大的铆钉的剪切和挤压强度，保证连接的安全。

**例 11-7** 一铆钉连接的托架受集中力 $F$ 作用，如图 11-22 所示。已知外力 $F = 12$ kN，铆钉直径 $d = 20$ mm，连接为搭接，转动中心为 $O$ 点，与 $x$ 轴对称的铆钉受力相同，许用应力为 $[\tau] = 30$ MPa。试计算校核受力最大的铆钉的剪切强度。

**解** 取托架 $x$ 轴的上边为研究对象。

（1）将外力 $F$ 向转动中心 $O$ 点简化得：

$$M_e = Fe = 12 \times 0.12 = 1.44 \text{ kN} \cdot \text{m}$$

（2）$F$ 作用下每个铆钉的力：

$$F_1' = F_2' = F_3' = F_4' = F_5' = F_6' = \frac{F}{6} = \frac{12}{6} = 2 \text{ kN}$$

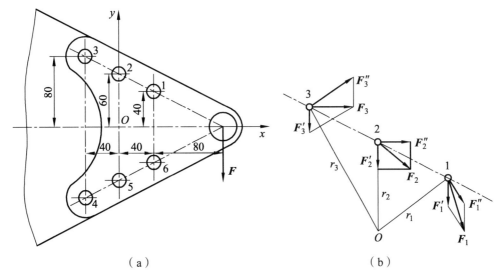

图 11-22

（3）$M_e$ 作用下每个铆钉的力：

$$r_1 = \sqrt{x_1^2 + y_1^2} = \sqrt{0.04^2 + 0.04^2} = 0.056\,6 \text{ m}$$

$$r_2 = \sqrt{x_2^2 + y_2^2} = \sqrt{0 + 0.06^2} = 0.06 \text{ m}$$

$$r_3 = \sqrt{x_3^2 + y_3^2} = \sqrt{(-0.04)^2 + 0.08^2} = 0.089\,4 \text{ m}$$

由

$$\frac{F_1}{F_2} = \frac{r_1}{r_2} , \quad \frac{F_1}{F_3} = \frac{r_1}{r_3}$$

$$2F_1'' r_1 + 2F_2'' r_2 + 2F_3'' r_3 = M_e$$

得：

$$F_1'' = \frac{M_e r_1}{2r_1^2 + 2r_2^2 + 2r_3^2} = \frac{1.44 \times 0.056\,6}{2(0.056\,6^2 + 0.06^2 + 0.089\,4^2)} = 2.754 \text{ kN}$$

同理得：

$$F_2'' = 2.928 \text{ kN} , \quad F_3'' = 4.344 \text{ kN}$$

（4）由 $F' + F''$ 的矢量和[图 11-22（b）]得受力最大的铆钉的力为 $F_{max} = 4.41$ kN。

（5）强度计算：

$$\tau = \frac{F_{max}}{A_s} = \frac{4.41 \times 10^3}{\frac{\pi}{4} \times 0.02^2} = 14 \text{ MPa} \leqslant [\tau] = 30 \text{ MPa} \quad （满足强度要求）$$

# 思 考 题

11-1　组合变形杆件应力分析与强度计算的基本方法是什么？

11-2　圆截面杆在相互垂直的两个纵向平面内都有弯曲变形，为何可以应用合成弯矩的概念？如何作出杆件的合成弯矩图？

11-3　双对称截面梁在相互垂直平面内发生对称弯曲时，采用什么样的截面形状最合理？

**11-4** 如图所示的矩形截面拉杆中间开一深度为 $h/2$ 的缺口，与不开口的拉杆相比，开口处的最大应力增大了多少倍？

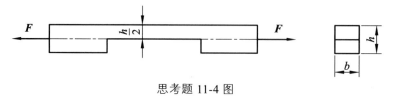

思考题 11-4 图

**11-5** 试问压缩与挤压有何区别？为何挤压许用应力大于压缩许用应力？

**11-6** 试问在图示铆接结构中，力是怎样传递的？

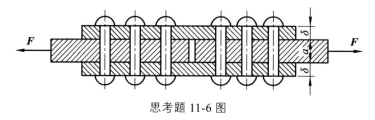

思考题 11-6 图

**11-7** 一折杆由直径为 $d$ 的 Q235 钢实心圆截面杆构成，其受力情况及尺寸如图所示。若已知杆材料的许用应力 $[\sigma]$，试分析杆 $AB$ 的危险截面及危险点处的应力状态，并列出强度条件表达式。

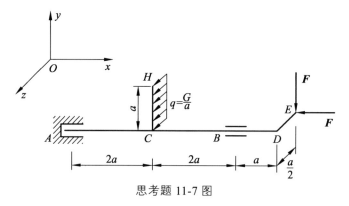

思考题 11-7 图

# 习　题

**11-1** 如图所示一工字形简支梁，跨中受集中力 $F$ 作用。设工字钢的型号为 22b。已知 $F = 20\ \text{kN}$，$E = 2 \times 10^5\ \text{MPa}$，$\varphi = 15°$，$l = 4\ \text{m}$。试确定危险截面的最大正应力？

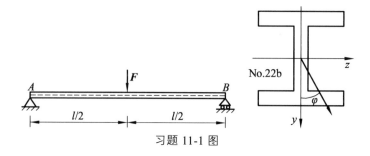

习题 11-1 图

11-2　如图所示悬臂梁，在 $F_1 = 800\,\text{N}$，$F_2 = 1\,650\,\text{N}$ 作用下，若截面为矩形，$b = 90\,\text{mm}$，$h = 180\,\text{mm}$。试求最大正应力及其作用点位置。

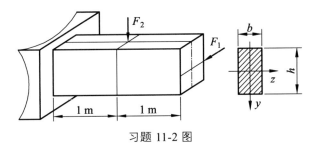

习题 11-2 图

11-3　某精密砂轮轴如图所示，电动机的功率 $P = 3\,\text{kW}$，转子转速 $n = 1\,400\,r/\min$，转子重量 $W_1 = 101\,\text{N}$；砂轮直径 $D = 250\,\text{mm}$，砂轮重量 $W_2 = 275\,\text{N}$；削刀 $F_z : F_y = 3 : 1$，砂轮轴直径 $d = 50\,\text{mm}$，$[\sigma] = 60\,\text{MPa}$。

（1）试用单元体表示出危险点的应力状态，并求出主应力和最大剪应力。（2）试用第三强度理论校核砂轮轴的强度。

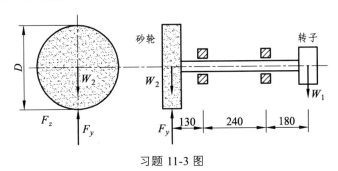

习题 11-3 图

11-4　端截面密封的曲管的外径为 $100\,\text{mm}$，壁厚 $t = 5\,\text{mm}$，内压 $p = 8\,\text{MPa}$。集中力 $F = 3\,\text{kN}$。$A$、$B$ 两点在管的外表面上，一为截面垂直直径的端点，一为水平直径的端点。试确定两点的应力状态。

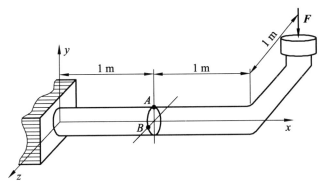

习题 11-4 图

11-5　图示一浆砌块石挡土墙，墙高 $4\,\text{m}$，已知墙背承受的土压力 $F = 137\,\text{kN}$，并且与铅垂线夹角为 $\alpha = 45.7°$，浆砌石的密度为 $2.35 \times 10^3\,\text{kg/m}^3$，其他尺寸如图所示。试取 $1\,\text{m}$ 长的墙

体作为计算对象，计算作用在截面 $AB$ 上 $A$ 点和 $B$ 点处的正应力。又砌体的许用压应力 $[\sigma_c] = 3.5\,\mathrm{MPa}$ ，许用拉应力 $[\sigma_t] = 0.14\,\mathrm{MPa}$ ，试作强度校核。

11-6 试确定如图所示十字形截面的截面核心边界。

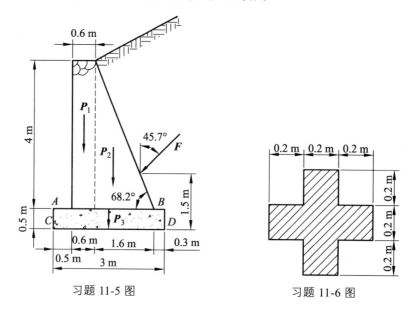

习题 11-5 图　　　　　　　习题 11-6 图

11-7 一托架如图所示，已知外力 $F = 35\,\mathrm{kN}$ ，铆钉的直径 $d = 20\,\mathrm{mm}$ ，铆钉与钢板为搭接。试求最危险的铆钉剪切面上切应力的数值及方向。

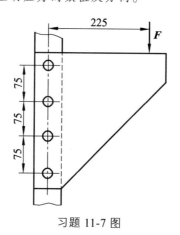

习题 11-7 图

# 第 12 章　压杆稳定

## 12.1　压杆稳定概述

本章首先介绍压杆稳定的概念，研究两端铰支的中心受压杆及其他支承条件下的中心受压杆所能承受压力的极限值即临界力的问题，介绍压杆临界力的计算公式——欧拉公式；在此基础上讨论欧拉公式的应用范围，提出压杆柔度的概念；最后讨论压杆的稳定校核及提高稳定性的措施。

构件除了强度、刚度失效外，还可能发生稳定失效。例如，受轴向压力的细长杆，当压力超过一定数值时，压杆会由原来的直线平衡形式突然变弯，致使结构丧失承载能力；又如，狭长截面梁在横向荷载作用下，将发生平面弯曲，但当荷载超过一定数值时，梁的平衡形式将突然变为弯曲和扭转；再如，受均匀压力的薄圆环，当压力超过一定数值时，圆环将不能保持圆对称的平衡形式，而突然变为非圆对称的平衡形式。上述各种关于平衡形式的突然变化，统称为稳定失效，简称为失稳或屈曲。工程中的柱、桁架中的压杆、薄壳结构及薄壁容器等，在有压力存在时，都可能发生失稳。

由于构件的失稳往往是突然发生的，因而其危害性也较大。历史上曾多次发生因构件失稳而引起的重大事故。如 1907 年加拿大圣劳伦斯河上，主跨跨长为 548.9 m 的魁北克大桥，因压杆失稳，导致整座大桥倒塌。近代这类事故仍时有发生。因此，稳定问题在工程设计中占有重要地位。本章讨论的问题有压杆稳定的概念、压杆承载力的计算、影响压杆稳定的因素、考虑压杆稳定的杆件设计及校核方法。

1. 平衡的三种状态

下面先以小球为例介绍平衡的三种状态：

（1）如果小球受到微小干扰而稍微偏离它原有的平衡位置，当干扰消除以后，它能够回到原有的平衡位置，这种平衡状态称为稳定平衡状态，如图 12-1（a）所示。

（2）如果小球受到微小干扰而稍微偏离它原有的平衡位置，当干扰消除以后，它不能够回到原有的平衡位置，但能够在附近新的位置维持平衡，原有的平衡状态称为随遇平衡状态，如图 12-1（b）所示。

（3）如果小球受到微小干扰而稍微偏离它原有的平衡位置，当干扰消除以后，它不但不能回到原有的平衡位置，而且继续离去，那么原有的平衡状态称为不稳定平衡状态，如图 12-1（c）所示。

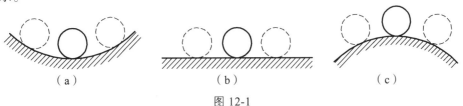

图 12-1

## 2. 压杆稳定性的概念

细长直杆两端受轴向压力作用，其平衡也有稳定性的问题。设有一等截面直杆，受轴向压力作用，杆件处于直线形状下的平衡。为判断平衡的稳定性，可以加一横向干扰力，使杆件发生微小的弯曲变形[图 12-2（a）]，然后撤销此横向干扰力。当轴向压力较小时，撤销横向干扰力后杆件能够恢复到原来的直线平衡状态[图 12-2（b）]，则原有的平衡状态是稳定平衡状态；当轴向压力增大到一定值时，撤销横向干扰力后杆件不能再恢复到原来的直线平衡状态[图 12-2（c）]，则原有的平衡状态是不稳定平衡状态。压杆由稳定平衡过渡到不稳定平衡时所受轴向压力的临界值称为临界压力，或简称临界力，用 $F_{cr}$ 表示。

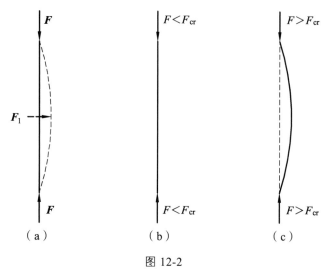

图 12-2

当 $F = F_{cr}$ 时，压杆处于稳定平衡与不稳定平衡的临界状态，称为临界平衡状态。这种状态的特点是：不受横向干扰时，压杆可在直线位置保持平衡；若受微小横向干扰并将干扰撤销后，压杆又可在微弯位置维持平衡。因此，临界平衡状态具有两重性。

压杆处于不稳定平衡状态时，称为丧失稳定性，简称为失稳。显然结构中的受压杆件绝不允许失稳。

除压杆外，还有很多其他形式的工程构件同样存在稳定性问题，例如薄壁杆件的扭转与弯曲、薄壁容器承受外压以及薄拱等问题都存在稳定性问题，在图 12-3 中列举了几种薄壁结构的失稳现象。本章只讨论压杆的稳定性问题。

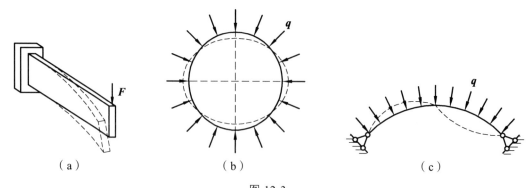

图 12-3

## 12.2　两端铰支细长压杆临界力的欧拉公式

下面以两端球形铰支、长度为 *l* 的等截面细长压杆为例，推导其临界力的计算公式。选取坐标系如图 12-4（a）所示，当轴向压力达到临界力 $F_{cr}$ 时，压杆既可保持直线形态的平衡，又可保持微弯形态的平衡。假设压杆处于微弯状态的平衡，在临界力 $F_{cr}$ 作用下压杆的轴线如图 12-4（a）所示。此时压杆距原点为 *x* 的任一截面 *m*—*m* 的挠度为 $y = f(x)$，取隔离体如图 12-4（b）所示，截面 *m*—*m* 上的轴力为 $F_{cr}$，弯矩为：

$$M(x) = F_{cr}y \qquad (a)$$

弯矩的正负号仍按 7-2 节的规定，$F_{cr}$ 取正值，挠度以 *y* 轴正方向为正。

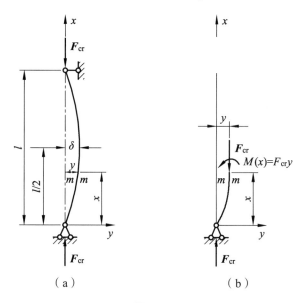

图 12-4

将弯矩方程（a）代入挠曲线的近似微分方程：

$$\frac{\mathrm{d}^2 y}{\mathrm{d}x^2} = -\frac{M(x)}{EI} = -\frac{F_{cr}}{EI}y \qquad (b)$$

令 $k^2 = \dfrac{F_{cr}}{EI}$，则式（b）可写成：

$$\frac{\mathrm{d}^2 y}{\mathrm{d}x^2} + k^2 y = 0 \qquad (d)$$

这是一个二阶常系数线性微分方程，其通解为：

$$y = A\sin kx + B\cos kx \qquad (e)$$

式中：*A* 和 *B* 是积分常数，可由压杆两端的边界条件确定。此杆的边界条件为：

在 $x = 0$ 处，$y = 0$

在 $x = l$ 处，$y = 0$

由边界条件的第一式得：

$$B = 0$$

于是式（e）成为：

$$y = A \sin kx \qquad\qquad\qquad\qquad (f)$$

由边界条件的第二式得：

$$A \sin kl = 0$$

由于压杆处于微弯状态的平衡，因此 $A \neq 0$，所以

$$\sin kl = 0$$

由此得：

$$kl = n\pi \quad (n = 0, 1, 2, 3, \cdots)$$

所以

$$k^2 = \frac{n^2 \pi^2}{l^2}$$

将上式代入式（c）得：

$$F_{\text{cr}} = \frac{n^2 \pi^2 EI}{l^2} \quad (n = 0, 1, 2, 3, \cdots)$$

由于临界力是使压杆失稳的最小压力，因此 $n$ 应取不为零的最小值，即取 $n = 1$，所以

$$F_{\text{cr}} = \frac{\pi^2 EI}{l^2} \qquad\qquad\qquad\qquad (12\text{-}1)$$

上式即为两端球形铰支（简称两端铰支）细长压杆临界力 $F_{\text{cr}}$ 的计算公式，由欧拉（L.Euler）于 1744 年首先导出，所以通常称为欧拉公式。应该注意，压杆的弯曲在其最小的刚度平面内发生，因此欧拉公式中的 $I$ 应该是截面的最小形心主惯性矩。

在临界荷载 $F_{\text{cr}}$ 作用下，$k = \dfrac{\pi}{l}$，因此式（f）可写成：

$$y = A \sin \frac{\pi x}{l}$$

由此可以看出，在临界荷载 $F_{\text{cr}}$ 作用下，杆的挠曲线是一条半个波长的正弦曲线。在 $x = l/2$ 处，挠度达最大值，即：

$$y_{\max} = A$$

因此积分常数 $A$ 即为杆中点处的挠度，以 $\delta$ 表示，则杆的挠曲线方程为：

$$y = \delta \sin \frac{\pi x}{l} \qquad\qquad\qquad\qquad (g)$$

此处挠曲线中点处的挠度 $\delta$ 是个无法确定的值，即无论 $\delta$ 为任何微小值，上述平衡条件都能成

立，似乎压杆受临界力作用时可以处于微弯的随遇平衡状态。实际上这种随遇平衡状态是不成立的，之所以 $\delta$ 值无法确定，是因为在推导过程中使用了挠曲线的近似微分方程。如果采用挠曲线的精确微分方程进行推导，则所得到的 $F-\delta$ 曲线如图 12-5（a）所示，当 $F \geqslant F_{cr}$ 时，压杆在微弯平衡状态下，压力 $F$ 与挠度 $\delta$ 间为一一对应的关系，所谓的 $\delta$ 不确定性并不存在；而由挠曲线近似微分方程得到的 $F-\delta$ 曲线如图 12-5（b）所示，当 $F = F_{cr}$ 时，压杆在微弯状态下呈随遇平衡状态。

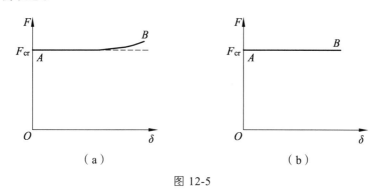

图 12-5

## 12.3　不同约束条件下细长压杆的临界力

对于各种支承情况的压杆，其临界力的欧拉公式可写成统一的形式：

$$F_{cr} = \frac{\pi^2 EI}{(\mu l)^2} \qquad (12\text{-}2)$$

式中：$\mu l$ 称为相当长度。

$\mu$ 称为长度系数，它反映了约束情况对临界力的影响：

两端铰支，$\mu = 1$；

一端固定、一端自由，$\mu = 2$；

两端固定，$\mu = 0.5$；

一端固定、一端铰支，$\mu = 0.7$。

由此可看出，杆端的约束愈强，则 $\mu$ 值愈小，压杆的临界力愈高；杆端的约束愈弱，则 $\mu$ 值愈大，压杆的临界力愈低。

需要指出的是，欧拉公式的推导中应用了弹性小挠度微分方程，因此公式只适用于弹性稳定问题。另外，上述各种 $\mu$ 值都是对理想约束而言的，实际工程中的约束往往是比较复杂的，例如压杆两端若与其他构件连接在一起，则杆端的约束是弹性的，$\mu$ 值一般在 0.5 与 1 之间，通常将 $\mu$ 值取接近于 1。对于工程中常用的支座情况，长度系数 $\mu$ 可从有关设计手册或规范中查到。

## 12.4　欧拉公式的应用范围　临界应力总图

### 12.4.1　欧拉公式的适用范围

将压杆的临界力 $F_{cr}$ 除以横截面面积 $A$，即得压杆的临界应力：

$$\sigma_{cr} = \frac{F_{cr}}{A} = \frac{\pi^2 EI}{(\mu l)^2 A} = \frac{\pi^2 E}{\left(\dfrac{\mu l}{i}\right)^2} \qquad (12\text{-}3)$$

式中：$i = \sqrt{\dfrac{I}{A}}$ 为压杆横截面对中性轴的惯性半径。

令 $\qquad\qquad\qquad \lambda = \dfrac{\mu l}{i} \qquad\qquad\qquad\qquad\qquad (12\text{-}4)$

这是一个无量纲的参数，称为压杆的长细比或柔度。于是式（12-3）可写成：

$$\sigma_{cr} = \frac{\pi^2 E}{\lambda^2} \qquad (12\text{-}5)$$

式（12-5）是临界应力的计算公式，实际上是欧拉公式的另一种形式。根据该式，压杆的临界应力 $\sigma_{cr}$ 与柔度 $\lambda$ 之间的关系可用曲线表示，如图 12-6 所示，称为欧拉临界应力曲线。但是在推导欧拉公式过程中，曾用到了挠曲线的近似微分方程，而挠曲线的近似微分方程又是建立在胡克定律基础上的，因此只有材料在线弹性范围内工作时，即只有在 $\sigma_{cr} \leqslant \sigma_p$ 时，欧拉公式才能适用。于是欧拉公式的适用范围为：

$$\sigma_{cr} = \frac{\pi^2 EI}{\lambda^2} \leqslant \sigma_p$$

或写成

$$\lambda \geqslant \sqrt{\frac{\pi^2 E}{\sigma_p}} = \pi\sqrt{\frac{E}{\sigma_p}} = \lambda_p \qquad (12\text{-}6)$$

式中：$\lambda_p$ 为能够应用欧拉公式的压杆柔度界限值。通常称 $\lambda \geqslant \lambda_p$ 的压杆为大柔度杆，或细长压杆；而对于 $\lambda < \lambda_p$ 的压杆，就不能应用欧拉公式。

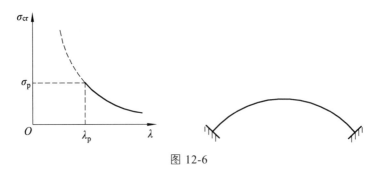

图 12-6

压杆的 $\lambda_p$ 值取决于材料的力学性能。例如对于 Q235 钢，$E = 206\ \text{GPa}$，$\sigma_p = 200\ \text{MPa}$，则由式（12-6）可得：

$$\lambda_p = \pi\sqrt{\frac{E}{\sigma_p}} = \pi\sqrt{\frac{206\times10^9}{200\times10^6}} \approx 100$$

因而用 Q235 钢制成的压杆，只有当柔度 $\lambda \geqslant 100$ 时才能应用欧拉公式计算临界力或临界应力。

**例 12-1**　如图 12-7 所示各杆均为圆截面细长压杆（$\lambda > \lambda_p$），已知各杆所用的材料和截面均相同，各杆的长度如图 12-7 所示，问哪根杆能够承受的压力最大，哪根最小？

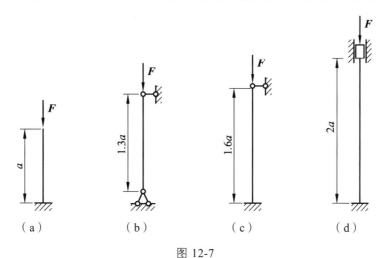

图 12-7

**解**　比较各杆的承载能力只需比较各杆的临界力，因为各杆均为细长杆，因此都可以用欧拉公式计算临界力：

$$F_{cr} = \frac{\pi^2 EI}{(\mu l)^2}$$

由于各杆的材料和截面都相同，所以只需比较各杆的计算长度 $\mu l$ 即可

$$杆（a）：\quad \mu l = 2 \times a = 2a$$

$$杆（b）：\quad \mu l = 1 \times 1.3a = 1.3a$$

$$杆（c）：\quad \mu l = 0.7 \times 1.6a = 1.12a$$

$$杆（d）：\quad \mu l = 0.5 \times 2a = a$$

临界力与 $\mu l$ 的平方成反比，所以杆（d）能够承受的压力最大，杆（a）能够承受的压力最小。

**例 12-2**　如图 12-8 所示压杆用 $30 \times 30 \times 4$ 等边角钢制成，已知杆长 $l = 0.5$ m，材料为 Q235 钢。试求该压杆的临界力。

**解**　首先计算压杆的柔度，要注意截面的最小惯性半径应取对 $y_0$ 轴的惯性半径，即 $i_{y0} = 0.58$ cm，由此可以算出其柔度：

$$\lambda = \frac{\mu l}{i} = \frac{2 \times 0.5}{0.58 \times 10^{-2}} = 172$$

可见该压杆属于大柔度杆，可以使用欧拉公式计算其临界力，仍要

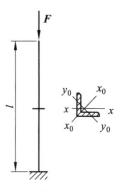

图 12-8

注意截面的最小惯性矩应取对 $y_0$ 轴的惯性矩，即 $I_{y0} = 0.77 \text{ cm}^4$，由此可以算出该压杆的临界力：

$$F_{cr} = \frac{\pi^2 EI}{(\mu l)^2} = \frac{\pi^2 \times 206 \times 10^9 \times 0.77 \times 10^{-8}}{(2 \times 0.5)^2} = 15.7 \times 10^3 \text{ N} = 15.7 \text{ kN}$$

### 12.4.2　中、小柔度杆的临界应力

如果压杆的柔度 $\lambda < \lambda_p$，则临界应力 $\sigma_{cr}$ 就大于材料的比例极限 $\sigma_p$，这时欧拉公式已不适用。对于这类压杆，通常采用以试验结果为依据的经验公式。常用的经验公式有直线公式和抛物线公式两种。

**1. 直线公式**

$$\sigma_{cr} = a - b\lambda \tag{12-7}$$

式中：$a$ 和 $b$ 是与材料力学性能有关的常数。

显然临界应力不能大于极限应力（塑性材料为屈服极限，脆性材料为强度极限），因此直线形经验公式也有其适用范围。应用式（12-7）时柔度 $\lambda$ 应有一个最低界限，对于塑性材料，

$$\lambda_s = \frac{a - \sigma_s}{b}$$

$\lambda_s \leqslant \lambda < \lambda_p$ 的压杆可使用直线形经验公式（12-7）计算其临界应力，这样的压杆称为中柔度杆或中长压杆。对于脆性材料可用 $\sigma_b$ 代替 $\sigma_s$ 而得到 $\lambda_b$。

$\lambda < \lambda_s$ 的压杆称为小柔度杆或短粗杆。小柔度杆不会因失稳而破坏，只会因压应力达到极限应力而破坏，属于强度破坏，因此小柔度杆的临界应力即为极限应力。

**2. 抛物线公式**

$$\sigma_{cr} = \sigma_u - a\lambda^2 \tag{12-8}$$

式中：$a$ 是与材料力学性能有关的常数。

在我国现行《钢结构设计标准》（GB 50017）中，对以 $\sigma_s$ 为极限应力的材料制成的中长杆提出了如下的抛物线形经验公式：

$$\sigma_{cr} = \sigma_s \left[ 1 - \alpha \left( \frac{\lambda}{\lambda_c} \right)^2 \right] \quad (\lambda < \lambda_c) \tag{12-9}$$

式（12-9）的适用范围是 $\lambda < \lambda_c$。对于 Q235 钢和 16 锰钢，式中的系数 $\alpha$ 为 0.43；$\lambda_c$ 为 $\pi \sqrt{\dfrac{E}{0.57\sigma_s}}$，$\lambda_c$ 值取决于材料的力学性能，例如对于 Q235 钢，$\lambda_c = 123$。

### 12.4.3　压杆的临界应力总图

由上述讨论可知，压杆的临界应力 $\sigma_{cr}$ 的计算与柔度 $\lambda$ 有关，在不同的 $\lambda$ 范围内计算方法也不相同。压杆的临界应力 $\sigma_{cr}$ 与柔度 $\lambda$ 之间的关系曲线称为压杆的临界应力总图。

图 12-9 是直线形经验公式的临界应力总图。

$\lambda \geqslant \lambda_p$ 的压杆为细长杆或大柔度杆，其临界应力 $\sigma_{cr} \leqslant \sigma_p$，可用欧拉公式计算；

$\lambda_s \leqslant \lambda < \lambda_p$ 的压杆为中长杆或中柔度杆，其临界应力 $\sigma_{cr} > \sigma_p$，可用经验公式（12-7）计算；

$\lambda < \lambda_s$ 的压杆为短粗杆或小柔度杆，其临界应力 $\sigma_{cr} = \sigma_u$，应按强度问题处理。

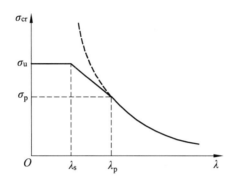

图 12-9　直线形经验公式的压杆临界应力总图

图 12-10 是抛物线形经验公式的临界应力总图。在工程实际中，并不一定用 $\sigma_p$ 来分界，而是用 $\sigma_c = 0.57\sigma_s$ 来分界，即：

当 $\lambda \geqslant \lambda_c$ 时，压杆的临界应力 $\sigma_{cr} \leqslant \sigma_c$，可用欧拉公式计算；

当 $\lambda < \lambda_c$ 时，压杆的临界应力按经验公式（12-8）或（12-9）计算。

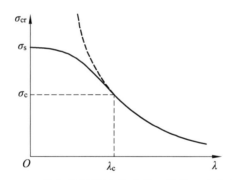

图 12-10　抛物线形经验公式的压杆临界应力总图

## 12.5　压杆的稳定计算及提高稳定性的措施

### 12.5.1　压杆的稳定许用应力及折减系数

与压杆的强度计算相似，在对压杆进行稳定计算时，不能使压杆的实际工作应力达到临界应力 $\sigma_{cr}$，需要确定一个适当低于临界应力的稳定许用应力 $[\sigma_{cr}]$：

$$[\sigma_{cr}] = \frac{\sigma_{cr}}{n_{st}}$$

式中：$n_{st}$ 为稳定安全系数，其值随压杆的柔度 $\lambda$ 而变化，一般来说，$n_{st}$ 随着柔度 $\lambda$ 的增大而增大。工程实际中的压杆都不同程度地存在着某些缺陷，严重地影响了压杆的稳定性，因此稳定安全系数一般规定得比强度安全系数要大些。例如对于一般钢构件，其强度安全系数规定为 1.4 ~ 1.7，而稳定安全系数规定为 1.5 ~ 2.2，甚至更大。

为了计算方便，将稳定许用应力$[\sigma_{cr}]$与强度许用应力$[\sigma]$之比用$\varphi$来表示，即：

$$\varphi = \frac{[\sigma_{cr}]}{[\sigma]}$$

或
$$[\sigma_{cr}] = \varphi[\sigma]$$

式中：$\varphi$称为折减系数或稳定系数，因$\sigma_{cr}$和$n_{st}$均随压杆的柔度而变化，因此$\varphi$也是$\lambda$的函数，即$\varphi = \varphi(\lambda)$，其值在 0 ~ 1 之间。

### 12.5.2　压杆的稳定条件

压杆的稳定条件是使压杆的实际工作压应力不能超过稳定许用应力$[\sigma_{cr}]$，即：

$$\frac{F}{A} \leqslant [\sigma_{cr}]$$

引用折减系数$\varphi$，压杆的稳定条件可写为：

$$\frac{F}{A} \leqslant \varphi[\sigma] \tag{12-10a}$$

或
$$\frac{F}{\varphi A} \leqslant [\sigma] \tag{12-10b}$$

与强度计算类似，稳定性计算主要解决三方面的问题：稳定性校核、选择截面、确定许用荷载。

需要说明的是，截面的局部削弱对整个杆件的稳定性影响不大，因此在稳定计算中横截面面积一般取毛面积，但需要对该处进行强度校核。再者，因为压杆的折减系数$\varphi$（或柔度$\lambda$）受截面形状和尺寸的影响，因此在压杆的截面设计过程中，不能通过稳定条件求得两个未知量，通常采用试算法，如后面的例题所示。

**例 12-3**　如图 12-11 所示结构由两根材料和直径均相同的圆杆组成，杆的材料为 Q235 钢，已知 $h = 0.4$ m，直径 $d = 20$ mm，材料的强度许用应力$[\sigma] = 170$ MPa，荷载 $F = 15$ kN。试校核两杆的稳定性。

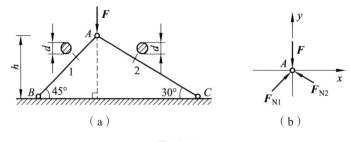

图 12-11

**解**　为校核两杆的稳定性，首先需要计算每根杆所承受的压力，为此考虑节点 $A$ 的平衡，其平衡方程为：

$$\sum F_x = 0: F_{N1}\cos 45° - F_{N2}\cos 30° = 0$$

$$\sum F_y = 0: F_{N1}\sin 45° + F_{N2}\sin 30° - F = 0$$

由此解得两杆所受的压力分别为：

$$F_{N1} = 0.896F = 13.44 \text{ kN}$$

$$F_{N2} = 0.732F = 10.98 \text{ kN}$$

两杆的长度分别为：

$$l_1 = h/\sin 45° = 0.566 \text{ m}$$

$$l_2 = h/\sin 30° = 0.8 \text{ m}$$

两杆的柔度分别为：

$$\lambda_1 = \frac{\mu l_1}{i} = \frac{\mu l_1}{d/4} = \frac{1 \times 0.566}{0.02/4} = 113$$

$$\lambda_2 = \frac{\mu l_2}{i} = \frac{\mu l_2}{d/4} = \frac{1 \times 0.8}{0.02/4} = 160$$

查表，并插值可得两杆的折减系数分别为：

$$\varphi_1 = 0.536 + (0.460 - 0.536) \times \frac{3}{10} = 0.515$$

$$\varphi_2 = 0.272$$

对两杆分别进行稳定性校核：

$$\frac{F_{N1}}{\varphi_1 A} = \frac{13.44 \times 10^3}{0.515 \times \pi \times 0.02^2 / 4} = 83 \times 10^6 \text{ Pa} = 83 \text{ MPa} < [\sigma]$$

$$\frac{F_{N2}}{\varphi_2 A} = \frac{10.98 \times 10^3}{0.272 \times \pi \times 0.02^2 / 4} = 128 \times 10^6 \text{ Pa} = 128 \text{ MPa} < [\sigma]$$

两杆均满足稳定条件。

**例 12-4**　如图 12-12 所示两端铰支的钢柱，已知长度 $l = 2$ m，承受轴向压力 $F = 500$ kN，试选择工字钢截面，材料的许用应力 $[\sigma] = 160$ MPa。

**解**　在稳定条件（12-10a）中，不能同时确定两个未知量 $A$ 与 $\varphi$，因此必须采用试算法。

（1）第一次试算：假设 $\varphi_1 = 0.5$，根据稳定条件（12-10a）

$$A_1 \geqslant \frac{F}{\varphi_1 [\sigma]} = \frac{500 \times 10^3}{0.5 \times 160 \times 10^6} = 62.5 \times 10^{-4} \text{ m}^2$$

查型钢表，试选 28b 号工字钢，其横截面面积 $A_1' = 61.5$ cm$^2$，最小惯性半径 $i_{min} = i_y = 2.49$ cm，于是

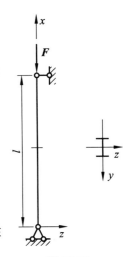

图 12-12

$$\lambda_1 = \frac{\mu l}{i_y} = \frac{1 \times 2}{2.49 \times 10^{-2}} = 80$$

查折减系数表得 $\varphi_1' = 0.731$，由于 $\varphi_1'$ 与 $\varphi_1$ 相差较大，因此必须进行第二次试算。

（2）第二次试算：假设

$$\varphi_2 = \frac{1}{2}(\varphi_1 + \varphi_1') = \frac{1}{2}(0.5 + 0.731) = 0.616$$

根据稳定条件（12-10a）

$$A_2 \geqslant \frac{F}{\varphi_2 [\sigma]} = \frac{500 \times 10^3}{0.616 \times 160 \times 10^6} = 50.73 \times 10^{-4} \, \text{m}^2$$

再选 25a 号工字钢，其横截面面积 $A_2' = 48.5 \, \text{cm}^2$，最小惯性半径 $i_{\min} = i_y = 2.40 \, \text{cm}$，于是

$$\lambda_2 = \frac{\mu l}{i_y} = \frac{1 \times 2}{2.40 \times 10^{-2}} = 83$$

查折减系数表并插值得：

$$\varphi_2' = 0.731 + (0.669 - 0.731) \times \frac{3}{10} = 0.712$$

与 $\varphi_2$ 相差仍较大，因此还需进行第三次试算。

（3）第三次试算：假设

$$\varphi_3 = \frac{1}{2}(\varphi_2 + \varphi_2') = \frac{1}{2}(0.616 + 0.712) = 0.664$$

根据稳定条件（12-10a）

$$A \geqslant \frac{F}{\varphi_3 [\sigma]} = \frac{500 \times 10^3}{0.664 \times 160 \times 10^6} = 47.06 \times 10^{-4} \, \text{m}^2$$

再选 22b 工字钢，其横截面面积 $A_3' = 46.4 \, \text{cm}^2$，最小惯性半径 $i_{\min} = i_y = 2.27 \, \text{cm}$，于是

$$\lambda_3 = \frac{1 \times 2}{2.27 \times 10^{-2}} = 88$$

$$\varphi_3' = 0.731 + (0.669 - 0.731) \times \frac{8}{10} = 0.681$$

此时 $\varphi_3'$ 与 $\varphi_3$ 已经相差不大，可以进行稳定校核。

最后选定 22b 号工字钢。

### 12.5.3　提高压杆稳定性的措施

为了提高压杆承载能力，必须综合考虑杆长、支承、截面的合理性以及材料性能等因素的影响。可能的措施有以下几方面：

（1）尽量减小压杆杆长。

对于细长杆，其临界荷载与杆长平方成反比。因此，减少杆长可以显著地提高压杆承载能力，在某些情形下，通过改变结构或增加支点可以达到减小杆长从而提高压杆承载能力的目的。

（2）增强支承的刚性。

支承的刚性越大，压杆长度系数值越低，临界荷载越大，如将两端铰支的细长杆，变成两端固定约束的情形，临界荷载将呈数倍增加。

（3）合理选择截面形状（增大截面惯性矩）。

当压杆两端在各个方向弯曲平面内具有相同的约束条件时，压杆将在刚度最小的平面内弯曲。这时如果只增加截面某个方向的惯性矩，并不能提高压杆的承载能力，最经济的办法是将截面设计成空的，且尽量加大截面的惯性矩，并使截面对各个方向轴的惯性矩均相同。因此，对一定的横截面面积，正方形截面或圆截面比矩形截面好，空心截面比实心截面好。

当压杆端部在不同的平面内具有不同的约束条件时，应采用最大与最小惯性矩不等的截面，并使惯性矩较小的平面内具有较强刚性的约束。

（4）合理选用材料（增大弹性模量 $E$）。

在其他条件均相同的条件下，选用弹性模量大的材料，可以提高细长压杆的承载能力。例如钢杆临界荷载大于铜、铸铁或铝制压杆的临界荷载。但是，普通碳素钢、合金钢以及高强度钢的弹性模量数值相差不大。因此，对于细长杆，若选用高强度钢，对压杆临界荷载影响甚微，意义不大，反而造成材料的浪费。

但对于粗短杆或中长杆，其临界荷载与材料的比例极限或屈服强度有关，这时选用高强度钢会使临界荷载有所提高。

# 思　考　题

12-1　何谓失稳？何谓稳定平衡？何谓临界荷载？临界状态的特征是什么？

12-2　细长压杆在推导欧拉临界力时，是否与所选坐标有关？就下端固定、上端自由，并在自由端受轴向压力作用的等直细长杆而言，若取坐标如图所示，试问能否推导出欧拉公式 $F_{\mathrm{cr}} = \dfrac{\pi^2 EI}{(2l)^2}$。

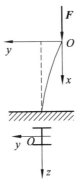

思考题 12-2 图

12-3 何谓相当长度与长度系数？如何确定两端非铰支细长压杆的临界荷载？

12-4 如何进行压杆的合理设计？

12-5 何谓柔度？它的量纲是什么？何谓临界压力？如何确定欧拉公式的适用范围？

12-6 试推导两端固定、弯曲刚度为 $EI$、长度为 $l$ 的等截面中心受压直杆的临界力 $F_{cr}$ 的欧拉公式。

# 习 题

12-1 两端铰支、强度等级为 $TC_{YF}23$ 的木柱，截面为 $150\,mm \times 150\,mm$ 的正方形，长度 $l = 3.5\,m$，强度许用应力 $[\sigma] = 10\,MPa$。试求木柱的许可荷载。

12-2 一根 $30 \times 50\,mm^2$ 的矩形截面压杆，两端为球形铰支。试问杆长为何值时即可应用欧拉公式计算临界荷载。已知材料的弹性模量 $E = 200\,GPa$，比例极限 $\sigma_p = 200\,MPa$。

12-3 如图所示结构，$AB$ 为刚性杆，$BC$ 为弹性梁，在刚性杆顶端承受铅垂荷载 $F$ 作用，试求其临界值。设梁 $BC$ 各截面的弯曲刚度均为 $EI$。

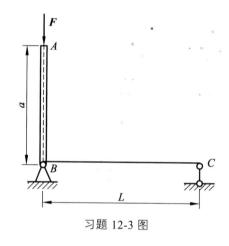

习题 12-3 图

12-4 如图所示，铰接杆系 $ABC$ 由两根具有相同截面和同样材料的细长杆件所组成。若由于杆件在平面 $ABC$ 内失稳而引起损坏，试确定荷载 $F$ 为最大时的 $\theta$ 角（假设 $0 < \theta < \dfrac{\pi}{2}$）。

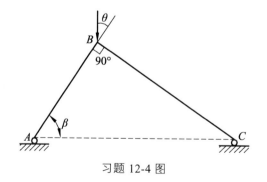

习题 12-4 图

# 第 13 章　平面体系的几何组成分析

结构力学是研究结构的合理形式以及结构在受力状态下内力、变形、动力响应和稳定性等方面的规律性的学科。依据土建类专业建筑力学课程的基本要求，从本章至第 16 章，主要讲述结构力学基本理论问题，包括平面体系的几何组合分析、静定结构的内力分析以及位移计算、超静定结构的内力计算方法，以此使读者对结构力学基本概念以及杆件结构内力计算有一个基本的了解和掌握，为熟悉各种建筑结构的基本受力、变形特征、规律打下较为扎实的基础。

## 13.1　平面体系的几何组成概述

### 13.1.1　几何组成

杆件结构是由若干杆件通过一定方式互相联结所组成的几何不变体系。当我们对体系的几何组成进行分析时，称为几何组成分析。

根据体系的几何组成以及体系受到任意荷载作用后形状是否发生改变，可把体系分为几何不变体系和几何可变体系两大类。

**几何不变体系**：在受到任意荷载作用后，在不考虑材料应变所产生变形的条件下，能够保持几何形状和位置不变的体系，如图 13-1（a）所示。

**几何可变体系**：在受到任意荷载作用后，在不考虑材料应变所产生变形的条件下，不能够保持几何形状和位置不变的体系，如图 13-1（b）所示。

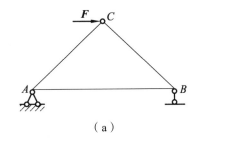
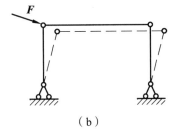

（a）　　　　　　　　　　　　　　　（b）

图 13-1

### 13.1.2　几何组成分析的目的

对几何体系进行几何组成分析的目的在于：

（1）判断某一体系是否几何不变，从而决定它能否作为结构使用。

（2）研究几何不变体系的组成规则，以保证设计出合理的结构。

（3）能够正确区分静定结构和超静定结构，以便选择适当的结构计算方法。

## 13.2 刚片、自由度和约束的概念

在几何组成分析中，由于不考虑材料的变形，可以把一根杆件或已知几何不变的部分看作一个刚体，这种刚体在平面体系的几何组成分析中通常被称为刚片。

自由度：该体系运动时，用来确定其位置所需的独立坐标（或参变量）数目，即指该体系运动时用来确定其位置所需要独立坐标的数目。

平面内一个点有两个自由度。而一个刚片在平面内运动时，其位置将由坐标 $x$、$y$ 和过刚片内任意两点的直线倾角来确定。因此，平面内的一个刚片有 3 个自由度。

约束：限制体系的运动以减少体系自由度的装置。在体系几何组成中，常见的有链杆、铰链和刚接这三类约束。铰通常又分为单铰和复铰。

链杆：如图 13-2（a）所示，链杆是两端用铰与其他两个刚片相连的刚性杆。链杆只限制与其相连接的刚片沿链杆两铰连线方向上的运动，刚片不能沿链杆方向移动，因而减少了一个自由度，所以一根链杆相当于一个约束。

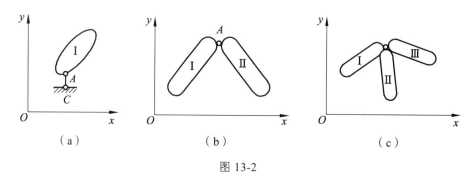

图 13-2

单铰：连接两个刚片的圆柱铰。如图 13-2（b）所示，用一单铰将刚片在某点连接起来。先用三个坐标确定刚片 Ⅰ 的位置，然后再用一个转角就可确定刚片 Ⅱ 的位置。两个独立的刚片在平面内共有 6 个自由度，连接以后自由度减为 4 个。由此可见，一个单铰可以减少两个自由度，即一个单铰相当于两个约束。

复铰：同时连接两个以上刚片的圆柱形铰链。如图 13-2（c）所示，复铰连接 3 个刚片，它的连接过程可假设：先有刚片 Ⅰ，然后用单铰将刚片 Ⅱ 和刚片 Ⅰ 连接，再以单铰将刚片 Ⅲ 与刚片 Ⅰ 连接。连接 3 个刚片的复铰相当于两个单铰。同理，连接 $n$ 个刚片的复铰相当于 $n-1$ 个单铰，也相当于 $2(n-1)$ 个约束。

刚接：如图 13-3 所示，刚片 $AB$ 和刚片 $AC$ 之间为刚性连接。原来刚片 $AB$ 和刚片 $AC$ 各有 3 个自由度，共有 6 个自由度。刚性连接后，两刚片不发生任何相对运动，构成了一个刚片，这时的自由度为 3，所以一个刚性连接相当于 3 个约束。悬臂梁的固定端就是刚片与基础间的刚性连接。

多余约束：在一个体系中增加一个约束，但不能限制自由度，则此约束称多余约束，如图 13-4 所示。

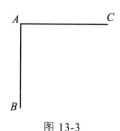

图 13-3

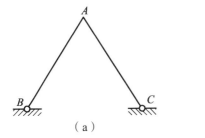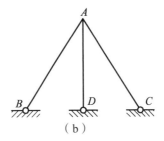

图 13-4

## 13.3　平面几何不变体系的基本组成

### 13.3.1　二元体规则

二元体是指在体系的几何组成分析中，由两根不在同一条直线上的链杆连接一个新结点的装置。

二元体构造规则：一个刚片与一个点之间用两根不在一条直线上的链杆相连接，则组成的体系是几何不变的，且没有多余约束，如图 13-5（a）所示。

二元体规则：在一个已知体系上增加或撤除二元体，不会改变原体系的几何不变性或可变性。

去掉二元体是体系的拆除过程，应从体系的外边缘开始进行；而增加二元体是体系的组装过程，应从一个基本刚片开始。

### 13.3.2　两刚片规则

两个刚片之间用一个单铰以及一根与单铰不在一条直线上的链杆相连所组成的体系是几何不变的，且无多余约束，如图 13-5（b）所示。

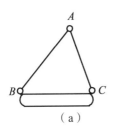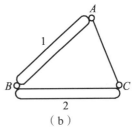

图 13-5

一个单铰的作用相当于两根链杆，如图 13-6 所示。即两刚片用不完全平行也不全交于一点的三根链杆相连接，则组成无多余约束的几何不变体系。

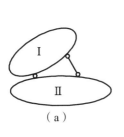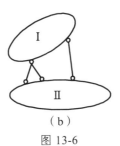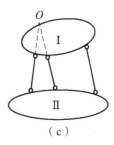

图 13-6

### 13.3.3　三刚片规则

三个刚片相互之间用三个不在一条直线上的单铰两两连接,则组成的体系是几何不变的,且无多余约束。

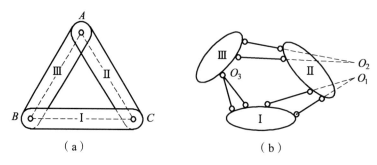

图 13-7

如图 13-7（a）所示，若任一个铰用两根链杆代替，只要这些由两根链杆所组成的实铰或虚铰不在同一直线上，则这样组成的体系也是无多余约束的几何不变体系，如图 13-7（b）所示。

### 13.3.4　瞬变体系

瞬变体系：在某瞬时可以发生微小位移的体系。

虽然瞬变体系在经过微小位移后又成为几何不变体系，但是由于瞬变体系在受力时将可能出现很大的内力而导致破坏，或者产生过大的变形而影响使用，因此不能用作结构。即工程结构不能采用瞬变体系。

例如：在如图 13-8（a）所示体系中，在荷载 $F$ 作用下铰 $C$ 向下发生了一微小位移而到达 $C'$ 位置。如图 13-8（b）所示为瞬变后 $C$ 结点受力图，由于 $\theta$ 角趋近于零，$AC$、$BC$ 杆的内力 $F_N = F/2\sin\theta$ 将趋近无穷大，故工程结构不能采用瞬变体系。

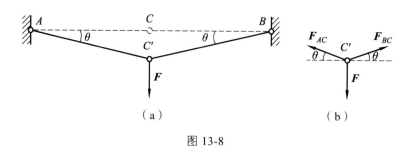

图 13-8

## 13.4　平面体系自由度计算和几何组成分析

### 13.4.1　平面体系的计算自由度

由 $m$ 个刚片组成的结构，若用 $h$ 个单铰相连，当支座链杆数为 $r$ 时，结构自由度 $W$ 的数目为：

$$W = 3m - 2h - r$$

**例 13-1**　计算如图 13-9（a）所示结构体系的自由度。

**解**　刚片数 $m = 8$，单铰数 $h = 10$，支座链杆数 $r = 3$，代入公式，得：

$$W = 3 \times 8 - 2 \times 10 - 2 = 1$$

此体系有一个自由度。

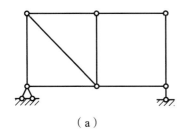 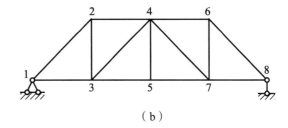

图 13-9

在平面杆件体系中，杆件两端全部用铰连接的体系称为链杆体系。以 $j$ 表示链杆体系的铰接点数目，以 $b$ 表示其杆件数目，以 $r$ 表示其支座链杆数目，则体系的自由度数 $W$ 可表示为：

$$W = 2j - b - r$$

**例 13-2**　计算图 13-9（b）所示体系的自由度。

**解**　$j = 8$，$b = 13$，$r = 3$，得：

$$W = 2j - b - r = 2 \times 8 - 13 - 3 = 0$$

### 13.4.2　自由度数计算结果的讨论

当 $W > 0$ 时，由于结构有自由度，体系缺乏足够的约束，结构的整体或局部在适当荷载下会发生刚体运动，这种结构属于几何可变体系。

当 $W = 0$ 时，体系具有维持几何不变所必需的最少约束数目，但三种体系（可变、不变、瞬变）都有存在的可能性，所以 $W = 0$ 不能作为几何不变体系的充分条件。

当 $W < 0$ 时，表明体系有多余约束。如果约束的布置不当，体系仍有发生运动的可能性。

上述分析表明，自由度 $W \leqslant 0$ 只是保证平面体系为几何不变的必要条件，而不是充分条件，体系有可能是几何不变的。而 $W > 0$ 的结构一定是几何可变体系。

## 13.5　几何组成分析举例

运用几何不变体系的组成规则是进行几何组成分析的依据，应该灵活正确地使用这些规则。在运用规则时，分析步骤从这几个方面开始：

（1）将能直接观察出的几何不变部分当作刚片，运用规则。

（2）恰当地选取基础，应用规则扩大其范围进行分析。

（3）逐一拆除二元体，使其简单化，以便进一步分析。

下面举例加以说明。

例 13-3　对图 13-10 所示体系进行几何组成分析。

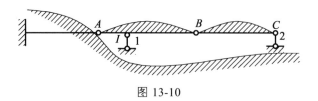

图 13-10

**解**　刚片 AB 与刚片 I 由铰 A 和支杆 1 相连组成几何不变的部分；再与刚片 BC 由铰 B 和支杆 2 相连，故原体系几何不变且无多余约束。

例 13-4　分析如图 13-11 所示体系的几何组成。

**解**　杆 AB 与地基通过一个实铰和一个不通过实铰的链杆相连，体系为几何不变体系，再增加二元体 ACE 与 BDF 后仍为几何不变体系。再增加一根三杆铰接 CD，故体系为具有一个多余约束的几何不变体系。

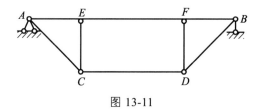

图 13-11

例 13-5　分析如图 13-12 所示体系的几何组成。

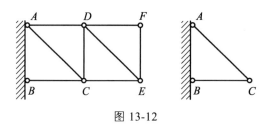

图 13-12

**解**　EF、DF 组成二元体，拆去后，DE 与 CE 也是二元体，去掉后，AD 与 CD 也是二元体，得到图 13-12（b）所示的铰接三角形 ABC，是无多余约束的几何不变体系。因此，原体系是无多余约束的几何不变体系。

## 13.6　静定结构与超静定结构

前已说明，结构必须是几何不变体系。而几何不变体系又分为无多余约束和有多余约束两类。对于无多余约束的结构，例如图 13-13（a）所示的组合梁，它的全部约束力和内力都可由静力平衡条件求得。这类结构称为静定结构。

对于有多余约束的结构，不能只依靠静力平衡条件求得其全部约束力和内力。如图 13-13（b）所示的连续梁，其支座约束力有 5 个，而静力平衡条件只有 3 个。因此仅利用 3 个静力平衡条件无法求得其全部约束力，从而也就不能求出它的全部内力。这类结构称为超静定结构。

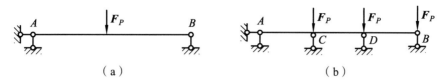

图 13-13

# 思 考 题

13-1 什么是刚片？什么是自由度？什么是约束？这些约束与体系的自由度有什么关系？

13-2 什么是二元体规则、两刚片规则和三刚片规则？

13-3 静定结构和超静定结构各是什么？有什么区别？

13-4 平面杆件结构可分为哪几种类型？

# 习 题

13-1 分析 13-1 图示的平面杆体系。

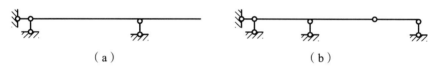

习题 13-1 图

13-2 对如图所示体系进行几何组成分析。

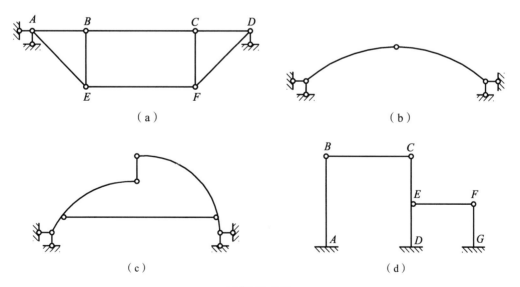

习题 13-2 图

# 第 14 章　静定结构内力分析

## 14.1　静定梁

多跨静定梁是由若干根梁用铰相连，并用若干支座与基础相连而组成的静定结构。在工程结构中，它常跨越几个相连的跨度。最常见的有：房屋建筑中的木檩条，如图 14-1（a）所示，图 14-1（b）为其计算简图；公路桥梁的主要承重结构，如图 14-1（c），图 14-1（d）为其计算简图。

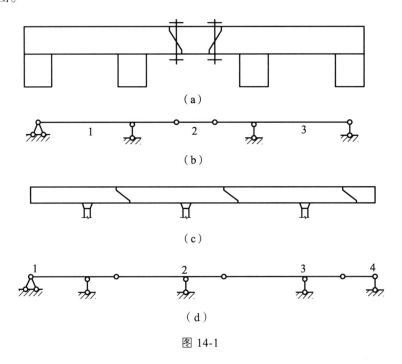

图 14-1

从几何组成来看，体系都可分为基本部分和附属部分。所谓基本部分，是指不依赖于其他部分的存在、能独立承受荷载的部分，是几何不变体系。附属部分是指必须依靠基本部分才能保持几何不变性，本身不能独立承受荷载的部分。如果附属部分被破坏或拆除，基本部分仍保持为几何不变。但基本部分被破坏或拆除，则附属部分也会被破坏。

从受力特点来看，荷载作用于基本部分上时，将只有基本部分受力，附属部分不受力。当荷载作用于附属部分上时，力将通过铰传递给基本部分，因而使基本部分受力。因此，多跨静定梁的约束力计算顺序应该是先计算附属部分，再计算基本部分。当每求出一段梁的约束力后，其内力计算和内力图的绘制就与单跨静定梁一样，最后将各段梁的内力图连在一起即为多跨静定梁的内力图。

例 14-1　作图 14-2（a）所示多跨静定梁的弯矩图和剪力图。

**解**　（1）作出多跨梁的层次图，如图 14-2（a）所示，*AE* 梁为基本部分，*EC* 梁为附属部分，层次图如图 14-2（b）所示。

（2）计算支座反力，从层次图可以看出，从附属部分 *EC* 开始。利用静力平衡条件依次计算出各梁的支座反力和约束力。各梁段受力分析如图 14-2（c）所示。

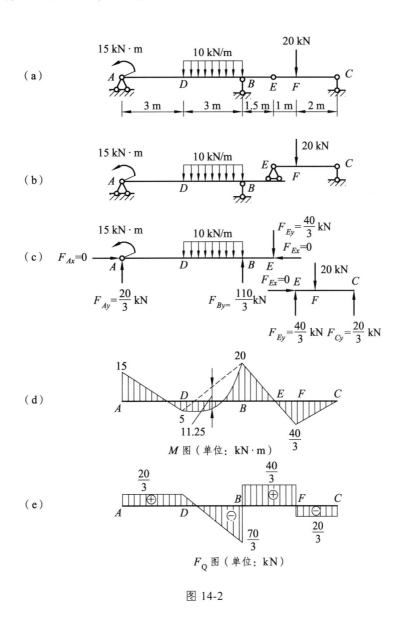

图 14-2

以 *EC* 为隔离体，由静力平衡条件，得

$$\sum F_x = 0 :\quad F_{Ex} = 0$$

$$\sum M_E = 0: \quad -20 \times 1 + F_{Cy} \times 3 = 0 \qquad F_{Cy} = 20/3 \text{（kN）}（\uparrow）$$

$$\sum F_y = 0: \quad F_{Ey} - 20 + F_{Cy} = 0 \qquad F_{Ey} = 40/3 \text{（kN）}（\uparrow）$$

以 $AE$ 为隔离体，如图 14-2（c）所示。由静力平衡条件，得

$$\sum F_x = 0: \quad F_{Ax} = F_{Ex} = 0$$

$$\sum M_B = 0: \quad 15 - F_{Ay} \times 6 + 1/2 \times 10 \times 3^2 - 40/3 \times 1.5 = 0 \quad F_{Ay} = 20/3 \text{（kN）}（\uparrow）$$

$$\sum F_y = 0: \quad F_{Ay} - 10 \times 3 + F_{By} - F_{Ey} = 0 \qquad F_{By} = 110/3 \text{（kN）}（\uparrow）$$

（3）绘制内力图。

由截面法确定出各控制截面的弯矩为

$$M_A = 15 \text{ kN} \cdot \text{m}（上侧受拉）$$

$$M_D = -5 \text{ kN} \cdot \text{m}（下侧受拉）$$

$$M_B = 20 \text{ kN} \cdot \text{m}（上侧受拉）$$

$$M_F = -20 \text{ kN} \cdot \text{m}（下侧受拉）$$

绘出弯矩图如图 14-2（d）所示。

由截面法确定出各控制截面的剪力为

$$F_{QA} = F_{QD} = 20/3 \text{ kN}$$

$$F_{QB}^{L} = -70/3 \text{ kN}$$

$$F_{QB}^{R} = F_{QE} = F_{QF}^{L} = 40/3 \text{ kN}$$

$$F_{QF}^{R} = F_{QC} = -20/3 \text{ kN}$$

绘出剪力图如图 14-2（e）所示。

## 14.2  静定平面刚架

### 14.2.1  静定平面刚架的特点

刚架是由直杆组成具有刚接点的结构，其中全部或部分结点为刚接点。若刚架各杆的轴线在同一平面内，而且荷载也可以简化到此平面内，则称为平面刚架。由静力平衡条件可以求出全部约束力和内力的平面刚架称为静定平面刚架。

刚架的优点是使梁柱形成一个刚性整体，增大了结构的刚度，并使内力分布比较均匀。此外，刚架还具有较大的净空，方便使用。

### 14.2.2  静定刚架的计算

静定平面刚架内力计算的方法：先求解支座反力，然后采用截面法，由平衡条件求出各

杆端的内力，依据荷载与内力的关系连线绘制内力图，校核。

内力正负号规定：轴力以拉力为正；剪力以对该截面有顺时针转动的趋势为正；轴力图与剪力图可画在杆件的任一侧，注明正负号。弯矩不定义正负号，但规定将弯矩图画在受拉的一侧。

**例 14-2**  作图 14-3（a）所示刚架的内力图。

**解**  （1）计算支座反力。

此为一简支刚架，反力有 3 个，由刚架的整体平衡方程可求得：

$$F_{Ay} = 44\,\text{kN}\ (\uparrow),\quad F_{Bx} = 48\,\text{kN}\ (\rightarrow),\quad F_{By} = 28\,\text{kN}\ (\downarrow)$$

把反力的结果表示在计算简图上，如图 14-3（a）所示。

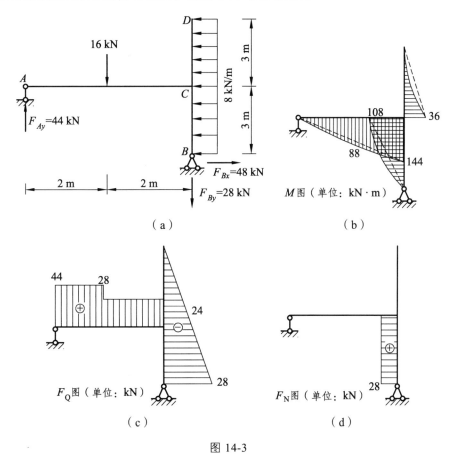

图 14-3

（2）求各杆杆端内力。

确定 CD 杆 C 端内力，以 C 截面以上部分分析：

$$M_{CD} = 8 \times 3 \times 3/2 = 36\,\text{kN} \cdot \text{m}\ (\text{右侧受拉}),\quad F_{QCD} = -8 \times 3 = -24\,\text{kN},\quad F_{NCD} = 0$$

确定 AC 杆 C 端内力，以 C 截面左边分析：

$$M_{CA} = 44 \times 4 - 16 \times 2 = 144\,\text{kN} \cdot \text{m}\ (\text{下侧受拉}),\quad F_{QCA} = 44 - 16 = 28\,\text{kN},\quad F_{NCA} = 0$$

$A$ 为可动铰支座，所以：

$$M_{AC} = 0，\ F_{QAC} = 44\ \text{kN}，\ F_{NAC} = F_{NCA} = 0$$

确定 $BC$ 杆端内力，以 $C$ 截面分析：

$$M_{CB} = 48 \times 3 - 7 \times 3 \times 3/2 = 108\ \text{kN} \cdot \text{m}（左侧受拉），\ F_{QCB} = 8 \times 3 - 48 = -24\ \text{kN}，$$

$$F_{NCB} = 28\ \text{kN}（拉）$$

$B$ 为固定铰支座：

$$M_{BC} = 0，\ F_{QBC} = -48\ \text{kN}，\ F_{NBC} = F_{NCB} = 28\ \text{kN}（拉）$$

（3）作内力图。

根据所求各杆端控制截面的内力值，再结合所受荷载，分别绘出弯矩图[图 14-3（b）]、剪力图[图 14-3（c）]和轴力图[图 14-3（d）]。

（4）校核。

由 $\sum M_C = 144 - 108 - 36 = 0$ 可知，满足结点 $C$ 的力矩平衡条件。

由 $\sum F_x = 24 - 24 = 0$，$\sum F_y = 28 - 28 = 0$ 可知计算无误。

**例 14-3** 作图 14-4（a）所示三铰刚架的内力图。

**解** （1）求支座反力。考虑整体平衡，由

$$\sum F_y = 0$$

得：

$$F_{Bx} = F_{Ax}$$

再由 $\sum M_A = 0$：$20 \times 3 \times 1.5 + 40 - F_{By} \times 6 = 0$

得：

$$F_{By} = 21.7\ \text{kN}（\uparrow）$$

由 $\sum M_B = 0$：$20 \times 3 \times 4.5 - 40 - F_{Ay} \times 6 = 0$

得：

$$F_{Ay} = 38.3\ \text{kN}（\uparrow）$$

考虑 $C$ 铰左侧部分平衡[图 14-4（b）]，有：

$$\sum M_C = 0：38.3 \times 3 - 20 \times 3 \times 1.5 - F_{Ax} \times 4 = 0$$

$$F_{Ax} = 6.2\ \text{kN}（\rightarrow）$$

因而 $F_{Bx} = F_{Ax} = 6.2\ \text{kN}（\leftarrow）$

（2）作内力图。求出各杆端的内力然后连线成图，如图 14-4（c）（d）（e）所示。

（3）校核。截取结点 $D$ 和 $E$，满足其平衡条件，计算无误。

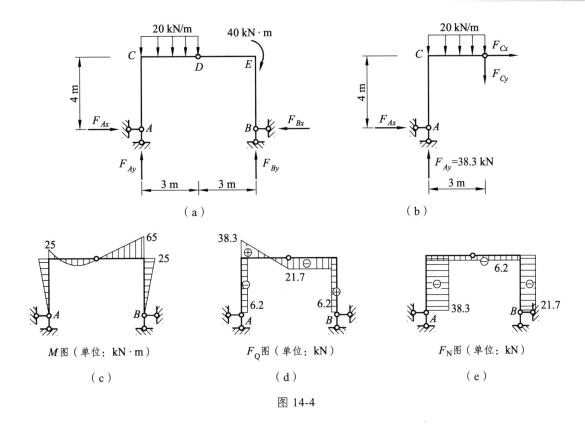

图 14-4

## 14.3 三铰拱

### 14.3.1 三铰拱的特点

拱是工程中应用比较广泛的结构形式之一。拱结构的计算简图通常有三种,如图 14-5 所示,即无铰拱、两铰拱和三铰拱。本节中只讨论三铰拱的计算。

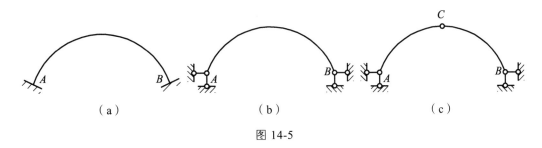

图 14-5

拱结构特点:杆轴线为曲线,在竖向荷载作用下会产生水平反力,这种力又被称为推力。拱与梁的区别不仅在于外形不同,主要是竖向荷载作用下是否产生水平推力。由于推力的存在,拱中各截面的弯矩比相应简支梁的弯矩要小得多,并且会使整个拱体主要承受压力。这就使得拱截面上的应力分布较均匀,更能发挥材料的作用,所以拱可利用抗压强度高而抗拉强度低的砖、石和混凝土等材料。

拱结构如图 14-6(a)所示,拱顶是指拱的最高点;拱趾是指支座处;跨度是指两支座

间的水平距离 $l$ ；矢高是指拱顶到两支座间连线的竖向距离，用 $f$ 表示；高跨比是指拱高与跨度之比 $f/l$ ，在实际工程中，其值一般在 $1/10 \sim 1$ 之间。

### 14.3.2  三铰拱的计算

**1. 支座反力计算**

为了说明三铰拱的计算方法，现以图 14-6（b）所示在竖向荷载作用下的平拱为例，导出计算公式。

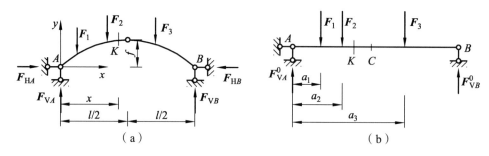

图 14-6

由 $\sum F_x = 0$ 得：

$$F_{HA} = F_{HB} = F_H$$

由 $\sum M_A = 0$ 得：

$$F_1 a_1 + F_2 a + F_3 a_3 - F_{VB} l = 0$$

$$F_{VB} = \frac{F_1 a_1 + F_2 a_2 + F_3 a_3}{l}$$

由 $\sum M_B = 0$ 得：

$$F_{VA} = F_1(l - a_1) + F_2(l - a_2) + F_3(l - a_3)$$

考虑 $C$ 铰左侧部分平衡，由 $\sum M_C = 0$ 得：

$$F_H = \frac{F_{VA} l/2 - F_1(l/2 - a_1) - F_2(l/2 - a_2)}{f}$$

与简支梁相比有：

$$F_{VA} = F_{VA}^0, \quad F_{VB} = F_{VB}^0, \quad F_H = M_C^0 / f$$

可知，推力只与 3 个铰的位置有关，而与各铰间拱轴的形状无关，也就是说，它与拱的高跨比 $f/l$ 有关。当荷载和拱的跨度不变时，推力将与拱高成反比。

**2. 内力计算**

计算内力时，需要注意拱轴为曲线，拱轴应与截面正交。任一截面 $K$ 的位置取决于该截面形心坐标 $x$ 、 $y$ ，以及该处拱轴切线的水平倾斜角 $\theta$ 。截面 $K$ 的内力可以分解为弯矩 $M_K$ 、剪力 $F_{SK}$ 和轴力 $F_{NK}$ ，如图 14-7 所示。

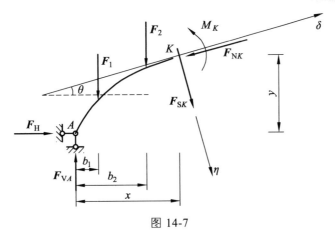

图 14-7

由 $\sum M_K = 0$：$[(F_{VA} - F_1(x - b_1) - F_2(x - b_2)] - F_H y = 0$

得：$M_K = M_K^0 - F_H y$

由 $\sum F_\eta = 0$：$-(F_{VA} - F_1 - F_2)\cos\theta - F_H \sin\theta = 0$

得：$F_{SK} = F_{SK}^0 \cos\theta - F_H \sin\theta$

由 $\sum F_\delta = 0$：$-F_{NK} + (F_{VA} - F_1 - F_2)\sin\theta + F_H \cos\theta = 0$

得：$F_{NK} = F_{SK}^0 \sin\theta - F_H \cos\theta$

即三铰拱任意截面上 $K$ 的内力 $M_K$、$F_{SK}$ 和 $F_{NK}$：

$$M_K = M_K^0 - F_H y$$

$$F_{SK} = F_{SK}^0 \cos\theta - F_H \sin\theta$$

$$F_{NK} = F_{SK}^0 \sin\theta + F_H \cos\theta$$

综上所述：三铰拱的内力值不但与荷载及三个铰的位置有关，而且与各铰间拱轴线的形状有关。

## 3. 三铰拱的合理拱轴线

在一般情况下，当荷载及三个铰的位置确定时，三铰拱的反力就可确定。若使拱的所有截面上的弯矩为零，则截面上仅受轴向压力的作用，各截面都处于均匀受压状态，材料能得到充分利用。从力学观点来看，这是最经济的。若拱的所有截面上的弯矩都为零，则这样的拱轴线就称为在该荷载作用下的合理拱轴线。

合理拱轴线可根据弯矩为零的条件来确定。在竖向荷载作用下，三铰拱的任意截面上弯矩为 $M_K = M_K^0 - F_H y = 0$，得：

$$y_k = M_K^0 / F_H$$

当拱受的荷载为已知时，只要求出相应简支梁弯矩方程 $M_K^0$，然后除以水平推力 $F_H$，便可得到合理拱轴方程。

**例 14-4**　如图 14-8 所示三铰拱上作用有沿水平向均布的竖向荷载 $q$，试求拱的合理轴线。

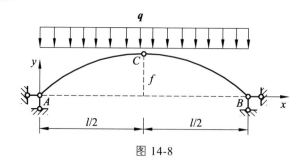

图 14-8

**解** 由 $y_k = M_K^0 / F_H$，在均布荷载 $q$ 作用下，其弯矩方程为：

$$M_K = \frac{1}{2}qlx - \frac{1}{2}qx^2 = \frac{1}{2}qx(l-x)$$

求得：
$$F_H = M_C^0 / f = \frac{ql^2}{8f}$$

由此得到合理轴线方程为：

$$y = \frac{4f}{l^2}x(l-x)$$

由此可见，在竖向均布荷载作用下，对称三铰拱的合理拱轴线是一条二次抛物线。因此，房屋建筑中拱的轴线常用抛物线。

## 14.4 静定平面桁架

### 14.4.1 桁架的特点

桁架是由直杆组成，全部由铰接点连接而成的结构。桁架结构在建筑工程中有着很广泛的应用，是一种常见的结构形式，如屋架、桥梁、起重机和高压塔线等。如图 14-9（a）（b）所示钢筋混凝土屋架和钢木屋架就属于桁架。

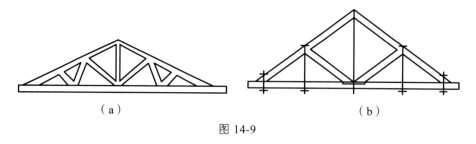

（a）                                （b）

图 14-9

在平面桁架中，通常引用如下假定：

（1）各杆两端用绝对光滑而无摩擦的理想铰相互连接。

（2）各杆的轴线都绝对平直，且在同一平面内并通过铰的几何中心。

（3）荷载和支座反力都作用在节点上并位于桁架平面内。

符合上面假设的桁架称为理想桁架，理想桁架中各杆的内力只有轴力。实际工程中的桁架可能与理想桁架有较大的差别。

桁架根据几何组成方式，可分为两种类型：

（1）简单桁架：可以由基础或铰接三角形依次增加二元体构成的桁架，如图 14-10（a）（b）所示。

（2）联合桁架：由几片简单桁架按几何不变体系的组成规则组成的桁架，如图 14-10（c）所示。

桁架的杆件，依其所在位置不同，可分为弦杆和腹杆两类。弦杆是指桁架上、下外围的杆件，上面的杆件称为上弦杆，下面的杆件称为下弦杆。桁架上弦杆和下弦杆之间的杆件称为腹杆。腹杆又分为竖杆和斜杆。弦杆上相邻点之间的区间称为节间，其距离 $d$ 称为节间长度。如图 14-10（a）所示。

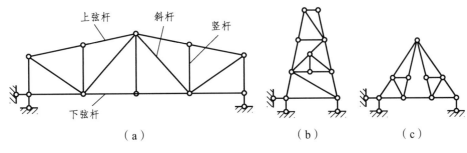

图 14-10

## 14.4.2　桁架内力的计算方法

### 1. 节点法

节点法就是取桁架的节点为隔离体，利用节点的静力平衡条件来计算杆件的内力或支座约束力。因为桁架的各杆只能承受轴力，作用于任一节点的各力组成一个平面汇交力系，所以可就每个节点列出两个平衡方程进行解算。

在实际计算中，应尽量使作用于所取节点的未知力不超过两个。在简单桁架中，实现这点并不困难，因为简单桁架是由基础或一个基本铰接三角形开始，依次增加二元体所组成的，其最后一个节点只包含两根杆件。分析这类桁架时，可先由整体平衡条件求出反力，然后再从最后一个节点开始，依次考虑各节点的平衡，即可使每个节点出现的未知内力不超过两个，可顺利求出各杆的内力。

### 2. 截面法

除节点法外，计算桁架内力的基本方法还有截面法。截面法是通过需求内力的杆件作一适当的截面，将桁架截为两部分，然后任取一部分为隔离体，根据平衡条件来计算所截杆件内力的方法。在一般情况下，作用于隔离体上的诸力构成平面一般力系，可建立 3 个独立平衡方程。因此，只要隔离体上的未知力数目不多于 3 个，则可直接把此截面上的全部未知力求出。

在联合桁架中，必须先用截面法求出联系杆的轴力，然后与简单桁架一样用节点法求各杆的轴力。一般地，在桁架的内力计算中，往往是节点法和截面法联合加以应用。

**例 14-5**　用节点法计算如图 14-11（a）所示桁架中各杆的内力。

**解**　求出支座反力。以整个桁架为隔离体：

$$\sum M_8 = 0：\ 8 \times (F_{R1} - 10) - 20 \times 6 - 10 \times 4 = 0，\ F_{R1} = 30\ \text{kN}$$

$$\sum F_Y = 0：\ 30 - 10 - 20 - 10 + F_{R8} = 0，\ F_{R8} = 10\ \text{kN}$$

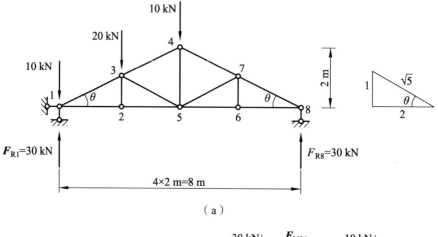

（a）

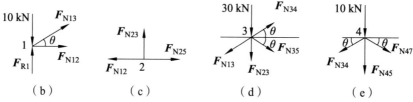

（b）　　　　（c）　　　　（d）　　　　（e）

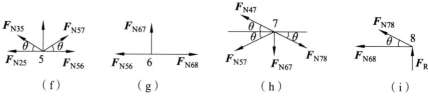

（f）　　　　（g）　　　　（h）　　　　（i）

图 14-11

通常假定杆件内力为拉力，如所得结果为负，则为压力。现用节点法计算各杆内力如下：

（1）取节点 1 为隔离体，如图 14-11（b）所示。

$$\sum F_y = 0：\ \frac{1}{\sqrt{5}} F_{N13} - 10 + 30 = 0，\ F_{N13} = -44.72\ \text{kN}$$

$$\sum F_x = 0：\ \frac{2}{\sqrt{5}} F_{N13} + F_{N12} = 0，\ F_{N12} = 40\ \text{kN}$$

（2）取节点 2 为隔离体，如图 14-11（c）所示。

$$\sum F_y = 0：\ F_{N23} = 0$$

$$\sum F_x = 0：\ F_{N25} - F_{N12} = 0，\ F_{N25} - F_{N12} = 40\ \text{kN}$$

（3）取节点 3 为隔离体，如图 14-11（d）所示。

$$\sum F_x = 0 : \quad -\frac{2}{\sqrt{5}}F_{N13} + \frac{2}{\sqrt{5}}F_{N34} + \frac{2}{\sqrt{5}}F_{N35} = 0$$

$$\sum F_y = 0 : \quad -20 + \frac{1}{\sqrt{5}}F_{N34} - \frac{1}{\sqrt{5}}F_{N35} - \frac{1}{\sqrt{5}}F_{N13} = 0$$

可得：$F_{N34} = -22.36 \text{ kN}$，$F_{N35} = -22.36 \text{ kN}$

（4）取节点 4 为隔离体，如图 14-11（e）所示。

由 $\sum F_x = 0$ 得：$F_{N47} = -22.36 \text{ kN}$

由 $\sum F_y = 0$ 得：$F_{N45} = 10 \text{ kN}$

（5）取节点 5 为隔离体，如图 14-11（f）所示。

由 $\sum F_x = 0$ 得：$F_{N56} = 20 \text{ kN}$

由 $\sum F_y = 0$ 得：$F_{N57} = 0 \text{ kN}$

（6）取节点 6 为隔离体，如图 14-11（g）所示。

由 $\sum F_x = 0$ 得：$F_{N68} = 20 \text{ kN}$

由 $\sum F_y = 0$ 得：$F_{N67} = 0 \text{ kN}$

（7）取节点 7 为隔离体，如图 14-11（h）所示。

由 $\sum F_x = 0$ 得：$F_{N78} = -22.36 \text{ kN}$

桁架中各杆件的内力都已求出，根据节点 8 的隔离体[图 14-11（i）]是否满足平衡条件进行校核：

$$\sum F_x = -(-22.36) \times \frac{2}{\sqrt{5}} - 20 = 0 , \quad \sum F_y = 0 - 22.36 \times \frac{1}{\sqrt{5}} + 10 = 0$$

故计算结果无误。

**例 14-6** 用截面法计算如图 14-12（a）所示桁架中 $a$、$b$、$c$ 三杆的内力。

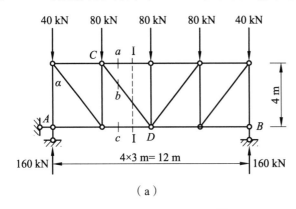

（a）

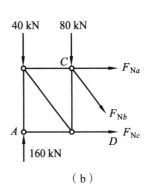

（b）

图 14-12

**解** （1）取整体为研究对象，计算出支座反力后，沿 1—1 截面将桁架切开，取左边为隔离体，其受力如图 14-2（b）所示。

由 $\sum M_C = 0$ 得：$160 \times 3 - 40 \times 3 - F_{Nc} \times 4 = 0$

故：$F_{Nc} = 90$ kN

由 $\sum M_D = 0$ ，$160 \times 6 - 40 \times 6 - 80 \times 3 + F_{Na} \times 4 = 0$

得：$F_{Na} = -120$ kN

由 $\sum F_y = 0$ ：$160 - 40 - 80 - F_{Nb} \times \cos\alpha = 0$

故：$F_{Nb} = \dfrac{5}{4} \times 40 = 50$ kN

## 14.5 静定组合结构

### 14.5.1 工程实例和计算简图

静定组合结构是由不同建筑材料、构件或体系相结合形成的共同承担荷载及其他作用，满足使用功能和安全要求的一定形式的组合体。常用于房屋建筑的屋架、吊车梁以及桥梁的承重结构。如图 14-13（a）所示的下撑式五角形屋架就是常见的静定组合结构。上弦杆由钢筋混凝土制成，主要承受弯矩和剪力；下弦杆和腹杆则用型钢，主要承受轴力。其计算简图如图 14-13（b）所示。

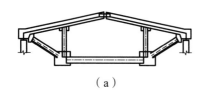
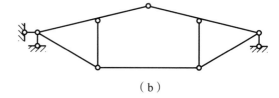

（a）　　　　　　　　　　　　　　　（b）

图 14-13

### 14.5.2 组合结构的内力计算和内力图绘制

**例 14-7** 求如图 14-14（a）所示组合结构的内力。

**解** 求出反力后，用截面法取出如图 14-14（b）所示隔离体。

由 $\sum F_C = 0$ 得 $N_{DE} = 2qd$ （拉）

取节点 C 为隔离体，如图 14-14（c）所示。

由 $\sum X = 0$ 得 $X_{DE} = 2qd$

再由投影比例关系可得：

$$Y_{DA} = 2qd , \quad N_{DA} = 2\sqrt{2}qd$$

再由 $\sum Y = 0$ 得 $N_{DF} = 2qd$

最后取受弯杆 AC 为隔离体，如图 14-14（d）所示，作弯矩图、剪力图并求得其轴力，分别如图 14-14（e）（f）（g）所示。

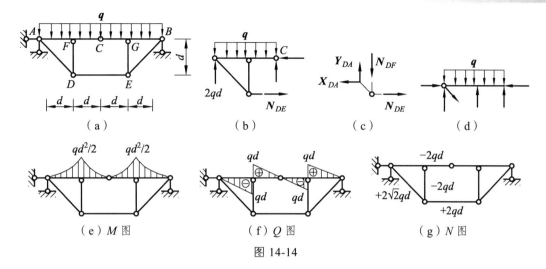

（a）　　　　　　　（b）　　　　　　　（c）　　　　　　　（d）

（e）$M$ 图　　　　　　　（f）$Q$ 图　　　　　　　（g）$N$ 图

图 14-14

## 14.6　静定结构的特性

各种类型静定结构存在着各自的特点，但同时也存在着一些共同的特性：

（1）静定结构解的唯一性。

在几何组成方面，静定结构是没有多余联系的几何不变体系。在静力平衡方面，静定结构的全部反力可以由静力平衡方程求得，其解答是唯一的确定值。

（2）静定结构的局部平衡性。

静定结构当有平衡力系作用在静定结构某一本身为几何不变体系的部分上时，则只有此部分受力，其余部分的反力和内力均为零。

如图 14-15 所示受平衡力系作用的桁架，仅在部分杆件中产生内力，而其他杆件的内力以及支座反力都为零。

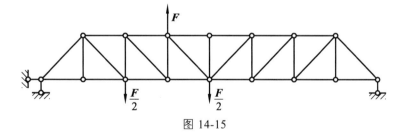

图 14-15

（3）除荷载外，在其他因素如温度改变、支座移动和制造误差等影响下，不会产生内力和反力，但能使结构产生位移，如图 14-16 所示。

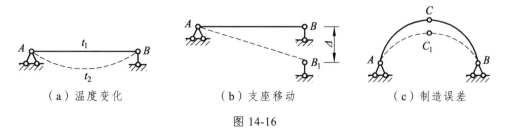

（a）温度变化　　　　　　（b）支座移动　　　　　　（c）制造误差

图 14-16

（4）静定结构的荷载等效性。

静定结构的荷载等效性是指对作用于静定结构上某一几何不变部分上的荷载进行等效变换时，只有该部分内力发生变化，其余部分反力和内力均保持不变。所谓等效变换是指将一种荷载变为另外一种等效荷载。如图 14-17（a）中所示荷载 $q$ 与结点 $A$、$B$ 上的两个荷载 $ql/2$ 是等效的。若以图 14-17（b）代之图（a），则只有 $AB$ 上的内力发生变化，其余各杆的内力不变。

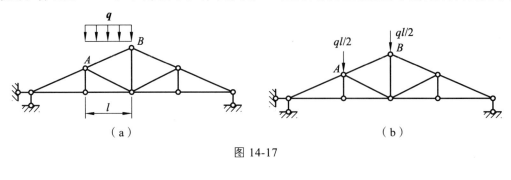

图 14-17

# 习 题

14-1 作图示多跨静定梁的内力图。

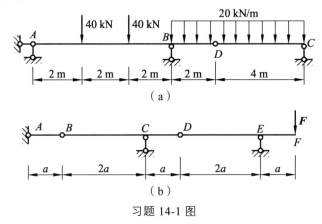

习题 14-1 图

14-2 作图示刚架的内力图。

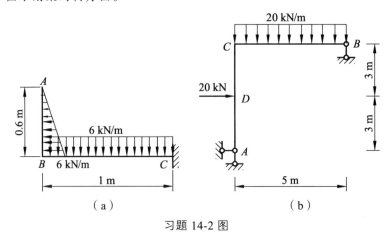

习题 14-2 图

14-3 求图示抛物线三铰拱的支座约束力，并求截面 D 和 E 的内力。

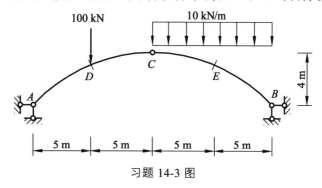

习题 14-3 图

14-4 求图示圆弧三铰拱的支座约束力，并求截面 K 的内力。

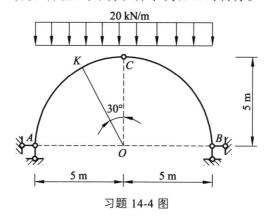

习题 14-4 图

14-5 试用结点法计算图示桁架各杆的内力。

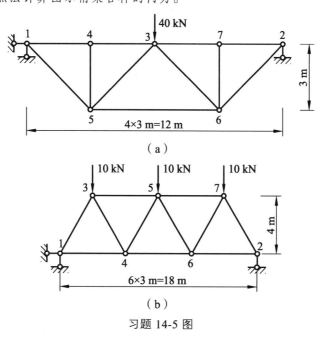

（a）

（b）

习题 14-5 图

# 第 15 章　静定结构的位移计算

## 15.1　结构位移概述

工程结构所用的材料是可变形的。因此，结构在荷载作用下会发生变形，而这种变形会引起结构各处位置的变化，我们将结构位置的变化称为结构位移。结构的位移可以分为线位移和角位移。其中线位移是指截面形心所移动的距离，而角位移是指截面转动的角度。

例如，图 15-1 所示静定结构，在图示荷载作用下会发生如图虚线所示的变形和位移。其中：$BB'$ 和 $CC'$ 分别表示 $B$ 点和 $C$ 点的线位移；$\theta_B$ 表示刚接点 $B$ 的角位移；而 $\theta_C$ 则表示铰 $C$ 左、右两侧杆件截面之间的相对角位移。因铰 $C$ 以右为附属部分，当荷载作用于基本部分时，附属部分无内力，所以仅发生刚体位移。

我们可以将以上这些位移统称为广义位移。

除了荷载作用以外，温度变化、材料胀缩、支座沉降和制造误差等非荷载因素，也会使结构产生位移。

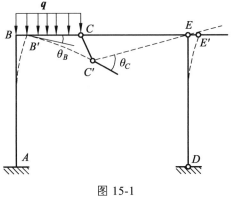

图 15-1

计算结构的位移，有两个目的：一是验算结构的刚度，即验算结构的位移是否超过允许的位移限值（例如吊车梁允许的挠度限值通常规定为跨度的 1/600）；二是为超静定结构的内力分析打下基础，因为在超静定结构的内力分析中，不仅要考虑平衡条件，还必须考虑变形方面的条件。

## 15.2　虚功原理

### 15.2.1　功、实功与虚功

① 在物理学中，当一个不变的恒力作用在一个物体上时，该力的大小与其作用点沿力方向相应位移的乘积即为该功的大小，如图 15-2（a）（b）所示。

② 而一对大小相等、方向相反的力 $P$ 作用在一个圆盘的 $A$、$B$ 两点上，假设圆盘转动时，力 $P$ 大小不变，且方向始终垂直于直径 $AB$。当圆盘转动一角度 $\varphi$ 时，两力所做的功为：$W = 2P(r\varphi)$。

因为 $P \times 2r$ 为一对大小相等、方向相反且不在同一直线上的力所形成力偶的力偶矩 $M$，所以②中的功又可表示为 $W = M\varphi$，即力偶所做的功等于力偶矩与转角（角位移）的乘积，如图 15-2（c）所示。

上述①②所述的功均为实功，功的两个要素为力和位移。

实功：当位移是由做功的力本身引起时，此功称为实功。

虚功：力在由别的力或其他因素（非荷载因素，如温度、支架等）所引起的位移上所做的功。

即当做功的力与相应于力的位移彼此独立无关时，这种功称为虚功。

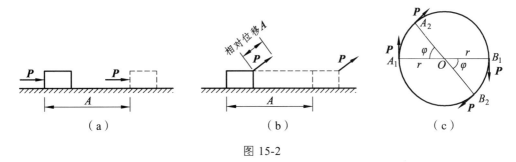

图 15-2

### 15.2.2　刚体虚功原理

对于具有理想约束的刚体体系，其虚功原理可以表述如下：

设体系上作用给定的平衡力系，又设体系上发生可能位移（又称虚位移），即符合约束条件的无限小刚体体系位移，则主动力在可能位移上所做的虚功之和 $W$ 恒等于零，即：

$$W = 0$$

式中：$W = \sum F\varDelta$。

$F$ 为广义力，可以是力、力偶等；$\varDelta$ 为与广义力 $F$ 相对应的广义位移。例如，与力相对应的广义位移为线位移，与力偶相对应的广义位移为角位移。

这里有两个彼此无关的状态，一个是体系上作用的平衡力系，另一个是体系上发生的可能位移。功前面加了一个"虚"字，只是用以强调做功的两个要素 $F$ 和 $\varDelta$ 彼此独立无关，特别是 $\varDelta$ 与 $F$ 没有因果关系。

理想约束是指约束力在可能位移上所做的功恒等于零的那种约束。光滑铰接和刚性链杆都属于理想约束。

下面将应用虚功原理来求解静定结构的内力。静定结构是几何不变体系，不可能发生刚体位移。因此，在应用虚功原理求内力时，要解除与内力相对应的约束，把静定结构变成具有一个可变自由度的机构。

对于图 15-3（a）所示静定结构，要求用虚功原理求截面 $D$ 的弯矩。

首先，将截面 $D$ 与弯矩相对应的相对转动约束解除，即将截面 $D$ 由刚性联结变成铰接。相对转动约束解除，代之以一对大小相等、方向相反的弯矩 $M_D$，如图 15-3（b）所示。弯矩 $M_D$ 在相对转动的约束解除后，由内力变成了主动力。对于图 15-3（a）所示机构，所受的外力、约束力和弯矩 $M_D$ 组成了一组平衡力系。

为了应用虚功原理，令图 15-3（a）所示机构在截面 $D$ 产生相对转动 $\Delta\varphi_D$，机构的可能位移图如图 15-3（c）所示。由几何分析得：

$$BB' = b\Delta\varphi_D, \delta_i = (a_i b\Delta\varphi_D)/l, \ i = 1,2,\cdots,n$$

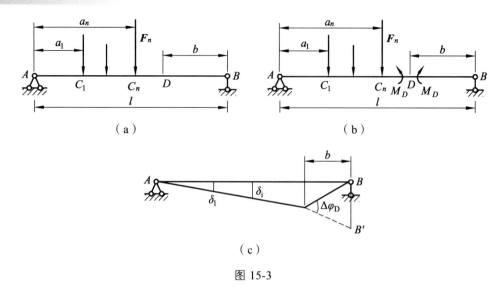

图 15-3

由虚功原理，图 15-3（b）所示主动力系在图 15-3（c）所示可能位移上所做的虚功之和为零，即：

$$\sum_{i=1}^{n} F_i \delta_i - M_D \Delta \varphi_D = 0 \qquad (15\text{-}1)$$

将 $\delta_i$ 代入上式得：$M = \dfrac{b}{l} \sum_{i=1}^{n} F_i a_i$

上述求解的特点就是应用虚功原理，将求解静力平衡的问题，转化为几何分析问题。同时，亦可应用虚功原理，将几何分析问题转化为求解静力平衡的问题（单位荷载法就属于这方面的应用）。

虚功方程（15-1）可以表示为一般的形式：

$$W = \sum F_i \Delta \varphi_i = 0$$

式中：$W$ 为静定结构上所有外力在可能位移上做的虚功之和；在给定的某一截面上，$F_i$ 为一对大小相等、方向相反的广义内力；$\Delta \varphi_i$ 为与广义内力 $F_i$ 相对应的广义相对位移。对于杆系结构，$F_i$ 和 $\Delta \varphi_i$ 有下列三种对应关系：

（1）如图 15-4（a）所示，将截面与弯矩相对应的相对转动约束解除，即将截面由刚性联结变成铰接，代之以一对大小相等、方向相反的弯矩 $M$。铰接机构产生相对转角 $\Delta \varphi$。

（2）如图 15-4（b）所示，将截面与剪力相对应的横向相对移动约束解除，即将截面由刚性联结变成横向的相对定向滑动联结，代之以一对大小相等、方向相反的剪力 $F_Q$。相对定向滑动机构产生横向的相对位移 $\Delta v$。

（3）如图 15-4（c）所示，将截面与轴力相对应的轴向相对移动约束解除，即将截面由刚性联结变成轴向的相对定向滑动联结，代之以一对大小相等、方向相反的轴力 $F_N$。相对定向滑动机构产生轴向的相对位移 $\Delta u$。

图中内力和相对位移的方向与材料力学规定的方向一致，均为正方向。

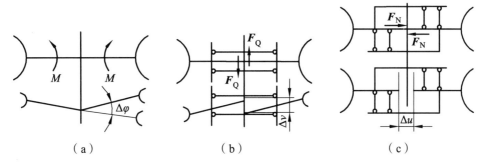

图 15-4　内力与相对位移关系

### 15.2.3　变形体虚功原理

对于变形体来说，在平衡位置附近发生虚位移时，外力所做的虚功之和一般不等于零。例如，图 15-5（a）所示的梁在荷载作用下处于平衡状态。当梁因某种原因发生如图 15-5（b）所示的虚位移时，作用于梁上的荷载将做虚功。因为虚位移的方向与相应的荷载作用方向相同，所以外力虚功之和明显不等于零。

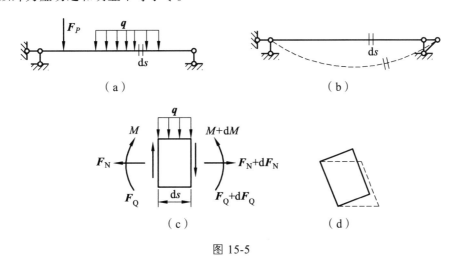

图 15-5

虚功原理可表述如下：体系在任意平衡力系作用下，给体系以几何可能的位移和变形，体系上所有外力所做的虚功总和恒等于体系各截面所有内力在微段变形上所做的虚功总和，即：

$$W_外 = W_内$$

$$W_外 = \sum F_i \Delta \varphi_i + \sum F_{Ri} c_i$$

式中：$F_i$——作用结构上的主动力；

　　　$\Delta \varphi_i$——与主动力对应的位移；

　　　$F_{Ri}$——支座反力；

　　　$c_i$——与支座反力对应的位移。

对于刚体体系来说，由于不存在变形虚位移，因而 $W_{内}=0$ 。这样，可得 $W_{外}=0$ ，即外力在虚位移上所做的虚功之和等于零。由此可见，刚体体系的虚功原理只是变形体虚功原理的一种特例。

以下讨论在发生虚位移的过程中，结构所接受的虚变形功 $W_{内}$ 的计算。对于平面杆系结构来说，杆件上任一微段的变形虚位移均可以如图 15-6 所示，分解为轴向虚变形 $\varepsilon ds$ 、平均剪切虚变形 $\gamma_0 ds$ 和弯曲虚变形 $\kappa ds$ 。于是，在略去高阶微量之后，作用于微段两侧截面上的应力合力[图 15-5（c）]在微段变形虚位移上所作的虚功可表示为：

$$dW_{内} = F_N \varepsilon ds + F_Q \gamma_0 ds + M \kappa ds$$

式中： $\varepsilon$ 、 $\gamma_0$ 和 $\kappa$ 分别表示微段因虚变形引起的轴向虚应变、平均虚剪切角和虚曲率。

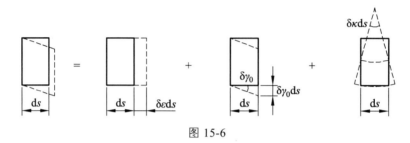

图 15-6

杆件的虚变形功可以通过沿杆长的积分求得，整个结构所接受的总虚变形功应为各杆虚变形功之和，即：

$$W_{内} = \sum \int (F_N \varepsilon + F_Q \gamma_0 + M \kappa) ds \qquad (15\text{-}2)$$

将上述结果代入虚功方程，可得：

$$\sum F_i \Delta \varphi_i + \sum F_{Ri} c_i = \sum \int (F_N \varepsilon + F_Q \gamma_0 + M \kappa) ds \qquad (15\text{-}3)$$

这就是平面杆系结构的虚功方程。

## 15.3　结构位移计算的一般公式

利用虚功方程可以推导出计算结构位移的一般公式，推导过程如下：

图 15-7（a）所示为一结构在荷载、支座位移和温度变化等作用下发生实际变形的情况。结构上某一点 $K$ 在变形后移至未知位置 $K'$ 。若需求得实际状态中 $K$ 点沿任一指定方向 $kk$ 上的位移 $\Delta_K$ ，可以虚拟图 15-7（b）所示的平衡受力状态。虚拟状态是在 $K$ 点沿 $kk$ 方向作用一单位荷载 $F_{PK}=1$ ，记此时结构的内力为 $\overline{F}_N$ 、 $\overline{F}_Q$ 和 $\overline{M}$ ，反力为 $\overline{F}_R$ 。

由于力状态是虚设的，故称为虚拟状态。虚设状态下的外力（包括支座反力）对实际状态的位移所做的总虚功为：

$$W_{外} = F_{PK} \Delta_K + \overline{F}_{R1} c_1 + \overline{F}_{R2} c_2$$

若设 $F_{PK}=1$ ，所以可以简写为：

$$W_{外} = \Delta_K + \sum \overline{F}_{Ri} c_i$$

式中：$W_{外}$——外力所做总虚功；

　　　$\sum \overline{F}_{Ri} c_i$——支座反力所做的虚功之和；

　　　$c_i$——实际状态中的位移。

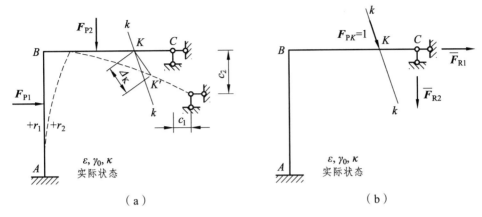

图 15-7

上述公式右端第一项表示单位荷载在实际变形状态位移上所做的虚功；第二项表示虚拟平衡状态的支座反力在实际状态的各支座位移上所做的虚功。于是可将虚功方程改写为：

$$\varDelta_K = \sum \int (\overline{M}\kappa + \overline{F}_Q \gamma_0 + \overline{F}_N \varepsilon) \mathrm{d}s - \sum \overline{F}_{Ri} c_i \qquad （15\text{-}4）$$

此式即为平面杆件结构位移计算的一般公式。因其是在需求位移处虚加一单位力，利用虚力原理推出的，因此也将此计算结构位移的方法称为单位荷载法。式中的 $\varDelta_k$ 实质上是 $1 \times \varDelta_k$，表示的是虚加单位力在 $\varDelta_k$ 上做的功。因此若计算结果为正，则表明 $\varDelta_k$ 的实际方向与虚加单位荷载的方向一致，否则相反。

## 15.4　荷载作用下的静定结构位移计算

若结构只受到荷载的作用，且不考虑支座位移的影响（即 $c_i = 0$），则式（15-4）可表达为：

$$\varDelta_{KP} = \sum \int (\overline{M}\kappa + \overline{F}_Q \gamma_0 + \overline{F}_N \varepsilon) \mathrm{d}s$$

式中：$\varDelta_{KP}$——由荷载在 $K$ 点沿某方向引起的位移；$\overline{F}_N$、$\overline{F}_Q$ 和 $\overline{M}$ 为虚拟状态中由单位荷载引起的结构内力；$\varepsilon$、$\gamma_0$ 和 $\kappa$ 为实际状态中由荷载引起的杆件微段的轴向应变、平均剪切角和曲率，即微段的变形率。设以 $F_{NP}$、$F_{QP}$、$M_P$ 表示实际状态中杆件的内力，对于直杆，当在线弹性范围内时，按照材料力学有：

$$\varepsilon = \frac{F_{NP}}{EA}, \quad \gamma_0 = k \frac{F_{QP}}{GA}, \quad \kappa = \frac{M_P}{EI}$$

故：
$$\varDelta_{KP} = \sum \int \left( \overline{M} \frac{M_P}{EI} + \overline{F}_Q \frac{F_{QP}}{GA} k + \overline{F}_N \frac{F_{NP}}{EA} \right) \mathrm{d}s \qquad （15\text{-}5）$$

式中：$E$、$G$——材料的弹性模量和切变模量；

    $A$、$I$——杆件横截面的面积和惯性矩（截面二次轴矩）；

    $k$——因切应力沿截面分布不均匀而引用的与截面形状有关的系数，对于矩形截面有

        $k = 1$、$2$，对圆形截面 $k = 10/9$，对工字形截面 $k = A/A_1$（$A_1$ 为腹板面积）。

    $EA$——杆件截面的抗拉刚度；

    $GA$——剪切刚度；

    $EI$——弯曲刚度。

故式（15-5）即为荷载作用下结构位移计算的一般公式。

然而在实际结构中，不同的机构形式其受力特点不同，各内力项对位移的影响有大有小，常只考虑其中一项或两项。

### 1. 梁和刚架

在梁和刚架中，位移主要是由弯曲变形引起的，轴向变形和剪切变形的影响一般很小，可以略去。这样，式（15-5）可简化为：

$$\Delta_{KP} = \sum \int \frac{\bar{M} M_{\mathrm{P}}}{EI} \mathrm{d}s \qquad (15\text{-}6a)$$

### 2. 桁 架

在桁架中，各杆只受轴力，而且每一杆件的轴力和截面一般是沿杆长不变的，故其位移计算公式可简化为：

$$\Delta_{KP} = \sum \int \frac{\bar{F}_{\mathrm{N}} F_{\mathrm{NP}} l}{EA} \qquad (15\text{-}6b)$$

### 3. 组合结构

在组合结构中，有刚架式杆和只承受轴力的链杆两种不同性质的杆件。对于刚架式杆，一般可只考虑弯曲变形的影响，而对于链杆则应考虑其轴向变形的影响。此时，位移计算公式简化为：

$$\Delta_{KP} = \sum \int \frac{\bar{M} M_{\mathrm{P}}}{EI} \mathrm{d}s + \sum \int \frac{\bar{F}_{\mathrm{N}} F_{\mathrm{NP}} l}{EA} \qquad (15\text{-}6c)$$

### 4. 拱

对于拱，当忽略拱轴曲率的影响时，其位移仍可近似地按式（15-6a）计算。计算表明，通常只需考虑弯曲变形的影响。但当拱轴线与压力线比较接近（两者的距离与截面高度相当），或者是计算扁平拱（$f/l < 1/5$）中的水平位移时，则还需要考虑轴向变形的影响，即有：

$$\Delta_{KP} = \sum \int \frac{\bar{M} M_{\mathrm{P}}}{EI} \mathrm{d}s + \sum \int \frac{\bar{F}_{\mathrm{N}} F_{\mathrm{NP}}}{EA} \mathrm{d}s \qquad (15\text{-}6d)$$

**例 15–1**　试求图 15-8（a）所示简支梁中点 $C$ 的竖向位移 $\Delta_{yC}$ 和转角 $\theta_C$，并比较剪切变形和弯曲变形对位移的影响。设梁的横截面为矩形，截面宽度为 $b$、高度为 $h$，材料的切变模量 $G = 0.4E$。

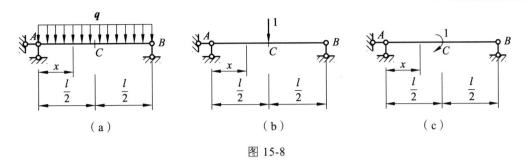

图 15-8

**解**  求梁中点 $C$ 的竖向位移时，取虚拟状态如图 15-8（b）所示。在对称的竖向荷载作用下，梁中的弯矩和剪力也是对称的。取支座 $A$ 为坐标原点，当 $0 \leqslant x \leqslant l/2$ 时，实际状态和虚拟状态下梁的内力可分别表示为：

$$M_P = \frac{1}{2}qlx - \frac{1}{2}qx^2, \ F_{QP} = \frac{1}{2}ql - qx$$

$$M = \frac{1}{2}x, \ F_Q = \frac{1}{2}$$

将以上各式代入相应位移计算式，注意到内力对称时，梁左右两半的积分值应相等，有：

$$\begin{aligned}
\Delta_{yC} &= 2\left( \int_0^{\frac{l}{2}} \frac{\bar{M}M_P}{EI}\,\mathrm{d}x + \int_0^{\frac{l}{2}} \frac{k\bar{F}_Q F_{QP}}{GA}\,\mathrm{d}x \right) \\
&= 2\left[ \frac{1}{EI}\int_0^{\frac{l}{2}} \frac{x}{2}\left(\frac{1}{2}qlx - \frac{1}{2}qx^2\right)\mathrm{d}x + \frac{k}{GA}\int_0^{\frac{l}{2}} \frac{1}{2}\left(\frac{1}{2}ql - \frac{1}{2}qx\right)\mathrm{d}x \right] \\
&= \frac{5ql^4}{384EI} + \frac{kql^2}{8GA}(\downarrow)
\end{aligned}$$

计算结果为正值，表明 $C$ 点的竖向位移与虚拟单位荷载的方向相同，即为向下。以上第一项为弯曲变形对 $C$ 点竖向位移的影响，第二项为剪切变形的影响。

将 $A = bh$，$I = \dfrac{bh^2}{12}$，$k = 1.2$，$G = 0.4E$ 代入上述 $\Delta_{yC}$ 的表达式，得：

$$\Delta_{yC} = \frac{5ql^4}{384EI}\left[ 1 + 2.4\left(\frac{h}{l}\right)^2 \right](\downarrow)$$

以上计算结果表明，剪切变形对位移的影响随梁的高跨比 $h/l$ 的增大而加大。当梁的高跨比 $\dfrac{h}{l} = \dfrac{1}{10}$ 时，剪切变形的影响为弯曲变形的 2.4%。可见，对于截面高度远小于跨度的一般工程梁来说，可以忽略剪切变形对位移的影响；但对于深梁来说，剪切变形的影响常不容忽视。

由于简支梁在全跨均布荷载作用下变形与内力都是对称的，所以梁中点应无转角发生。图 15-8（c）的虚拟状态中梁的内力应是反对称的，按照式 $\Delta_{KP} = \sum \displaystyle\int \left( \bar{M}\dfrac{M_P}{EI} + \bar{F}_Q\dfrac{F_{QP}}{GA}k + \bar{F}_N\dfrac{F_{NP}}{EA} \right)\mathrm{d}s$ 进行积分同样可求得 $\theta_C = 0$。

**例 15-2** 试计算图 15-9（a）所示桁架支座结点 $B$ 的水平位移 $\Delta_{xB}$。设各杆的 $EA$ 均相同。

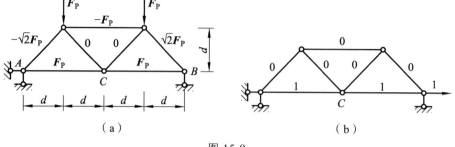

图 15-9

**解** 实际状态[图 15-9（a）]桁架内力对称，虚拟状态[图 15-9（b）]桁架仅有下弦杆受拉。由

$$\Delta_{KP} = \sum \frac{\overline{F}_N F_{NP} l}{EA}$$

可得： $\Delta_{xB} = \dfrac{1}{EA} \sum \overline{F}_N F_{NP} l = \dfrac{1}{EA}(2 \times 1 \times F_P \times 2d) = 4\dfrac{F_P d}{EA}(\rightarrow)$

## 15.5 图乘法

在计算梁和刚架这类以受弯为主的杆件在荷载作用下的位移时，常需要求积分：

$$\sum \int \frac{\overline{M} M_P}{EI}$$

当结构杆件数量较多而荷载情况又较复杂时，以上的弯矩列式和积分工作将相当麻烦。但是，在一定条件下，这个积分可以用 $\overline{M}$ 和 $M_P$ 两个弯矩图相乘来代替积分运算，从而简化计算工作。

如图 15-10 所示，设等截面直杆 $AB$ 段上的两个弯矩图中， $\overline{M}$ 图为一段直线，而 $M_P$ 图为任意图形。以杆轴为 $x$ 轴，以 $\overline{M}$ 图的延长线与 $x$ 轴的交点 $O$ 为原点并设 $y$ 轴，则积分式 $\int \dfrac{\overline{M} M_P}{EI} ds$ 中 $ds = dx$， $EI$ 可以提到积分号外面； $\overline{M}$ 图为直线变化，故有 $\overline{M} = x \tan \alpha$，且 $\tan \alpha$ 为常数，故上面的积分式可以写成：

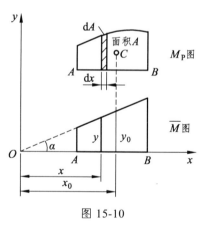

图 15-10

$$\int \frac{\overline{M} M_P}{EI} ds = \frac{1}{EI} \int \overline{M} M_P dx = \frac{1}{EI} \tan \alpha \int x M_P dx = \frac{1}{EI} \tan \alpha \int x dA \qquad （15-7）$$

式中： $dA = M_P dx$ 为 $M_P$ 图中的微分面积，而积分 $\int x dA$ 就是 $M_P$ 图的面积对于 $y$ 轴的静矩。用 $x_0$ 表示 $M_P$ 的形心 $C$ 至 $y$ 轴的距离，则有：

$$\int x dA = A x_0 \qquad （15-8）$$

将式（15-8）代入（15-7），并考虑到 $x_0 \tan \alpha = y_0$ 的关系，有：

$$\int \frac{\bar{M} M_P}{EI} \mathrm{d}s = \frac{A y_0}{EI} \tag{15-9}$$

式中：$y_0$ 为 $M_P$ 图的形心位置 $C$ 所对应的 $\bar{M}$ 图中的竖标。

由式（15-9）可知，在计算由弯曲变形引起的位移时，可以用荷载弯矩图（$M_P$ 图）的面积 $A$ 乘以其形心位置对应的单位弯矩图（$\bar{M}$ 图）中的竖标 $y_0$，再除以杆件截面的弯曲刚度 $EI$。当面积 $A$ 与竖标 $y_0$ 在基线的同侧时应取正号，在异侧时应取负号。这种按图形计算代替积分运算的位移计算方法就称为图形相乘法，简称为图乘法。

根据以上的推导过程可知，图形相乘法适用的应用条件是：

（1）杆件轴线均为直线。

（2）杆件为分段等截面，即在每一积分段，截面的抗弯刚度 $EI =$ 常数。

（3）$\bar{M}$ 图及 $M_P$ 图两个弯矩图至少有一个是直线图形。

其中：
$$\left.\begin{array}{l} A_1 = \dfrac{1}{2}al, \quad A_2 = \dfrac{1}{2}bl \\[2mm] y_1 = \dfrac{2}{3}c + \dfrac{1}{3}d, \quad y_2 = \dfrac{1}{3}c + \dfrac{2}{3}d \end{array}\right\} \tag{15-10}$$

将此式代入（15-9）中得：

$$\frac{1}{EI}\int \bar{M} M_P \mathrm{d}s = \frac{1}{6EI}(2ac + 2bd + ad + bc) \tag{15-11}$$

式（15-11）也可以适用于图 15-11 所示弯矩图形位于基线两侧时的情况。此时，式中括号内各项的正、负号应按照在基线同侧竖标相乘取正、异侧竖标相乘取负的原则确定。式（15-11）也适用于一端竖标为零，即图形为三角形时的情况。

图 15-11（a）所示为杆件受端弯矩和均布荷载共同作用下的弯矩图。在采用图乘法计算时，可以将此 $M_P$ 图视为端弯矩作用下的梯形弯矩图[图 15-11（b）]与相应简支梁在均布荷载作用下标准抛物线形的弯矩图[图 15-11(c)]叠加而成。将上述两个图形分别与 $\bar{M}$ 图相乘，其代数和即为所求结果。

应当注意的是：所谓弯矩图的叠加是指其竖标的叠加。叠加后的抛物线图形虽与原标准抛物线的形状不相同，但在任一微段 $\mathrm{d}x$ 上两者对应的竖标均相同，因而两者的面积和形心位置都是相同的。在确定图 15-11（a）虚线以下抛物线的面积和重心位置时，可以采用相应标准抛物线的计算公式。

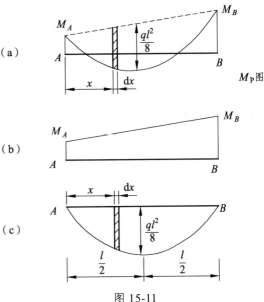

图 15-11

**例 15-3** 试求图 15-12（a）所示悬梁 $AB$ 在自由端 $B$ 处的竖直位移，梁两段的抗弯刚度 $EI_1$、$EI_2$ 均为已知。

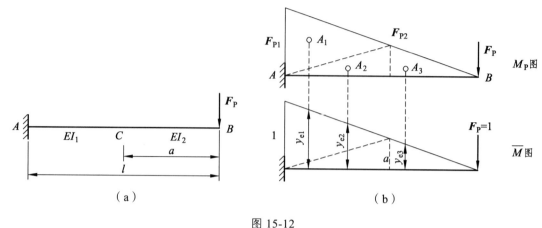

图 15-12

**解** 为求 $B$ 点竖向位移，相应地在 $B$ 点施加一竖向单位力 $F_P = 1$，作 $M_P$ 图和 $\overline{M}$ 图，如图 15-12（b）（c）所示，得：

$$\Delta_{BV} = \sum \frac{Ay_c}{EI} = \frac{A_1 y_{c1}}{EI} + \frac{A_2 y_{c2}}{EI} + \frac{A_3 y_{c3}}{EI}$$

$$= \frac{1}{EI_1}\left[\frac{1}{2}\times(1-a)\times F_P l\right]\times\left(\frac{2}{3}l+\frac{1}{3}a\right) + \frac{1}{EI_1}\left[\frac{1}{2}\times(1-a)\times F_P a\right]\times\left(\frac{1}{3}l+\frac{2}{3}a\right) + \frac{1}{EI_2}\times\frac{1}{2}\times a\times F_P a\times\frac{2}{3}a$$

$$= \frac{F_P l^3}{3EI_1}\left[1+\left(\frac{I_1}{I_2}-1\right)\left(\frac{H_1}{H_2}\right)^3\right](\downarrow)$$

**例 15-4** 试求图 15-13（a）所示外伸梁 $A$ 端的角位移 $\theta_A$ 和 $C$ 端的竖向位移 $\Delta_{CV}$，设 $EI = 1.5\times10^5 \text{ kN}\cdot\text{m}^2$。

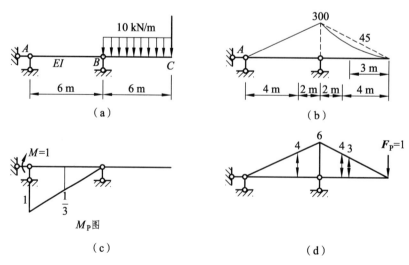

图 15-13

**解**　（1）计算 $A$ 端的角位移 $\theta_A$。

在 $A$ 端施加一单位力偶 $M=1$，单位弯矩图如图 15-13（c）所示，将图（c）与荷载弯矩图 $M_P$[图 15-13（b）]相乘，得：

$$\theta_A = -\frac{1}{EI}\left(\frac{1}{2} \times 300 \times 6\right) \times \frac{1}{3} = -\frac{300}{1.5 \times 10^5} = -0.002 \ \text{rad}$$

（2）计算 $C$ 端竖向位移 $\Delta_{CV}$。

在 $C$ 端加一竖向单位力 $F_P=1$，作单位弯矩图，如图 15-13（d）所示。为求 $\Delta_{CV}$，需将图（b）与图（d）相乘，此时应分段图乘。在 $AB$ 段，$M_P$ 和 $\overline{M}$ 均为三角形，只需直接相乘即可；但在 $BC$ 段，$M_P$ 图中 $C$ 点不是抛物线的顶点，即该图不是标准的抛物线，可将它看成虚线与轴线 $BC$ 连接成的三角线与相应简支梁在均布荷载作用下的标准抛物线图形[即图（b）中虚线与曲线之间包含的部分]叠加而成。上述各部分分别图乘后叠加，得：

$$\Delta_{CV} = \frac{1}{EI} \times 2 \times \left(\frac{1}{2} \times 300 \times 6 \times 4\right) - \frac{1}{EI} \times \frac{2}{3} \times 45 \times 6 \times 3$$

$$= \frac{6\,660}{EI} = \frac{6\,660}{1.5 \times 10^5} = 0.044\,4 \ \text{m} (\downarrow)$$

**例 15-5**　试求图 15-14（a）所示悬臂梁 $C$ 点的竖向位移 $\Delta_{yC}$。设 $EI=$ 常数。

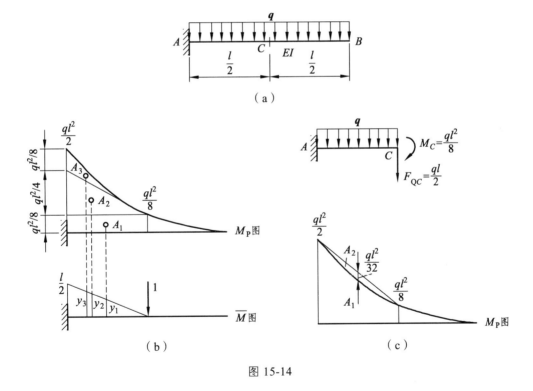

图 15-14

**解**　作出悬臂梁在均布荷载作用下的 $M_P$ 图和在单位荷载作用下的 $\overline{M}$ 图，如图 15-14（b）和（d）所示。

方法一：由于 $\overline{M}$ 图是折线，一般需分段图乘。因 $CB$ 段 $\overline{M}=0$，所以只需将 $M_P$ 图在 $AC$

段的图形分解为一个矩形、一个三角形和一个标准抛物线形[图 15-14（b）]，其面积以及重心位置对应的 $M$ 图竖标分别为：

$$A_1 = \frac{l}{2} \times \frac{ql^2}{8} = \frac{ql^3}{16}, \quad A_2 = \frac{1}{2} \times \frac{l}{2} \times \frac{ql^2}{8} = \frac{ql^3}{16}, \quad A_3 = \frac{1}{3} \times \frac{l}{2} \times \frac{ql^2}{8} = \frac{ql^3}{48}$$

$$y_1 = \frac{1}{2} \times \frac{l}{2} = \frac{l}{4}, \quad y_2 = \frac{1}{2} \times \frac{l}{2} = \frac{l}{4}, \quad y_3 = \frac{3}{4} \times \frac{l}{2} = \frac{3l}{8}$$

以上的竖标与相应面积同位于基线上方，图乘结果均应取正号。于是，$C$ 点的竖向位移为：

$$\Delta_{yC} = \frac{1}{EI}\left[ \frac{ql^3}{16} \times \frac{l}{4} + \frac{ql^3}{16} \times \frac{l}{3} + \frac{ql^3}{48} \times \frac{3l}{8} \right] = \frac{17ql^4}{384EI}$$

实际上 $M_P$ 图在 $AC$ 段的上述三个弯矩图形，是由图 15-14（c）所示隔离体中作用于 $C$ 点的弯矩、剪力以及 $AC$ 段上的均布荷载分别引起的。

方法二：$AC$ 段上的 $M_P$ 图也可以如图 15-14（e）所示看作从一个梯形上减去一个标准抛物线图形。注意到标准抛物线图形与其重心位置对应的 $\bar{M}$ 图竖标位于基线的异侧，则有：

$$\Delta_{yC} = \frac{l}{12EI}\left[ 2 \times \frac{ql^2}{2} \times \frac{l}{2} + 0 + 0 + \frac{ql^2}{8} \times \frac{l}{2} \right] - \frac{l}{EI} \times \frac{2}{3} \times \frac{l}{2} \times \frac{ql^2}{32} \times \frac{l}{2} \times \frac{l}{2} = \frac{17ql^4}{384EI}$$

以上结果与方法一中所得结果相同。此外，还可以有其他的图形分解方法。

**例 15-6** 试求图 15-15（a）所示刚架 $B$ 点的水平位移 $\Delta_{xB}$，和铰 $F$ 左、右杆件截面间的相对转角 $\Delta_{BF}$。设各杆件 $EI$ 相同。

**解** 先在求解此静定刚架的基础上，分别作出实际荷载作用下的 $M_P$ 图和两种单位荷载作用下的 $\bar{M}$ 图，分别如图 15-15（b）（c）（d）所示。

图 15-15（b）中 $FD$ 段的弯矩图是由铰 $C$ 处的剪力和杆件所受均布荷载共同引起的，可以分解为一个三角形和一个标准抛物线图形；$AC$ 段的弯矩图是由杆端弯矩引起的，可以视作两个杆端弯矩单独作用所引起的弯矩图叠加而成，即从 $AC$ 杆以右的三角形中扣除以虚线为基线的另一个三角形。

在 $M_P$ 图中各杆段上有：

$$A_1 = \frac{1}{2} \times 5\,\text{m} \times 50\,\text{kN·m}, \quad A_2 = A_4 = \frac{1}{2} \times 5\,\text{m} \times 25\,\text{kN·m}, \quad A_3 = \frac{1}{3} \times 5\,\text{m} \times 25\,\text{kN·m}$$

$$A_5 = \frac{1}{2} \times 10\,\text{m} \times 10\,\text{kN·m}, \quad A_6 = \frac{1}{2} \times 10\,\text{m} \times 20\,\text{kN·m}, \quad A_7 = \frac{1}{2} \times 5\,\text{m} \times 35\,\text{kN·m}$$

以上面积图形的形心位置对应图 15-15（c）单位弯矩图中的竖标为：

$$y_1 = \frac{5}{6} \times 10\,\text{m}, \quad y_2 = y_4 = \frac{2}{3} \times 10\,\text{m}, \quad y_3 = \frac{3}{4} \times 10\,\text{m}$$

$$y_5 = 10\,\text{m} + \frac{1}{3} \times 10\,\text{m} = \frac{4}{3} \times 10\,\text{m}, \quad y_6 = 10\,\text{m} + \frac{2}{3} \times 10\,\text{m} = \frac{5}{3} \times 10\,\text{m}, \quad y_7 = 0$$

按照图形与相应竖标在基线同侧时乘积取正、异侧时乘积取负的规则，有：

$$\Delta_{xB} = \frac{1}{EI}(A_1 y_1 + A_2 y_2 + A_3 y_3 + A_4 y_4 + A_5 y_5 + A_6 y_6) = \frac{3188\,\text{kN·m}^3}{EI}(\leftarrow)$$

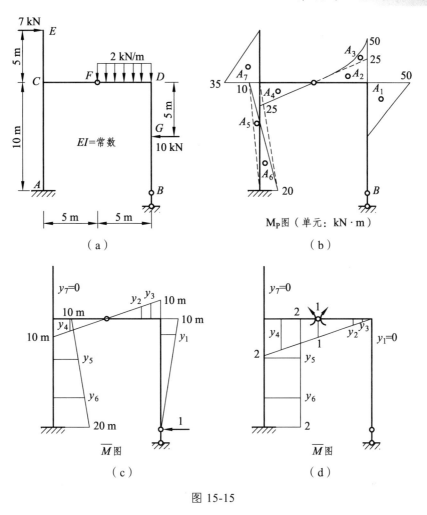

图 15-15

荷载弯矩图形的形心位置对应图 15-15（d）单位弯矩图中的竖标为：

$$y_1 = 0, \quad y_2 = \frac{1}{3}, \quad y_3 = \frac{1}{4}, \quad y_4 = \frac{5}{6} \times 2, \quad y_5 = y_6 = 2, \quad y_7 = 0$$

于是有：

$$\Delta_{BF} = \frac{1}{EI}(-A_2 y_2 - A_3 y_3 + A_4 y_4 - A_5 y_5 + A_6 y_6) = \frac{2\,075\ \text{kN} \cdot \text{m}^3}{12EI}$$

## 15.6　非荷载因素作用下的静定结构位移计算

　　静定结构受到温度变化、支座位移、材料收缩和制造误差等非荷载因素的作用时，虽然不产生内力，但会产生位移。这个变形和位移并不是由荷载产生，而是由上述非荷载因素所引起。

　　对于线弹性体系来说，位移符合叠加原理。因此，当有几种因素同时作用时，可以用叠加的方法求得结构的最终位移。

### 15.6.1 由于温度变化的位移

静定结构受温度变化作用时，各杆件均能自由变形而不会产生内力。只要能求得杆件各微段因材料热胀冷缩所引起变形的表达式，并将这种变形视作虚拟平衡状态的虚位移，即可利用式（15-4）求得结构的位移。

现从结构杆件上截取任一微段 $ds$，设微段上侧表面温度升高 $t_1$，下侧表面温度升高 $t_2$。为简化计算，假定温度沿杆件截面高度 $h$ 按直线规律变化。此时，截面在变形之后仍将保持为平面。可见，由温度变化引起的杆件变形可以分解为沿杆件轴线方向的伸缩和截面绕中性轴的转动两部分，杆件不存在剪切变形。

设截面中性轴至微段上、下侧表面的距离分别为 $h_1$、$h_2$，中性轴处温度的变化为 $t_0$，按几何关系可得：

$$t_0 = \frac{h_1 t_2 + h_2 t_1}{h} \tag{a}$$

若杆件的截面对称于中性轴，即 $h_1 = h_2 = \dfrac{h}{2}$，则上式成为：

$$t_0 = \frac{t_2 + t_1}{h} \tag{b}$$

设材料的线膨胀系数为 $\alpha$，则微段因温度变化引起的轴向应变和曲率可分别表达为：

$$\varepsilon = \alpha t_0 \tag{c}$$

$$\kappa = \frac{\mathrm{d}\theta}{\mathrm{d}s} = \frac{\alpha(t_2 - t_1)}{h} = \frac{\alpha \Delta t}{h} \tag{d}$$

式中：$\Delta t = t_1 - t_2$，为杆件上、下侧温度变化之差。将式（b）（c）代入式（15-4），注意到平均切应变 $\gamma_0 = 0$ 和支座位移 $c = 0$，并以 $\Delta_{Kt}$ 代替 $\Delta_K$，表示由温度变化引起的位移，得：

$$\Delta_{Kt} = \sum \int F_N \alpha t_0 \mathrm{d}s + \sum \int \bar{M} \frac{\alpha \Delta t}{h} \mathrm{d}s \tag{15-12}$$

上式等号右边的第一项表示平均温度变化引起的位移，第二项则表示杆件上、下侧温度变化之差引起的位移。式（15-12）就是静定结构由于温度变化引起位移的计算公式。若杆件沿长度温度变化相同并且截面高度不变，则上式可改写为：

$$\Delta_{Kt} = \sum \alpha t_0 \int \bar{F}_N \mathrm{d}s + \sum \frac{\alpha \Delta t}{h} \int \bar{M} \mathrm{d}s = \sum \alpha t_0 A_{\bar{F}_N} + \sum \frac{\alpha \Delta t}{h} A_{\bar{M}} \tag{15-13}$$

式中：$A_{\bar{F}_N} = \int \bar{F}_N$，为 $\bar{F}_N$ 图的面积；$A_{\bar{M}} = \int \bar{M} \mathrm{d}s$，为 $\bar{M}$ 图的面积。

在应用式（15-12）和式（15-13）时，等号右边各项的正负号应按功的取值原则确定：当实际状态温度变化引起的变形与虚拟状态内力相应方向一致时，所做虚功为正，应取正号；方向相反时，所做虚功为负，应取负号。

值得注意的是，当求结构由于温度变化而引起的位移时，杆件轴向变形和弯曲变形对位移的影响在数值上是相当的，所以一般不能略去轴向变形的影响。

**例 15-7**　如图 15-16（a）所示刚架施工温度为 10 ℃，在冬季使用时的室外温度为 – 20 ℃，室内温度为 20 ℃。试求 $B$ 支座水平位移。已知 $\alpha = 10^{-5}$ ℃$^{-1}$，各杆均为矩形截面，截面高度 $h = 500$ mm。

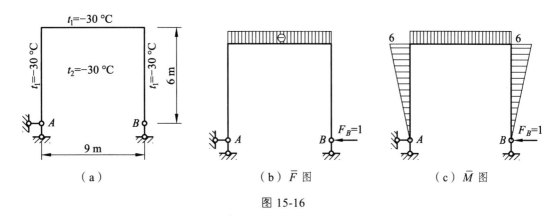

图 15-16

**解**　各杆件的温度变化值：

室外温度变化值 $t_1 = -20 - 10 = -30$ ℃

室内温度变化值 $t_2 = 20 - 10 = 10$ ℃

杆件轴线处的温度变化值 $t = \dfrac{t_1 + t_2}{2} = \dfrac{-30 + 10}{2} = -10$ ℃

室内外温度变化差值 $\Delta t = t_1 + t_2 = 10 - (-30) = 40$ ℃

画出单位荷载作用下的 $\overline{F}_N$ 图和 $\overline{M}$ 图，如图 15-16（b）（c）所示，则支座 $B$ 的水平位移为：

$$
\begin{aligned}
\Delta_{Bx} &= \sum \alpha t \omega \overline{F}_N + \sum \frac{\alpha \Delta t}{h} \omega \overline{M} \\
&= \alpha(-10) \times (-1) \times 9 + \frac{\alpha \times 40}{0.5} \times \left(-2 \times \frac{1}{2} \times 6 \times 6 - 6 \times 9\right) \\
&= 10^{-5} \times (-10) \times (-1) \times 9 + \frac{10^{-5} \times 40}{0.5} \times \left(-2 \times \frac{1}{2} \times 6 \times 6 - 6 \times 9\right) \\
&= -0.0711 \, \text{m}
\end{aligned}
$$

### 15.6.2　由制造误差等引起的位移

静定结构由于材料收缩或制造误差引起位移的计算，其原理与计算温度变化引起的位移时相同。此时，只需将材料收缩或制造误差引起的实际变形视作虚拟平衡状态的虚位移，即可利用式（15-4）求得结构的位移。

### 15.6.3　由支座位移引起的位移

静定结构在支座位移作用下因杆件无变形，故只发生刚体位移。这种位移通常可以直接由几何关系求得；当涉及的几何关系比较复杂时，也可以利用单位荷载法进行计算。现以 $\Delta_{Kc}$ 表示结构因支座位移而引起的位移，则式（15-4）可简化为：

$$\Delta_{Kc} = -\sum \overline{F}_R c \qquad\qquad (15\text{-}14)$$

式中：$F$ 代表虚拟状态中的各支座反力；$c$ 为实际状态中与 $F$ 相应的支座位移。

这就是静定结构由于支座位移而引起位移的计算公式。

**例 15-8**　试求图 15-17（a）所示刚架由于支座位移面引起 $B$ 点的水平位移 $\Delta_{xB}$。已知支座 $A$ 有向右的水平位移 $a$ 和顺时针的转角 $\theta$；支座 $B$ 有竖直向下的位移 $b$。

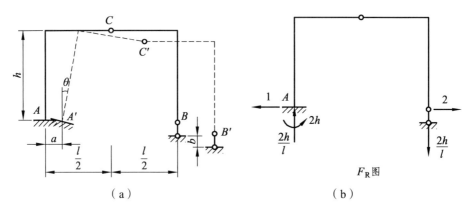

（a）　　　　　　　　　　　（b）

图 15-17

**解**　刚架由于支座位移引起的刚体位移如图 15-17（a）虚线所示。为求得 $\Delta_{xB}$，可在 $B$ 点作用单位水平力作为虚拟状态，并求得支座反力，如图 15-17（b）所示。

将已知支座位移及其相应虚拟状态中的支座反力代入式（15-14），得：

$$\Delta_{xB} = -\left(-1\cdot a - 2h\cdot\theta + \frac{2h}{l}\cdot b\right) = a + 2h\theta - \frac{2h}{l}b(\rightarrow)$$

## 思考题

15-1　线位移、角位移、绝对位移、相对位移的概念分别是什么？

15-2　用单位荷载法计算结构位移时有何前提条件？它的计算步骤分别是什么？

15-3　虚单位荷载如何设置？

15-4　何谓图乘法？采用图乘法代替位移计算的积分运算时有何前提条件？

15-5　用公式 $\Delta = \sum \int_l \dfrac{M M_P}{EI} dx$ 计算梁和刚架的位移，需先写出 $\overline{M}$ 和 $M_P$ 的表达式，在同一区段内写这两个弯矩表达式时，可否将坐标原点分别取在不同的位置？为什么？

## 习　题

15-1　设三铰拱中的拉杆 $AB$ 在 $D$ 点装有花篮螺丝栓，如果拧紧螺丝，使截面 $D_1$ 与 $D_2$ 彼此靠近的距离为 $\lambda$。试求 $C$ 点的竖向位移 $\Delta$。

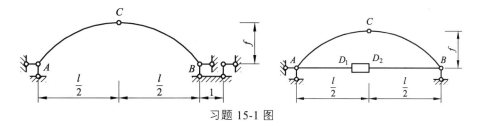

习题 15-1 图

15-2 已知桁架各杆的 *EA* 相同，试求 *AB*、*BC* 两杆之间的相对转角 *θ*。

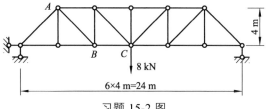

习题 15-2 图

15-3 试用积分法计算结构的位移：（a）$\Delta_{yB}$；（b）$\Delta_{yC}$；（c）$\theta_B$；（d）$\Delta_{yB}$。

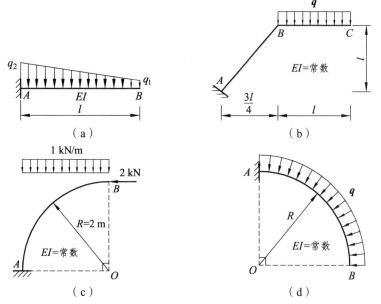

（a）

（b）

（c）

（d）

习题 15-3 图

15-4 求图示刚架截面 *C* 和 *D* 的竖向位移。

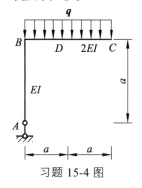

习题 15-4 图

15-5 求图示刚架截面 $K$ 的转角。

15-6 求图示三铰刚架铰 $C$ 左右两截面的相对转角。

15-7 求图示桁架结点 $C$ 的水平位移。各杆抗拉刚度 $EA=$ 常数。

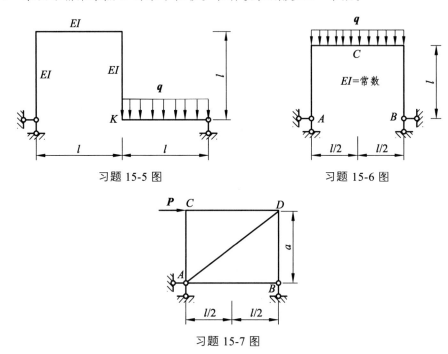

习题 15-5 图　　　　　　习题 15-6 图

习题 15-7 图

15-8 如图所示结构，已知支座 $B$ 下沉 $h$，试求 $C$ 点的竖向位移。

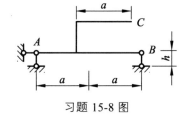

习题 15-8 图

# 第 16 章 超静定结构的内力计算

## 16.1 超静定结构的概念

### 16.1.1 超静定结构与静定结构的区别

为了认识超静定结构的特性，现把它与静定结构作一些对比。

一个结构，如果它的支座反力和各截面的内力都可以用静力平衡条件唯一地确定，就称为静定结构。图 16-1（a）所示简支梁是静定结构的一个例子。

一个结构，如果它的支座反力和各截面的内力不能完全由静力平衡条件唯一地加以确定，就称为超静定结构。图 16-1（b）所示连续梁是超静定结构的一个例子。

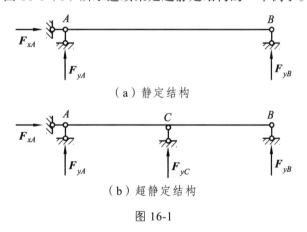

（a）静定结构

（b）超静定结构

图 16-1

超静定结构与静定结构在计算方面的主要区别在于：静定结构的内力只根据静力平衡条件即可求出，而不必考虑变形协调条件，也就是说，内力是静定的；超静定结构的内力则不能只根据静力平衡条件求出，而必须同时考虑变形协调条件，换句话说，内力是超静定的。

再从几何构造看，简支梁和连续梁都是几何不变的，如果从简支梁中去掉支杆 $B$，就变成了几何可变体系。反之，如果从连续梁中去掉支杆 $C$，则结构仍是几何不变的，因此，支杆 $C$ 是多余约束。由此引出如下结论：静定结构是没有多余约束的几何不变体系.而超静定结构则是有多余约束的几何不变体系。

总起来说，内力是超静定的，约束有多余的,这就是超静定结构区别于静定结构的基本特点。

### 16.1.2 超静定次数

超静定结构中多余约束的数目，或者多余力的数目，称为超静定次数。

从几何构造看，超静定次数是指超静定结构中多余约束的个数。如果从原结构中去掉 $n$ 个约束，结构就成为静定的，则原结构即为 $n$ 次超静定结构。因此，有：

超静定次数 = 多余约束的个数 = 把原结构变成静定结构时所需撤除的约束个数

由于原结构是几何不变的，因此由平面杆件体系的计算自由度可知，超静定次数 $n$ 为：

$$n = -W \tag{16-1}$$

式中：$W$——体系的计算自由度。

从静力分析看，超静定次数等于根据平衡方程计算未知力时所缺少的方程的个数，即多余未知力（多余约束力）的个数。

按照式（16-1）求超静定次数时，关键是要学会把原结构拆成一个静定结构。这里要注意以下几点：

（1）撤去一根支杆或切断一根链杆，等于拆掉一个约束[图 16-2（a）（b）、图 16-3（a）（b）]。

（2）撤去一个固定铰支座或撤去一个单铰，等于拆掉两个约束。

（3）撤去一个固定端或切断一个梁式杆，等于拆掉三个约束[图 16-2（c）、图 16-3（c）]。

（4）在连续杆中加入一个单铰，等于拆掉一个约束[图 16-2（d）、图 16-3（d）]。

此外，还要注意：不要把原结构拆成一个几何可变体系，即不能去掉必要约束，例如，如果把图 16-2（a）所示梁中的水平支杆拆掉，它就变成了几何可变体系。要把全部多余约束都拆除。例如，图 16-4（a）中的结构，如果只拆去一根竖向支杆，如图 16-4（b）所示，则其中的闭合框仍然具有三个多余约束。必须把闭合框再切开一个截面，如图 16-4（c）所示，这时才成为静定结构。因此，原结构总共有 4 个多余约束。

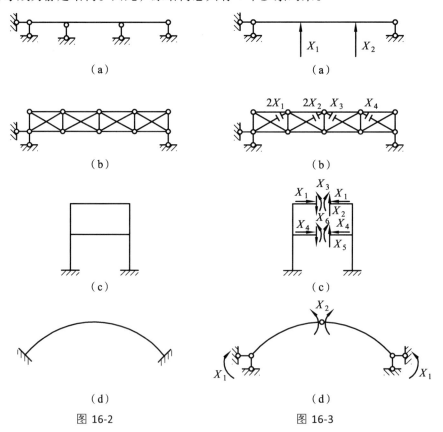

图 16-2                 图 16-3

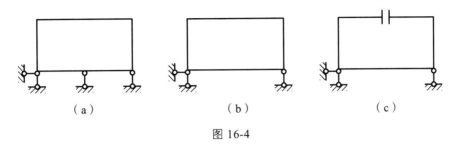

图 16-4

## 16.2　力法的基本概念

用力法分析超静定结构，是以多余约束力为基本未知量，再根据变形协调条件来求解多余约束力。然后，将多余约束力与原荷载一起作用于基本结构，按照静力平衡条件求解结构的反力和内力。由此可见，用力法计算超静定结构的关键在于建立变形协调方程，并由此解得多余约束力。这种变形协调方程就称为力法方程。以下举例说明力法原理与力法方程的建立。

### 16.2.1　力法的基本结构

我们定义，把超静定结构的多余约束去掉，代之以该约束的约束力，即基本未知数。把超静定结构变成静定结构，这个静定结构就称为原超静定结构的基本结构。经过这样处理，原来在荷载作用下的超静定结构就变成在荷载及基本未知数共同作用下的静定结构。这个静定结构，即基本结构，就是计算超静定结构的计算对象。

### 16.2.2　力法的基本未知量

现在要设法解出基本结构的多余力 $X$，一旦求得多余力 $X$，就可在基本结构上用静力平衡条件求出原结构的所有反力和内力。因此多余力是最基本的未知力，可称为力法的基本未知量。但是这个基本未知量 $X$ 不能用静力平衡条件求出，而必须根据基本结构的受力和变形与原结构相同的原则来确定。

### 16.2.3　力法方程

用力法计算超静定结构的关键在于建立变形协调方程，并由此解得多余约束力。这种变形协调方程就称为力法方程。以下举例说明力法方程的建立过程：

如图 16-5（a）所示为一个三次超静定刚架，在图示荷载作用下的结构变形如虚线所示。若将固定支座 $C$ 处的 3 个约束看作多余约束而撤除，并以未知力 $X_1$、$X_2$ 和 $X_3$ 代替原约束的作用，可得如图 16-5（b）所示的基本结构。$X_1$、$X_2$ 和 $X_3$ 便称为力法的基本未知量，它们的方向可先任意假定。如果 $X_1$、$X_2$ 和 $X_3$ 与原结构 $C$ 支座反力的大小与方向完全符合，则基本结构的全部反力、内力和变形将与原结构完全一致。

原结构 $C$ 点处为固定支座，不可能产生任何位移。因此，基本结构在原荷载和全部多余约束力的作用下，也必须符合这样的变形条件，即在 $C$ 点沿多余约束力 $X_1$、$X_2$ 和 $X_3$ 方向的位移 $\Delta_1$、$\Delta_2$ 和 $\Delta_3$ 应都等于零。

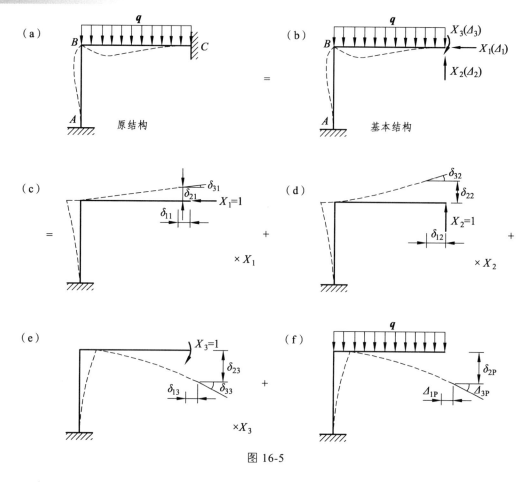

图 16-5

一般地说，基本结构的上述每一项位移并非仅由该位移方向上的多余约束力所引起，而是由荷载以及各多余约束力共同作用引起的。这些因素单独作用时所引起的各项位移如图 16-5（c）（d）（e）（f）所示。现将 $X_1 = 1$、$X_2 = 1$ 和 $X_3 = 1$ 分别作用于基本结构时，$C$ 点沿 $X_1$ 方向的位移分别记为 $\delta_{11}$、$\delta_{12}$ 和 $\delta_{13}$，沿 $X_2$ 方向的位移分别记为 $\delta_{21}$、$\delta_{22}$ 和 $\delta_{23}$，沿 $X_3$ 方向的位移分别记为 $\delta_{31}$、$\delta_{32}$ 和 $\delta_{33}$，将荷载作用于基本结构时的上述位移记为 $\Delta_{1P}$、$\Delta_{2P}$ 和 $\Delta_{3P}$。根据叠加原理，基本结构应满足的变形协调条件可表达为：

$$\left.\begin{array}{l} \Delta_1 = \delta_{11}X_1 + \delta_{12}X_2 + \delta_{13}X_3 + \Delta_{1P} = 0 \\ \Delta_2 = \delta_{21}X_1 + \delta_{22}X_2 + \delta_{23}X_3 + \Delta_{2P} = 0 \\ \Delta_3 = \delta_{31}X_1 + \delta_{32}X_2 + \delta_{33}X_3 + \Delta_{3P} = 0 \end{array}\right\}$$

这就是为求解多余约束力 $X_1$、$X_2$ 和 $X_3$ 所需建立的力法方程组。这组方程的物理意义是：在基本结构中，由于全部多余约束力和已知荷载的作用，在去除多余联系处的位移应等于原结构的相应位移。

对于 $n$ 次超静定结构就有 $n$ 个多余约束，而每一个多余约束都对应一个未知约束力，同时又提供了一个变形条件，相应地就可以建立 $n$ 个变形协调方程，从中就可解出 $n$ 个未知约束力。这 $n$ 个方程可写为：

$$\left.\begin{array}{l}\Delta_1 = \delta_{11}X_1 + \delta_{12}X_2 + \cdots + \delta_{1n}X_n + \Delta_{1P} \\ \Delta_2 = \delta_{21}X_1 + \delta_{22}X_2 + \cdots + \delta_{2n}X_n + \Delta_{2P} \\ \cdots\cdots \\ \Delta_n = \delta_{n1}X_1 + \delta_{n2}X_2 + \cdots + \delta_{nn}X_n + \Delta_{nP}\end{array}\right\} \qquad (16\text{-}2a)$$

当原结构在解除多余约束处的位移为零时，则有：

$$\left.\begin{array}{l}\delta_{11}X_1 + \delta_{12}X_2 + \cdots + \delta_{1n}X_n + \Delta_{1P} = 0 \\ \delta_{21}X_1 + \delta_{22}X_2 + \cdots + \delta_{2n}X_n + \Delta_{2P} = 0 \\ \cdots\cdots \\ \delta_{n1}X_1 + \delta_{n2}X_2 + \cdots + \delta_{nn}X_n + \Delta_{nP} = 0\end{array}\right\} \qquad (16\text{-}2b)$$

式（16-2b）就是在荷载作用下 $n$ 次超静定结构力法方程的一般形式。无论结构是什么形式，基本结构如何选取，其力法方程的形式是不变的，故式（16-2b）常称为力法典型方程。力法方程的实质是一组变形协调方程。

在力法典型方程中：$\delta_{ij}$ 是由单位力 $X_j = 1$ 引起的沿 $X_i$ 方向的位移，常称为柔度系数；$\Delta_P$ 是由荷载引起的沿 $X_i$ 方向的位移，称为自由项；而 $\Delta_i$ 则为原结构的相应位移。当这些位移与所设基本未知量的方向一致时为正，反之则为负。以上符号中的第一个下标表示与多余未知力序号相应的位移序号，第二个下标则表示产生该项位移的原因。这些位移均可以按照静定结构位移计算的方法求得。位于力法方程左上方 $\delta_{11}$ 至右下方 $\delta_{nn}$ 的一条主对角线上的系数 $\delta_{ii}$ 称为主系数，主对角线两侧的其他系数 $\delta_{ij}(i \neq j)$ 则称为副系数。主系数 $\delta_{ii}$ 代表单位力 $X_i = 1$ 作用在 $X_i$ 自身方向上所引起的位移，它必定与该单位力的方向一致，故主系数 $\delta_{ii}$ 是恒正的。而副系数 $\delta_{ij}(i \neq j)$ 代表单位力 $X_j = 1$ 所引起的 $X_i$ 方向的位移，它可能与所设定的 $X_i$ 同向、反向或为零，所以副系数 $\delta_{ij}(i \neq j)$ 可能为正、为负或为零。根据位移互等定理，有：

$$\delta_{ij} = \delta_{ji} \qquad (16\text{-}3)$$

式（16-2）的力法典型方程也可写成如下的矩阵形式：

$$\boldsymbol{\delta} \boldsymbol{X} + \boldsymbol{\Delta}_P = \boldsymbol{\Delta} \qquad (16\text{-}4a)$$

和

$$\boldsymbol{\delta} \boldsymbol{X} + \boldsymbol{\Delta}_p = 0 \qquad (16\text{-}4b)$$

式中：$\boldsymbol{\delta}$ 称为柔度矩阵，其矩阵元素由式（16-2）中的全部柔度系数 $\delta_{ij}$ 构成。由式（16-3）可知，$\boldsymbol{\delta}$ 为对称矩阵；$\boldsymbol{X}$ 为基本未知力向量；$\boldsymbol{\Delta}_P$ 为荷载引起的位移向量。

力法方程是一个线性代数方程组，求解这一个方程组可以得到全部基本未知量，亦即求得了全部多余约束力。此时，结构的内力一般可以根据平衡条件直接求算，也可依据叠加原理用下式计算：

$$\left.\begin{array}{l}M = \overline{M}_1 X_1 + \overline{M}_2 X_2 + \cdots + \overline{M}_n X_n + M_P \\ F_Q = \overline{F}_{Q1} X_1 + \overline{F}_{Q2} X_2 + \cdots + \overline{F}_{Qn} X_n + F_{QP} \\ F_N = \overline{F}_{N1} X_1 + \overline{F}_{N2} X_2 + \cdots + \overline{F}_{Nn} X_n + F_{NP}\end{array}\right\} \qquad (16\text{-}5)$$

式中：$\overline{M}_i$、$\overline{F}_{Ni}$ 和 $\overline{F}_{Qi}$ 是基本结构由于 $X_i = 1$ 单独作用而产生的内力，$M_P$、$F_{NP}$ 和 $F_{QP}$ 是基本结构由于荷载作用而产生的内力。

## 16.3 力法计算步骤与实例

### 16.3.1 力法的计算步骤

根据力法的基本原理，超静定结构的受力分析的计算步骤如下：

（1）确定结构的超静定次数，选取合理的基本结构，并将荷载和作为力法基本未知量的多余约束力作用于基本结构上。

（2）建立力法方程，求出各柔度系数 $\delta_{ij}$ 和自由项 $\Delta_P$。此时，需要分别作出各单位未知力以及荷载单独作用于基本结构时的单位内力图和荷载内力图（或写出内力表达式），再按照静定结构位移计算的方法求出系数和自由项。

（3）求解力法方程，得基本未知量，即多余约束力。

（4）作出外荷载和多余约束力共同作用下基本结构的内力图。

### 16.3.2 超静定梁及刚架

对于一般的刚架杆件来说，轴力和剪力对变形的影响比弯矩要小得多。因此，在计算超静定梁和刚架时，通常可忽略轴向变形和剪切变形的影响。

**例 16-1** 作图 16-6（a）所示单跨超静定梁的弯矩图。设 $B$ 端弹簧支座的弹簧刚度为 $k$，杆件的抗弯刚度 $EI$ 为常数。

**解** ① 该梁为一次超静定梁，去掉 $B$ 支座，以 $X_1$ 代替，得图 16-6（b）所示的基本结构。

② 建立力法方程：对于该梁，由于 $B$ 支座为弹簧支座，在荷载作用下，$B$ 点的竖向位移等于 $-\dfrac{1}{k}X_1$（负号表示位移方向与多余力 $X_1$ 的方向相反），故方程的右边不等于零。

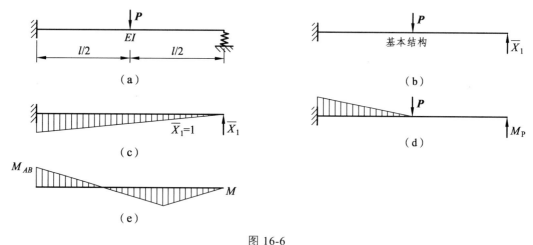

图 16-6

③ 绘 $\overline{X}_1$ 及 $M_P$ 图，求 $\delta_{11}$、$\Delta_{1P}$。$\overline{X}_1$ 及 $M_P$ 图见图 16-6（c）（d）。

$$\delta_{11}=\frac{l^3}{3EI},\ \Delta_{1P}=-\frac{5l^3}{48EI}$$

④ 解方程，求 $X_1$。

$$X_1 = -\frac{\Delta_{1P}}{\delta_{11} + \frac{1}{k}} = \frac{5P}{16\left(1 + \frac{3EI}{kl^3}\right)}$$

⑤ 绘 $M$ 图。以梁下部受拉为正。

$$M_{AB} = M_1 X_1 + M_P = -\frac{3Pl\left(1 + \frac{8EI}{kl^3}\right)}{16\left(1 + \frac{3EI}{kl^3}\right)}$$

$M_{AB}$ 上部受拉，弯矩图见图 16-6（e）。

### 16.3.3　超静定桁架

对于理想桁架，杆件只受轴向力的作用。在计算桁架的位移时，只需考虑杆件轴向变形的影响。

**例 16-2**　用力法求图 16-7（a）所示桁架各杆轴力。各杆抗拉刚度 $EA$ 相同。

**解**　此桁架为一次超静定桁架，任一桁架杆件都可视为多余约束。现切断杆件 $CD$，以相应轴力为力法基本未知量 $X_1$，取力法基本结构如图 16-7（b）所示。由于原结构变形连续，所以要求基本结构在荷载 $P$ 及多余未知力 $X_1$ 共同作用下沿 $X_1$ 方向的相对位移（即切口处的相对轴向位移）为零，列出力法方程：

$$\delta_{11} X_1 + \Delta_{1P} = 0$$

分别求得荷载 $P$ 及单位力 $X_1 = 1$ 引起的轴力 $N_P$ 及 $\overline{N}$，如图 16-7（e）（d）所示，可求得：

$$\Delta_{1P} = \sum \frac{\overline{N} N_P l}{EA} = \frac{1}{EA}[2 \times 1 \times P \times d + (-\sqrt{2}) \times (-\sqrt{2}P) \times \sqrt{2}d] = 2(1 + \sqrt{2})\frac{Pd}{EA}$$

$$\delta_{11} = \sum \frac{\overline{N}^2 l}{EA} = \frac{1}{EA}[4 \times 1 \times d + 2(-\sqrt{2})^2 \times \sqrt{2}d] = 4(1 + \sqrt{2})\frac{d}{EA}$$

代入力法方程，解得：

$$X_1 = \frac{\Delta_{1P}}{\delta_{11}} = -\frac{P}{2}$$

由叠加原理按 $N = \overline{N}_1 X_1 + N_P$ 得结构各杆轴力如图 16-7（e）所示。

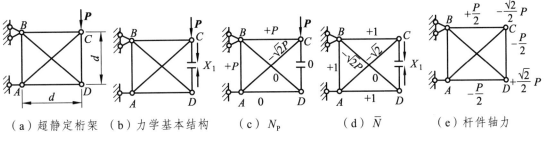

（a）超静定桁架　（b）力学基本结构　　（c）$N_P$　　　（d）$\overline{N}$　　（e）杆件轴力

图 16-7

### 16.4 对称性的利用

在土木建筑工程中，有很多结构是对称的。所谓对称结构，是指：① 结构的几何形状和支承情况对称于某一几何轴线；② 杆件截面形状、尺寸和材料的物理性质（弹性模量等）也关于此轴对称。若将结构沿这个轴对折后，结构在轴线的两侧对应部分将完全重合，该轴线称为结构的对称轴。

如图 16-8 所示结构都是对称结构。利用结构的对称性可使计算大为简化。

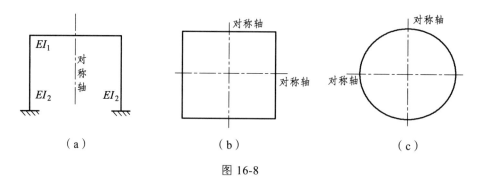

图 16-8

如图 16-9（a）所示三次超静定刚架，沿对称轴截面 $E$ 切断，可得到如图 16-9（b）所示的对称基本结构。三个多余未知力中，轴力 $X_1$、弯矩 $X_2$ 为正对称内力（即沿对称轴对折后，力作用线方向相同），而剪力 $X_3$ 是反对称内力（即沿对称轴对折后，力作用线方向相反）。

选取对称的基本结构，力法典型方程为：

$$\left. \begin{array}{l} \delta_{11}X_1 + \delta_{12}X_2 + \delta_{13}X_3 + \Delta_{1F} = 0 \\ \delta_{21}X_1 + \delta_{22}X_2 + \delta_{23}X_3 + \Delta_{2F} = 0 \\ \delta_{31}X_1 + \delta_{32}X_2 + \delta_{33}X_3 + \Delta_{3F} = 0 \end{array} \right\}$$

作单位弯矩图如图 16-9（c）（d）（e）所示。由图可见，正对称多余力下的单位弯矩图 $\bar{M}_1$ 和 $\bar{M}_2$ 是对称的，而反对称多余力下的单位弯矩图 $\bar{M}_3$ 是反对称的。由图形相乘可知：

$$\delta_{13} = \delta_{31} = \sum \int \frac{\bar{M}_1 \bar{M}_3 \mathrm{d}s}{EI} = 0$$

$$\delta_{23} = \delta_{32} = \sum \int \frac{\bar{M}_2 \bar{M}_3 \mathrm{d}s}{EI} = 0$$

故力法典型方程简化为：

$$\left. \begin{array}{l} \delta_{11}X_1 + \delta_{12}X_2 + \Delta_{1F} = 0 \\ \delta_{21}X_1 + \delta_{22}X_2 + \Delta_{2F} = 0 \\ \delta_{33}X_3 + \Delta_{3F} = 0 \end{array} \right\}$$

对称结构若选取对称的基本结构，力法典型方程将分成两组：一组只包含对称的未知力，即 $X_1$、$X_2$；另一组只包含反对称的未知力 $X_3$。因此，解方程组的工作得到简化。

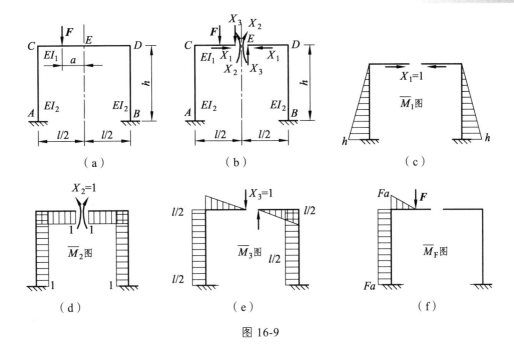

图 16-9

现在作用在结构上的外荷载是非对称的[图 16-9（a）（f）]，若将此荷载分解为对称的和反对称的两种情况，如图 16-10（a）（b）所示，则计算还可进一步得到简化。

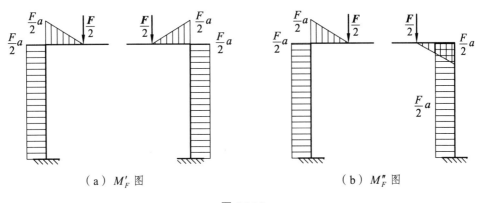

图 16-10

（1）外荷载对称时，使基本结构产生的弯矩图 $M_F'$ 是对称的，则得：

$$\Delta_{3F} = \sum \int \frac{\overline{M}_1 M_F' \mathrm{d}s}{EI} = 0$$

从而得 $X_3 = 0$，这时，只要计算对称多余未知力 $X_1$ 和 $X_2$。

（2）外荷载反对称时，使基本结构产生的弯矩图 $M_F''$ 是反对称的，则得：

$$\Delta_{1F} = \sum \int \frac{\overline{M}_1 M_F'' \mathrm{d}s}{EI} = 0$$

$$\Delta_{2F} = \sum \int \frac{\overline{M}_2 M_F'' \mathrm{d}s}{EI} = 0$$

从而得 $X_1 = X_2$，这时，只要计算反对称的多余未知力 $X_3$。

从上述分析可得到如下结论：

（1）在计算对称结构时，如果选取的多余未知力中一部分是对称的，另一部分是反对称的，则力法方程将分为两组：一组只包含对称未知力；另一组只包含反对称未知力。

（2）若结构对称，外荷载不对称，则可将外荷载分解为对称荷载和反对称荷载，分别计算然后叠加。

对称结构在对称荷载作用下，反对称未知力为零，即只产生对称内力及变形；对称结构在反对称荷载作用下，对称未知力为零，即只产生反对称内力及变形。所以，在计算对称结构时，直接利用上述结论，可以使计算得到简化。

## 16.5 超静定结构的位移计算

作为变形体虚功原理应用的单位荷载法，不仅可用于计算静定结构的位移，也同样适用于计算超静定结构的位移。例如，求图 16-11（a）所示均布荷载作用下两端固定梁跨中 $C$ 点的挠度，应先作出荷载作用下梁的弯矩图，然后在 $C$ 点作用单位竖向荷载，求出此虚拟平衡状态的弯矩，如图 16-11（d）所示，以下就可以用图乘法计算 $C$ 点的竖向挠度。将半边梁的 $M$ 图分解为一个矩形与一个标准抛物线形的叠加，其形心处对应 $\overline{M}$ 图的竖标分别为 0 和 $\dfrac{1}{32}$，于是有：

$$\Delta_C = \int \frac{\overline{M}M_{\text{P}}}{EI}\,\mathrm{d}s = 0 + \frac{2}{EI} \times \frac{l}{2} \times \frac{ql^2}{8} \times \frac{l}{32} = \frac{ql^4}{384EI}$$

以上将虚拟的平衡状态建立在原结构上时，需另行计算在单位荷载作用下原超静定结构的内力，计算方法十分烦琐。可用：

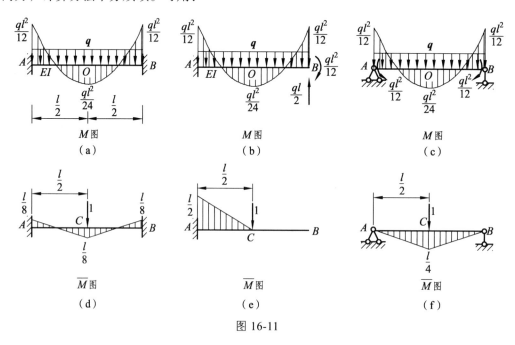

图 16-11

在求解上述两端固定梁时，可以选取图 16-11（b）所示的悬臂梁，或者图 16-11（c）所示的简支梁作为基本结构，然后按照基本结构和原结构变形相同的原则建立力法方程，解出多余约束力。基本结构在上述多余约束力以及荷载共同作用下的内力和变形与原结构是完全相同的。于是，就可以将超静定结构的位移计算问题，转化为相应静定结构的位移计算。或者说，可以将问题转化为计算图 16-11（b）所示的悬臂梁或图 16-11（c）所示的简支梁上 C 点的挠度。

按照上述思路，只需在基本结构上建立虚拟的平衡状态，并求出单位荷载作用下的弯矩图 16-11（e）或（f），即可利用有关公式或图乘法计算出 C 点的挠度。以图 16-11（e）的虚拟状态为例，有：

$$\Delta_C = \int \frac{\overline{M} M_{\mathrm{P}}}{EI} \mathrm{d}s = \frac{1}{EI}\left(\frac{1}{2} \times \frac{l}{2} \times \frac{ql^2}{12} \times \frac{l}{2} - \frac{2}{3} \times \frac{l}{2} \times \frac{ql^2}{8} \times \frac{l}{2} \times \frac{3}{8}\right) = \frac{ql^2}{384EI}$$

与前计算结果相同。由于基本结构是静定的，在单位荷载作用下的内力易求得，因而位移计算就比较便捷。

## 16.6　超静定结构内力计算的校核

结构的内力是结构设计的依据，所以在计算求得内力后应该进行校核，以保证其正确性。从全局的角度讲，内力校核首先应检查结构的计算简图是否合理，原始数据是否正确，选用的参数是否恰当等。因为只有在计算简图、原始数据和所选用的参数都正确无误的前提下，结构的内力计算结果才是有意义的。

内力计算的校核还包括运用力学的基本概念，或者采用简化的估算方法，或者根据相关的工程经验对计算过程以及结果的合理性进行定性的分析判断。当以上各方面均无发现问题时，可以通过平衡条件和变形条件，对结构的内力计算和内力图形作进一步的定量校核。

### 16.6.1　平衡条件的校核

无论是静定还是超静定结构，内力（包括反力）必定满足静力平衡条件。从结构上任意截取某一部分作为隔离体，平衡方程均应成立。通常可以取刚架结点为隔离体，检查是否满足力矩平衡条件；取横贯刚架各柱的截面以上部分为隔离体，检查是否满足水平投影方向力的平衡条件等。

图 16-12（a）所示刚架的弯矩图如图 16-12（b）所示。为校核其正确性，可截取 G、D、E 等结点作为隔离体[图 16-12（c）（d）（e）]。以结点 D 为例，有：

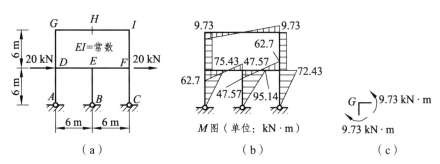

（a）　　　　　　　　　　（b）　　　　　　　　　（c）

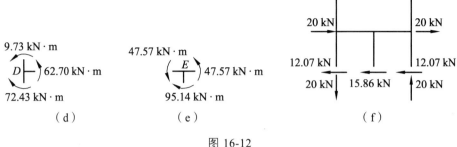

（d）　　　　　　　（e）　　　　　　　　（f）

图 16-12

$$\sum M_D = 9.75 \text{ kN} \cdot \text{m} + 62.70 \text{ kN} \cdot \text{m} - 72.43 \text{ kN} \cdot \text{m} = 0$$

满足结点力矩的平衡条件。

由刚架的弯矩图可求得各柱底剪力如图 16-12（f）所示，有：

$$\sum M_x = 2 \times 20 \text{ kN} - 2 \times 12.07 \text{ kN} - 15.86 \text{ kN} = 0$$

可见，满足力的平衡条件。

校核结构隔离体的平衡条件时，一般只能选择其中的若干情况进行。此时，只要发现某一种情况下隔离体平衡条件不能满足，则说明内力计算存在错误。或者说，所选择的校核均满足隔离体平衡条件，是内力计算无误的必要条件。

对于超静定结构来说，满足平衡条件的内力有无穷多组。因为内力图是在多余约束力求得之后按平衡条件得出的，所以用平衡条件进行校核，只是对求得多余约束力之后运算正确性的判断有效，而不能判定多余约束力的数值正确与否。为此，还必须进行变形条件的校核。

### 16.6.2　变形条件的校核

由于多余约束力是根据变形条件求得的，故其计算是否有误，可以通过变形条件的校核来检查。前面已介绍，在计算超静定结构的位移时，虚拟的平衡状态可以建立在其对应的任意一个基本结构之上。对于图 16-12（a）所示的刚架来说，可以取图 16-13（a）所示的虚拟状态，计算检查 C 点的竖向位移是否为零；也可以分别取图 16-13（b）（c）所示的虚拟状态，计算检查横梁切口两侧的相对线位移和相对角位移是否为零。

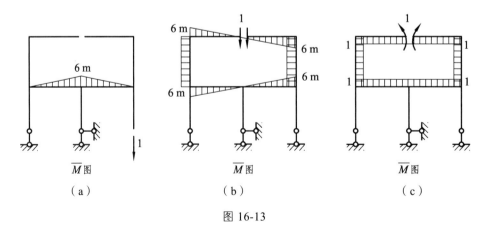

（a）　　　　　　　（b）　　　　　　　　（c）

图 16-13

很明显，图 16-12（b）与图 16-13 中任何一个单位弯矩图的图乘结果均为零，说明上述变形条件均能满足。值得指出的是，对于具有封闭框格的刚架，最为简捷的方法是利用封闭框格上任一截面的相对转角为零这一变形条件来进行弯矩图的校核。例如，取图 16-13（c）进行变形条件校核。由于此时 $\bar{M}$ 图只在某一封闭框架上存在，且单位弯矩图竖标都等于 1，故利用图乘法计算上述相对转角时，相当于求同一封闭框格上 $M$ 图的面积除以杆件截面弯曲刚度后的代数和。当仅有荷载作用时，变形条件可以写为：

$$\sum \int \frac{\bar{M}M}{EI} \mathrm{d}s = \sum \int \frac{M}{EI} \mathrm{d}s = \sum \frac{A_M}{EI} = 0$$

式中：$A_M$ 表示 $M$ 图的面积，可以规定它位于框格内侧或外侧时为正。这表明在任何封闭无铰框格上，弯矩图的面积除以相应杆件的截面弯曲刚度后的代数和应等于零。

与平衡条件的校核一样，所选择的校核均满足变形条件，是超静定结构内力计算无误的必要条件。

## 16.7　位移法

### 16.7.1　位移法的基本概念和原理

位移法是分析超静定结构的另一个基本方法。位移法比力法的发展稍晚些。它是随着钢筋混凝土结构的出现和刚架结构形式的广泛应用而发展起来的。对于高层或者多跨刚架这类高次超静定结构，使用力法来进行内力计算将会十分烦琐，位移法就是在这种需求下产生和发展的。

位移法是以节点位移作为基本未知量来解超静定结构的方法。它有如下两个基本变形假设：

（1）各杆端之间的轴向长度在变形后保持不变。

（2）刚性节点所连各杆端的截面转角是相同的。

以图 16-14（a）所示的刚架为例，将刚架拆为两个单杆。$AB$ 杆 $B$ 端为固定支座，$A$ 端为刚节点，视为固定支座。$AC$ 杆 $C$ 端为固定铰支座，$A$ 端为刚节点，视为固定支座。

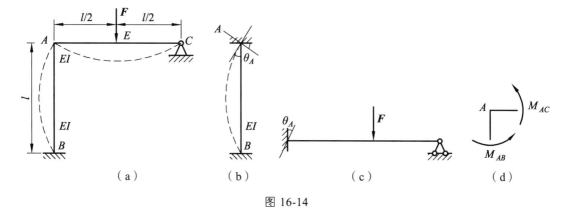

图 16-14

可用力法事先计算出图 16-14（b）、（c）中各单个杆件的杆端弯矩，然后列出各杆的杆端弯矩表达式（注意 $AC$ 杆既有荷载，又有节点角位移，故应叠加）：

$$M_{BA} = 2i\theta_A$$

$$M_{AB} = 4i\theta_A$$

$$M_{AC} = 3i\theta_A - \frac{3}{16}Fl$$

$$M_{CA} = 0$$

以上各杆端弯矩表达式中均含有未知量 $\theta_A$，所以又称为转角位移方程。

$$\sum M_A = 0 , \quad M_{AB} + M_{AC} = 0 ,$$

$$4i\theta_A + 3i\theta_A - \frac{3}{16}Fl = 0 , \quad i\theta_A = \frac{3}{112}Fl$$

将上面的表达式代入，再把 $i\theta_A$ 代回各杆端弯矩表达式得：

$$M_{BA} = \frac{3}{56}Fl$$

$$M_{AB} = \frac{3}{28}Fl$$

$$M_{AC} = -\frac{3}{28}Fl$$

$$M_{CA} = 0$$

求得刚架内力分布如图 16-15 所示。

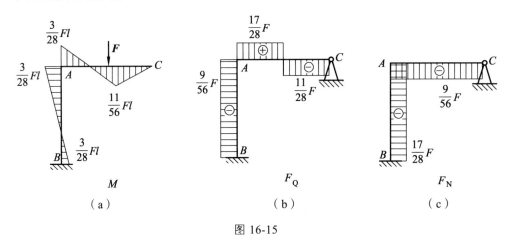

图 16-15

## 16.7.2 位移法的基本未知量和基本结构

### 1. 基本未知量

前面介绍的力法的基本未知量是未知力，位移法的基本未知量是节点位移，因此有力法和位移法之称。节点位移分为节点角位移和节点线位移两种。每一个独立刚节点有一个转角位移，即基本未知量。以图 16-16 所示为例，图 16-16（a）所示结构的角位移数为 6，16-16（b）所示结构的角位移数为 1。

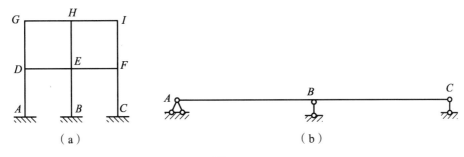

图 16-16

对于节点线位移，可以忽略杆件的轴向变形。在图 16-17（a）所示的结构中，这两个节点线位移中只有一个是独立的，称为独立节点线位移。同理可得，图 16-17（b）所示结构的独立节点线位移数量为 2。

独立节点线位移是位移法的一种基本来知量。独立节点线位移的数目可采用铰接法确定，即将所有刚性结点改为铰接点后，添加辅助链杆使其成为几何不变体的方法，限制所有节点线位移所需添加的链杆数就是独立节点线位移数。

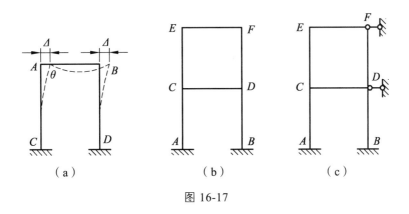

图 16-17

### 2. 基本结构

由前面内容可知，用位移法计算时，先把每个杆件都看成一个单跨超静定梁，因此位移法的基本结构就是暂时将每根杆件看成两端固定，或一端固定一端铰支，或一端固定一端为定向支承的单跨梁的集合体，可假想地在每个刚接点上加个"附加刚臂"以阻止该结点的转动（但不阻止该结点的移动），在刚接点或铰接点处沿线位移方向加上一个"附加链杆"阻止结点的移动。位移法中的基本未知量用 $Z$ 表示，这是一个广义的位移，并用"⌒"及"→"分别表示原结点处角位移、线位移的方向，加在附加刚臂及附加链杆处，以保证基本结构与原结构的变形是一致的。

对于图 16-18（a）所示刚架，刚接点 $E$、$G$ 的转角为基本未知量，分别用 $Z_1$、$Z_2$ 表示。铰接点处的竖向线位移也是一个基本未知量，用 $Z_3$ 表示，基本结构如图 16-18（b）所示。图 16-18（c）所示刚架，$F$ 为一组合结点，即 $BF$、$EF$ 杆在 $F$ 处为刚接，该结构 $n\varphi = 4$，$nl = 2$，基本结构如图 16-18（d）所示。

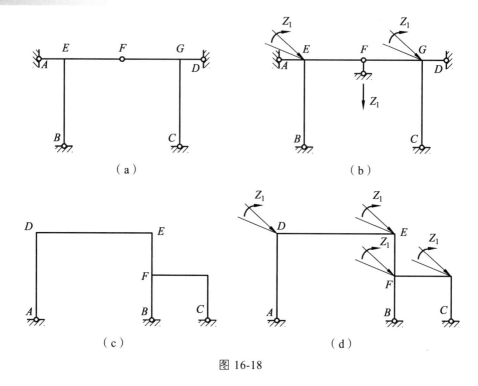

图 16-18

### 16.7.3 基本的典型方程

在前面我们以只有一个基本未知量的结构介绍了位移法的基本原理，本节进一步讨论如何用位移法求解有多个基本未知量的结构。

图 16-19（a）所示的刚架有 3 个基本未知量，即结点 1、2、3 处的 3 个角位移 $Z_1$、$Z_2$、$Z_3$，而无结点线位移。在结点 1、2、3 处各附加一刚臂，形成基本结构[图 16-19（b）]。下面利用叠加原理建立位移法方程。

当荷载单独作用于基本结构上时，由于各结点处有附加刚臂阻止结点转动，在结点 1、2、3 处附加刚臂中产生的约束力矩分别为 $R_{1F}$、$R_{2F}$、$R_{3F}$[图 16-19（c）]。

当基本结构的附加刚臂 1、2、3 分别单独产生单位角位移时，各附加刚臂中将分别产生不同的约束力矩，如图 16-19（d）~（f）所示。因基本结构的附加刚臂 1、2、3 实际分别产生 $Z_1$、$Z_2$、$Z_3$ 角位移，故把图 16-19（d）~（f）分别扩大 $Z_1$、$Z_2$、$Z_3$ 倍，即分别乘以 $Z_1$、$Z_2$、$Z_3$，得到此时各附加刚臂中产生的约束力矩。

把以上各种因素引起的附加刚臂中的约束力矩叠加后应与原结构一致，即把图 16-19（c）~（f）中各附加刚臂中的约束力矩对应叠加后应等于零，可建立三个位移法方程为：

$$r_{11}Z_1 + r_{12}Z_2 + r_{13}Z_3 + R_{1F} = 0$$
$$r_{21}Z_1 + r_{22}Z_2 + r_{23}Z_3 + R_{2F} = 0$$
$$r_{31}Z_1 + r_{32}Z_2 + r_{33}Z_3 + R_{3F} = 0$$

式中的系数和自由项可由结点的平衡条件求解。当求得各系数和自由项后，代入位移法方程中，即可解出各结点位移 $Z_1$、$Z_2$、$Z_3$ 之值。最后可用叠加法按下式计算各杆端弯矩值，绘出原结构的弯矩图：

$$M = \bar{M}_1 Z_1 + \bar{M}_2 Z_2 + \bar{M}_3 Z_3 + M_F$$

式中：$M_1$、$M_2$、$M_3$、$M_F$——$Z_1 = 1$、$Z_2 = 1$、$Z_3 = 1$ 和荷载单独作用于基本结构上时的弯矩。

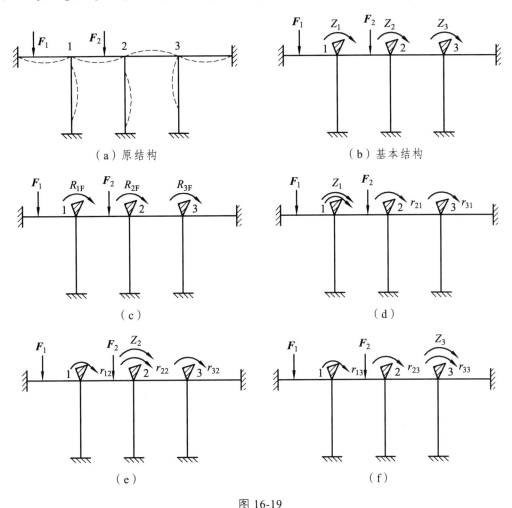

（a）原结构　　　　　　　　　　　（b）基本结构

（c）　　　　　　　　　　　　　（d）

（e）　　　　　　　　　　　　　（f）

图 16-19

对于具有 $n$ 个基本未知量的结构，则附加约束（附加刚臂或附加链杆）也有 $n$ 个，由 $n$ 个附加约束处的受力与原结构一致的平衡条件，可建立 $n$ 个位移法方程为：

$$\left.\begin{array}{l} r_{11}Z_1 + r_{12}Z_2 + \cdots + r_{1i}Z_i + \cdots + r_{1n}Z_n + R_{1F} = 0 \\ r_{21}Z_1 + r_{22}Z_2 + \cdots + r_{2i}Z_i + \cdots + r_{2n}Z_n + R_{2F} = 0 \\ \cdots\cdots \\ r_{n1}Z_1 + r_{n2}Z_2 + \cdots + r_{ni}Z_i + \cdots + r_{nn}Z_n + R_{nF} = 0 \end{array}\right\} \quad (16\text{-}6)$$

式（16-6）也称为位移法的典型方程。式中的 $r_{ii}$ 称为主系数，它表示基本结构上第 $i$ 个附加约束处发生单位位移 $Z_i = 1$ 时引起的第 $i$ 个附加约束中的约束力，它恒为正值；$r_{ij}$ $(i \neq j)$ 称为副系数，它表示基本结构上第 $j$ 个附加约束处发生单位位移 $Z_j = 1$ 时引起的第 $i$ 个附加约束中的约束力。副系数可为正、为负或为零。根据反力互等定理，方程中位于主对角线两侧对称位置上的两个副系数有互等关系，即：

$$r_{ji} = r_{ij}$$

每个方程左边最后一项 $R_{iF}$ 称为自由项，它表示荷载作用于基本结构上时引起的第 $i$ 个附加约束中的约束力，自由项可为正、为负或为零。

### 16.7.4　位移法的计算步骤和实例

根据前面所述，采用位移法计算超静定结构的步骤可归纳如下：

（1）确定基本未知量和基本结构。

（2）建立位移法典型方程。

（3）求位移法典型方程的系数和自由项，并解方程。

（4）由 $M = \sum \bar{M}_i Z_i + M_P$ 叠加绘制弯矩图，进而绘出剪力图和轴力图。

（5）最后进行内力图的校核。

**例 16-3**　用位移法计算如图 16-20（a）所示超静定刚架，并作出此刚架的内力图。

**解**　（1）确定基本未知量。

此刚架有 $B$、$C$ 两个刚接点，所以有两个转角位移，分别记作 $\theta_B$、$\theta_C$。

（2）将刚架拆成单杆，如图 16-20（b）所示。

（3）写出转角位移方程（各杆的线刚度均相等）。

$$M_{AB} = 2i\theta_B$$

$$M_{BA} = 4i\theta_B$$

$$M_{BC} = 4i\theta_B + 2i\theta_C - \frac{1}{12}ql^2$$

$$M_{CB} = 2i\theta_B + 4i\theta_C + \frac{1}{12}ql^2$$

$$M_{CD} = 4i\theta_C$$

$$M_{DC} = 2i\theta_C$$

$$M_{CE} = 3i\theta_C$$

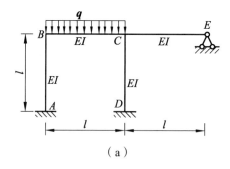
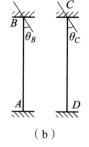

（a）　　　　　　　　　　　　　　（b）

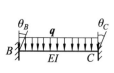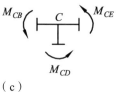

（c）

图 16-20

（4）考虑刚接点 $B$、$C$ 的力矩平衡，建立平衡方程，如图 16-20（c）所示。

由 $\sum M_B = 0$ ：　$M_{BA} + M_{BC} = 0$

得
$$8i\theta_B + 2i\theta_C - \frac{1}{12}ql^2 = 0$$

由 $\sum M_C = 0$ ：　$M_{CB} + M_{CD} + M_{CE} = 0$

得
$$2i\theta_B + 11i\theta_C + \frac{1}{2}ql^2 = 0$$

将以上两式联立求解得：

$$i\theta_B = \frac{13}{1\,008}ql^2$$

$$i\theta_C = -\frac{5}{1\,008}ql^2 \quad （负号说明 \theta_C 是逆时针转）$$

（5）代入转角位移方程求出各杆端弯矩。

$$M_{AB} = 2i\theta_B = \frac{13}{504}ql^2$$

$$M_{BA} = 4i\theta_B = \frac{13}{252}ql^2$$

$$M_{BC} = 4i\theta_B + 2i\theta_C - \frac{1}{12}ql^2 = -\frac{13}{252}ql^2$$

$$M_{CB} = 2i\theta_B + 4i\theta_C + \frac{1}{12}ql^2 = \frac{5}{72}ql^2$$

$$M_{CD} = 4i\theta_C = -\frac{5}{126}ql^2$$

$$M_{DC} = 2i\theta_C = -\frac{5}{252}ql^2$$

$$M_{CE} = 3i\theta_C = -\frac{5}{168}ql^2$$

（6）作出弯矩图、剪力图、轴力图，如图 16-21 所示。

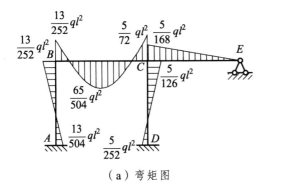

（a）弯矩图

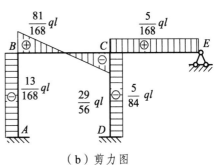

（b）剪力图

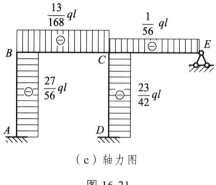

（c）轴力图

图 16-21

**例 16-4** 采用位移法计算图 16-22（a）所示刚架，并绘出 $M$ 图。

**解** （1）形成基本结构。此刚架有两个基本未知量，即结点 $B$ 转角 $Z_1$、结点 $C$ 的线位移 $Z_2$。因此，在结点 $B$ 加一附加刚臂，及在结点 $C$ 加一附加链杆就得到了位移法的基本结构，如图 16-22（b）所示。

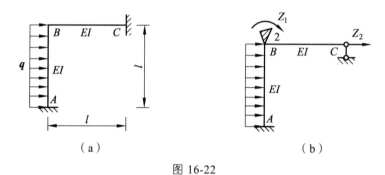

（a） （b）

图 16-22

（2）建立位移法典型方程。由结点 $B$ 附加刚臂的约束力矩等于零，及结点 $C$ 附加链杆的反力等于零，建立位移法方程：

$$\begin{cases} r_{11}Z_1 + r_{12}Z_2 + R_{1P} = 0 \\ r_{21}Z_1 + r_{22}Z_2 + R_{2P} = 0 \end{cases}$$

（3）求系数和自由项。绘出 $\bar{Z}_1 = 1$、$\bar{Z}_2 = 1$ 和荷载单独作用于基本结构上的弯矩图 $\bar{M}_1$ 图、$\bar{M}_2$ 图和 $M_P$ 图，分别如图 16-23（a）（b）（c）所示。

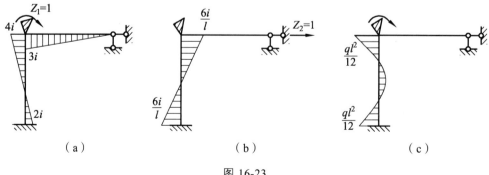

（a） （b） （c）

图 16-23

在图 16-24 中分别利用结点及杆件的平衡条件计算出系数和自由项如下：

$$r_{11} = 7i , \quad r_{12} = r_{21} = -\frac{6i}{l} , \quad r_{22} = \frac{12i}{l^2} , \quad R_{1P} = \frac{ql^2}{12} , \quad R_{2P} = -\frac{ql}{2}$$

（4）解方程，求基本未知量。将系数和自由项代入位移法方程，得：

$$7iZ_1 = -\frac{6i}{l}Z_2 + \frac{ql^2}{12} = 0$$

$$-\frac{6i}{l}Z_1 + \frac{12i}{l^2}Z_2 - \frac{ql}{2} = 0$$

解方程得：$Z_1 = \dfrac{ql^2}{24i}$, $Z_2 = \dfrac{ql^3}{16i}$

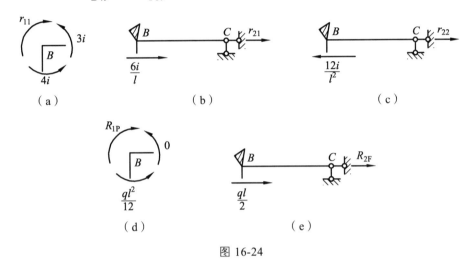

图 16-24

（5）绘弯矩图。由 $M = \overline{M}_1 Z_1 + \overline{M}_2 Z_2 + M_P$ 叠加绘出最后的弯矩图。

## 16.8　力矩分配法

### 16.8.1　力矩分配法的基本概念

采用力法和位移法计算超静定刚架或多跨梁时，都要组成和计算典型方程，当未知量比较多时，求解任务非常繁重。为了寻求更为简捷的方法去计算这些超静定结构，人们又陆续提出各种渐近法，如力矩分配法、迭代法等。此处着重讲述力矩分配法。力矩分配法的理论基础是位移法，解题时采用渐近解法——力矩分配法。该方法适用于无结点线位移的刚架和连续梁。

下面先解释力矩分配法中使用的几个名词。杆端弯矩的正负号规定与位移法相同。

1. 转动刚度

转动刚度表示杆端对转动的抵抗能力。杆端的转动刚度以 $S$ 表示，它在数值上等于使杆端产生单位转角时需要施加的力矩。图 16-25 给出了等截面杆件在 $A$ 端的转动刚度 $S_{AB}$ 的数值。关于 $S_{AB}$ 应当注意以下几点：

（1）在 $S_{AB}$ 中，$A$ 点是施力端，$B$ 点称为远端。当远端为不同支承情况时，$S_{AB}$ 数值也不同。

（2）$S_{AB}$ 是指施力端 $A$ 在没有线位移的条件下的转动刚度。在图 16-25 中，$A$ 端变成固定铰支座，其目的是强调 $A$ 端只能转动不能移动这个特点。

如果把 $A$ 端改为滚轴支座，则 $S_{AB}$ 的数值不变。也可以把 $A$ 端看作可转动（但不能移动）的刚接点。这时 $S_{AB}$ 就代表当刚接点产生单位转角时在杆端 $A$ 引起的杆端弯矩。

（3）图 16-25 所示的转动刚度可由位移法中的杆端弯矩公式导出。汇总如表 16-1 所示。

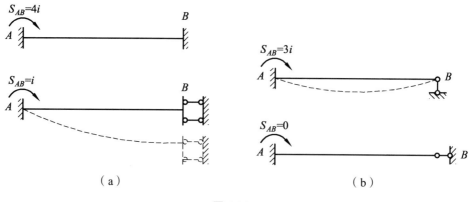

图 16-25

### 2. 分配系数

如图 16-26 所示，分配系数 $\mu_{1j}$ 表示 $1j$ 杆 1 端承担结点外力偶的比率，它等于该杆 1 端的转动刚度 $S_{1j}$ 与交于结点 1 的各杆转动刚度之和的比值，即：

$$\mu_{1j} = \frac{S_{1j}}{\sum S}, \quad \sum \mu = 1$$

其中，$j = 1, 2, 3$，如 $\mu_{12}$ 称为杆 12 在 1 端的分配系数。杆 12 在结点 1 的分配系数 $\mu_{12}$ 等于杆 12 的转动刚度与交于 1 点的各杆的转动刚度之和的比值。

同一结点各杆分配系数之间存在下列关系：

$$\sum \mu_{1j} = \mu_{12} + \mu_{13} + \mu_{14} = 1$$

对于外荷载 $M$，按各杆的分配系数分配于各杆的 1 端。

### 3. 传递系数

传递系数指杆端转动时产生的远端弯矩与近端弯矩的比值，即 $C = \dfrac{M_{远}}{M_{近}}$，如图 16-26 所示，由位移法可得到杆端

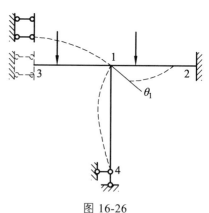

图 16-26

2 弯矩的具体数值 $M_{12} = 4i_{12}\theta_1$，$M_{21} = 2i_{12}\theta_1$，$C_{12} = \dfrac{M_{21}}{M_{12}} = \dfrac{1}{2}$。

对于等截面杆件来说，传递系数由远端的支承情况来确定。现将上述系数用表 16-1 来归纳。

表 16-1　等截面直杆的转动刚度和传递系数

| 序号 | 杆远端支承形式 | 转动刚度 $S$ | 传递系数 $C$ |
|------|----------------|--------------|--------------|
| 1 | 固定 | $4i$ | 0.5 |
| 2 | 铰支 | $3i$ | 0 |
| 3 | 滑动 | $i$ | $-1$ |
| 4 | 自由或轴向支杆 | 0 | |

### 16.8.2　力矩分配法的计算实例

力矩分配法求解连续梁或无结点位移刚架的基本计算步骤为：

（1）引用刚臂将结点固定，不使其产生转动变形。

（2）计算各结点的分配系数。

（3）计算各杆端的固端弯矩。

（4）松开刚臂，使结点在不平衡力矩作用下发生转角。

（5）计算分配弯矩及传递弯矩。

（6）将同一杆端的固端弯矩、分配弯矩和传递弯矩叠加后得到最终弯矩。

（7）根据最终弯矩绘出弯矩图。

**例 16-5**　如图 16-27 所示的连续梁，试用力矩分配法绘制该梁的弯矩图。

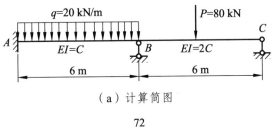

（a）计算简图

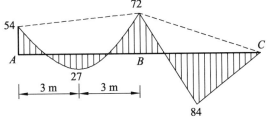

（b）弯矩图（单位：kN·m）

图 16-27

**解**　（1）先在 $B$ 结点加刚臂，约束 $B$ 点的转动，计算由荷载产生的固端弯矩，得：

$$M_{AB} = -\frac{ql^2}{12} = -\frac{20 \times 6^2}{12} = -60 \text{ kN·m}$$

$$M_{BA} = +\frac{ql^2}{12} = +60 \text{ kN·m}$$

$$M_{BC} = -\frac{3Pl}{16} = -\frac{3 \times 80 \times 6}{16} = -90 \text{ kN} \cdot \text{m}$$

结点 $B$ 处各固端弯矩之和为：

$$M_B = 60 - 90 = -30 \text{ kN} \cdot \text{m}$$

这就是 $B$ 结点的不平衡力矩，不平衡力矩等于各杆近端固端弯矩的代数和。

（2）计算分配系数。转动刚度计算时常采用相对转动刚度，进而求出相对线刚度。本例中假设 $i_{BA} = \frac{S}{L} = 1$，则

$$i_{BC} = 2，S_{BA} = 4i_{BA} = 4，S_{BC} = 4i_{BC} = 6$$

$$\mu_{BA} = \frac{4}{4+6} = 0.4，\mu_{BC} = \frac{6}{4+6} = 0.6$$

（3）放松各结点。结点 $B$ 在不平衡力矩作用下产生转角 $\theta_B$，同时使各杆近端产生分配弯矩，并传至远端，得远端的传递弯矩。

$$M_{BA} = -0.4 \times (-30) = +12 \text{ kN} \cdot \text{m}$$

$$M_{BC} = -0.6 \times (-30) = +18 \text{ kN} \cdot \text{m}$$

$$M_{AB} = \frac{1}{2}M_{BA} = +6 \text{ kN} \cdot \text{m}$$

$$M_{CB} = 0$$

（4）绘制弯矩图。将以上各杆端分配弯矩、传递弯矩和固端弯矩叠加，即得梁的最终弯矩，如图 16-27（b）所示，其中 $AB$、$BC$ 跨中弯矩值由区段叠加法求出。力矩分配法计算过程可列表进行表达，见表 16-2。

表 16-2　单结点连续梁分配、传递

| 计算步骤 | $A$ | $B$ | | $C$ |
|---|---|---|---|---|
| 分配系数 | | 0.4 | 0.6 | |
| 固端弯矩 | −60 | +60 | −90 | 0 |
| 结点 $B$ 弯矩分配传递 | +6 | +12 | +18 | 0 |
| 最终弯矩 | −54 | +72 | −72 | 0 |

**例 16-6**　试用力矩分配法计算两层单跨刚架[图 16-28（a）]，并绘制弯矩图。

**解**　利用对称性，取图 16-28（b）所示半刚架进行计算。

（1）计算力矩分配系数。

$$S_{EG} = i_{EG} = \frac{2EI}{3}，S_{EC} = 4i_{EC} = \frac{4EI}{4} = EI$$

$$S_{CE} = 4i_{CE} = \frac{4EI}{4} = EI，S_{CH} = i_{CH} = \frac{2EI}{3}$$

$$S_{CA} = 4i_{CA} = \frac{4EI}{4} = EI$$

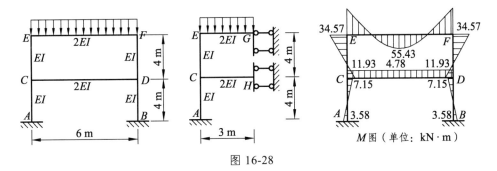

图 16-28

$$\mu_{EG} = \frac{\frac{2}{3}EI}{\frac{2}{3}EI + EI} = 0.4, \quad \mu_{EC} = \frac{EI}{\frac{2}{3}EI + EI} = 0.6$$

$$\mu_{CE} = \frac{EI}{EI + \frac{2}{3}EI + EI} = 0.375, \quad \mu_{CH} = \frac{\frac{2}{3}EI}{EI + \frac{2}{3}EI + EI} = 0.25$$

$$\mu_{CA} = \frac{EI}{EI + \frac{2}{3}EI + EI} = 0.375$$

（2）计算固端弯矩。

$$M_{EG}^{\mathrm{F}} = -\frac{1}{3}ql^2 = -\frac{1}{3} \times 20\ \mathrm{kN/m} \times (3\mathrm{m})^2 = -60\ \mathrm{kN \cdot m}$$

$$M_{GE}^{\mathrm{F}} = -\frac{1}{6}ql^2 = -\frac{1}{6} \times 20\ \mathrm{kN/m} \times (3\mathrm{m})^2 = -30\ \mathrm{kN \cdot m}$$

（3）力矩分配和传递过程见表 16-3。

（4）由杆端最后弯矩及对称性绘出 M 图，如图 16-28（c）所示。

表 16-3　例 16-6 计算表

| 结点 | G | E | | C | | | A | H |
|---|---|---|---|---|---|---|---|---|
| 杆端 | GE | EG | EC | CE | CH | CA | AC | HC |
| 力矩分配系数 | | 0.4 | 0.6 | 0.375 | 0.25 | 0.375 | | |
| 固端弯矩 | −30 | −60 | | | | | | |
| 力矩分配与 力矩传递 | −24 | 24 | 36 | 18 | | | | |
| | | | −3.38 | −6.75 | −4.5 | −6.75 | −3.38 | 4.5 |
| | −1.35 | 1.35 | 2.03 | 1.02 | | | | |
| | | | −0.9 | −0.38 | −0.26 | −0.38 | −0.19 | 0.26 |
| | −0.08 | 0.08 | 0.11 | 0.06 | | | | |
| | | | | 0.02 | −0.22 | −0.22 | −0.01 | 0.02 |
| 最后弯矩 | −55.43 | −34.57 | 34.57 | 11.93 | −4.78 | −7.15 | −3.58 | 4.78 |

# 思 考 题

16-1 如何确定超静定次数？确定超静定次数时应注意什么？能否将图示结构中支座 $A$ 处的竖向支座链杆作为多余约束去掉？

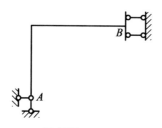

思考题 16-1 图

16-2 用力法求解超静定结构的思路是什么？何谓力法的基本结构和基本未知量？

16-3 试从物理意义上说明，为什么主系数必为正值，而副系数可为正值、为负值或为零？

16-4 为什么在荷载作用下超静定结构的内力只与各杆刚度 $EI（EA）$ 的相对值有关，而与其绝对值无关？

16-5 位移法的基本思路是什么？为什么可以说位移法是建立在力法基础之上的？

16-6 在什么条件下，独立的结点线位移数目等于使相应铰接体系成为几何不变体系时所需添加的最少链杆数？

16-7 对照建立位移法基本方程的两种不同途径，说明其相互间的内在联系与不同之点。

16-8 力法与位移法在原理与步骤上有何异同？试将二者从基本未知量、基本结构、基本体系、典型方程、系数和自由项的含义及求法等方面做全面比较。

16-9 在力矩分配法的计算过程中，若仅是传递弯矩有误，杆端最后弯矩能否满足结点的力矩平衡条件？为什么？

# 习 题

16-1 用力法求解如图所示中各超静定梁的内力，作弯矩图和力图。

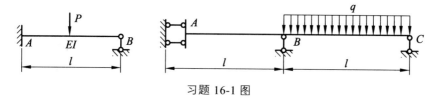

习题 16-1 图

16-2 计算如图所示对称结构的内力，并作 $M$ 图。

16-3 如图所示为等截面两端固定梁，已知固定端 $A$ 顺时针转动一角度 $\varphi_A$，计算其支座反力并作 $M$ 图。

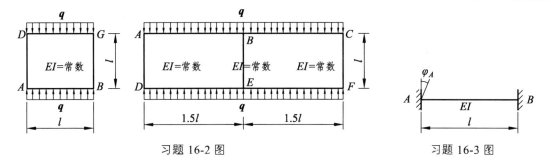

习题 16-2 图　　　　　习题 16-3 图

16-4　用位移法求解如图所示刚架，作出弯矩图。$EI$＝常数。

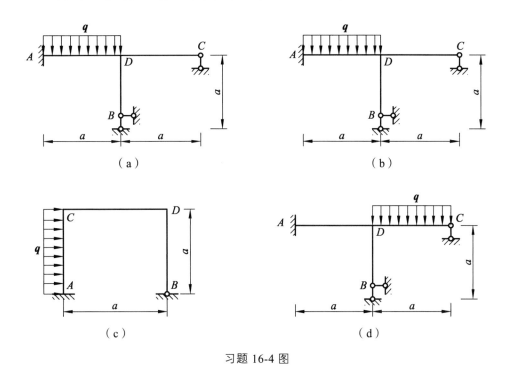

（a）　　　　　　　　（b）

（c）　　　　　　　　（d）

习题 16-4 图

16-5　利用对称性，用位移法求解如图所示刚架，并作出弯矩图。

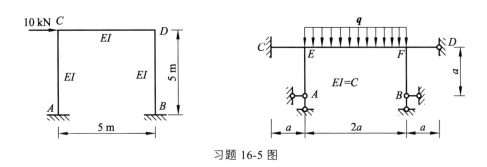

习题 16-5 图

16-6　试用位移法计算图示等截面连续梁，梁的抗弯刚度 $EI = 17\,500\,\text{kN} \cdot \text{m}^2$，支座 $B$ 下沉 3 cm，支座 $C$ 下沉 2 cm，绘出梁的弯矩图。

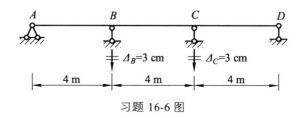

习题 16-6 图

16-7 试用力矩分配法计算图示连续梁，绘出弯矩图和剪力图，并求支座 $B$ 的约束力。

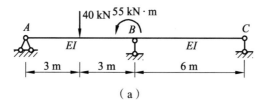

（a）

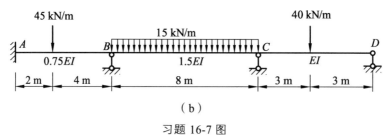

（b）

习题 16-7 图

16-8 试用力矩分配法计算图示刚架，并绘出弯矩图。

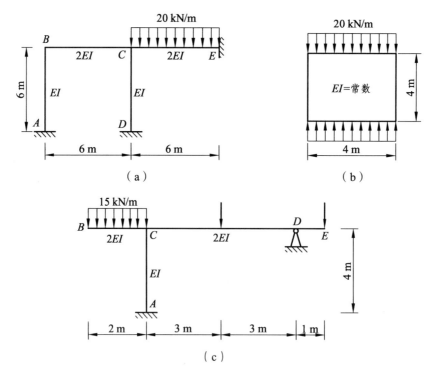

（a）                    （b）

（c）

习题 16-8 图

# 附　录

## 附录 I　截面的几何性质

### I.1　截面的静矩和形心

构件在外力作用下产生的应力和变形，都与截面的形状和尺寸有关，例如在杆的拉（压）计算中遇到的截面面积 $A$，在圆轴扭转计算中遇到的极惯性矩 $I_p$，以及在梁的弯曲计算中遇到的截面静矩、惯性矩和惯性积等这些反映截面形状和尺寸的物理量统称为截面的几何性质。下面分别介绍它们的概念及计算。

#### I.1.1　静　矩

图 I-1 所示的任意平面图形，其截面面积为 $A$，在平面图形内选取任意直角坐标系 $xOy$，在图形内任取一微元面积 $dA$，则 $ydA$ 及 $xdA$ 分别定义为该微元面积对 $x$ 轴和 $y$ 轴的静矩或一次矩。如果用 $S_x$ 和 $S_y$ 分别代表截面对 $x$ 轴 $y$ 轴的静矩，则有：

$$S_x = \int_A y\,dA \ , \quad S_y = \int_A x\,dA \tag{I-1}$$

截面图形的静矩是对某一坐标轴定义的，故静矩与坐标轴有关。同一截面对不同轴的静矩不同。静矩可以是正、负或零，常用单位为 $m^3$ 或 $mm^3$。

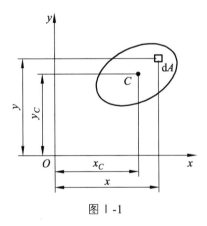

图 I-1

#### I.1.2　形　心

从理论力学已知，在如图 I-1 所示的坐标系中，均值等厚薄板的重心和平面图形的形心重合，其重心坐标为：

$$x_C = \frac{\int_A x \mathrm{d}A}{A} , \quad y_C = \frac{\int_A y \mathrm{d}A}{A} \qquad\qquad (\text{I}\text{-}2)$$

这也是确定平面图形形心坐标的公式。

将式（I-1）代入式（I-2）中得：

$$x_C = \frac{S_y}{A}, \quad y_C = \frac{S_x}{A} \qquad\qquad (\text{I}\text{-}3a)$$

式（I-3a）也可写成：

$$S_y = A x_C, \quad S_x = A y_C \qquad\qquad (\text{I}\text{-}3b)$$

由式（I-3b）可知，平面图形对 $x$ 轴和 $y$ 轴的静矩，分别等于图形的面积 $A$ 乘以形心的坐标 $y_C$ 或 $x_C$。另外，由于面积 $A \neq 0$，如静矩 $S_x = 0$，则 $y_C = 0$，$S_y = 0$，则 $x_C = 0$，即坐标轴 $x$、$y$ 通过平面图形的形心。所以，若截面对某一轴的静矩等于零，则该轴必通过截面形心。反之，截面对通过其形心轴的静矩恒等于零。

当截面由若干个简单图形，如三角形、矩形、圆形等组成时，称为组合图形。由于简单图形的面积即形心均为已知，而且，从静矩的定义可知，组合图形对某一轴的静矩，等于图形各组成部分对同一轴静矩的代数和。即整个截面的静矩为：

$$S_y = \sum_{i=1}^{n} A_i x_i , \quad S_x = \sum_{i=1}^{n} A_i y_i \qquad\qquad (\text{I}\text{-}4)$$

式中：$A_i$ 和 $y_i$、$x_i$ 分别代表任意简单图形的面积及其形心的坐标；$n$ 为组成此图形的简单图形的个数。

将式（I-4）代入式（I-3a），可得出计算组合截面形心坐标的计算公式为：

$$x_C = \frac{\sum_{1}^{n} x_i A_i}{A}, \quad y_C = \frac{\sum_{1}^{n} y_i A_i}{A} \qquad\qquad (\text{I}\text{-}5)$$

其中 $A$ 为组合截面面积，$A = \sum_{1}^{n} A_i$。

**例 I-1**　计算如图 I-2 所示三角形截面对 $x$ 轴的静矩。

**解**　如图建立直角坐标系，取平行于 $x$ 轴的狭长条作为微面积，因其上各点到 $x$ 轴的距离 $y$ 相等。即 $\mathrm{d}A = b(y)\mathrm{d}y$，由相似三角形关系知 $b(y) = \frac{b}{h}(h-y)$，所以：

$$S_x = \int_A y \mathrm{d}A = \int_0^h \frac{b}{h}(h-y)y\mathrm{d}y = b\int_0^h y\mathrm{d}y - \frac{b}{h}\int_0^h y^2 \mathrm{d}y = \frac{bh^2}{6}$$

**例 I-2**　计算如图 I-3 所示 T 形截面图形形心 $C$ 的坐标位置。

**解**　将截面分为 I，II 两个矩形，建立如图所示的坐标系。由于 $y$ 轴为对称轴，因此截面形心必在 $y$ 轴上，因此 $x_C = 0$。故有：

矩形 I：$A_i = 600\ \text{mm} \times 120\ \text{mm} = 72\,000\ \text{mm}^2$

$$y_{\text{I}} = \left(\frac{120}{2} + 400\right) \text{mm} = 460 \text{ mm}$$

矩形 II：　$A_{\text{II}} = 400 \text{ mm} \times 200 \text{ mm} = 80\ 000 \text{ mm}^2$

$$y_{\text{II}} = \frac{400}{2} \text{ mm} = 200 \text{ mm}^2$$

将其代入式（I-5），得截面形心 $C$ 的坐标为：

$$y_C = \frac{\sum\limits_{1}^{n} y_i A_i}{\sum\limits_{1}^{n} A_i} = \frac{y_{\text{I}} A_{\text{I}} + y_{\text{II}} A_{\text{II}}}{A_{\text{I}} + A_{\text{II}}} = 323 \text{ mm}$$

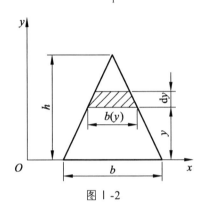

图 I-2

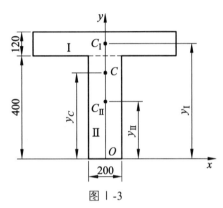

图 I-3

## I.2　惯性矩、惯性积和极惯性矩

### I.2.1　惯性矩

在任意截面图形（图 I-4）中，取微元面积 $\mathrm{d}A$，$\mathrm{d}A$ 对 $y$ 或 $x$ 轴的二次矩 $y^2\mathrm{d}A$ 及 $x^2\mathrm{d}A$，分别定义为微元面积对 $x$ 轴和 $y$ 轴的惯性矩。而整个截面图形对 $x$ 轴和 $y$ 轴的惯性矩用下面两个积分表示：

$$\left.\begin{aligned} I_x &= \int_A y^2\mathrm{d}A \\ I_y &= \int_A x^2\mathrm{d}A \end{aligned}\right\} \tag{I-6}$$

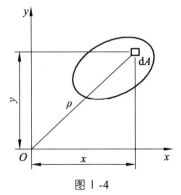

图 I-4

## I.2.2 极惯性矩

在任意截面图形（图 I-4）中，若以 $\rho$ 表示微元面积 $dA$ 到坐标原点 $O$ 的距离，则定义微元对坐标原点 $O$ 的极惯性矩为 $\rho^2 dA$，而整个截面对坐标原点的极惯性矩用下面的积分表示：

$$I_P = \int_A \rho^2 dA \qquad (\text{I}\text{-}7)$$

极惯性矩又称面积对点的二次矩。

由图 I-4 可知，$\rho^2 = x^2 + y^2$，所以

$$I_P = \int_A \rho^2 dA = \int_A (x^2 + y^2) dA = \int_A x^2 dA + \int_A y^2 dA = I_y + I_x$$

上式表明，截面对任意两个互相垂直轴的惯性矩之和等于截面对两轴交点的极惯性矩。

## I.2.3 惯性积

如图 I-4 所示，定义 $xy dA$ 为微元面积 $dA$ 对 $x$ 和 $y$ 两轴的惯性积，而整个截面图形对 $x$ 和 $y$ 轴的惯性积为：

$$I_{xy} = \int_A xy dA \qquad (\text{I}\text{-}8)$$

从上述定义可知，同一截面对于不同坐标轴的惯性矩或惯性矩积一般是不同的。惯性矩恒为正，而惯性积可能是正，可能是负，也可能是零。它们的单位均为长度的 4 次方。

如果 $x$、$y$ 两坐标轴中有一为截面的对称轴，则其惯性积 $I_{xy}$ 恒等于零。因在对称轴的两侧，处于对称位置的两微元面积 $dA$ 的惯性积 $xy dA$，大小相等而正负号相反，其和为零，所以，整个截面图形对 $x$ 和 $y$ 轴的惯性积为零。

在某些应用中，将用到惯性半径。将惯性矩除以面积 $A$，再开方，定义为惯性半径，用 $i$ 表示。所以对 $x$ 轴和 $y$ 轴的惯性半径分别为：

$$i_x = \sqrt{\frac{I_x}{A}} \;, \quad i_y = \sqrt{\frac{I_y}{A}} \qquad (\text{I}\text{-}9)$$

**例 I-3** 计算如图 I-5（a）所示矩形截面对 $x$ 和 $y$ 轴的惯性矩及惯性积。

**解** 取平行于 $x$ 轴的狭长条为微元面积 $dA$，$dA = b dy$，则：

$$I_x = \int_A y^2 dA = \int_{-h/2}^{h/2} y^2 b dy = \frac{bh^3}{12}$$

同理取平行于 $y$ 轴的狭长条为微元面积 $dA$，$dA = h dx$，则：

$$I_y = \int_A y^2 dA = \int_{-b/2}^{b/2} y^2 b dy = \frac{b^3 h}{12}$$

因为 $x$ 轴（或 $y$ 轴）为对称轴，所以惯性积为：

$$I_{xy} = 0$$

如图 I-5（b）所示，如改为高度为 $h$、宽度为 $b$ 的平行四边形，则其对形心 $x$ 轴的惯性矩不变，同样为 $I_x = \dfrac{bh^3}{12}$，请读者自行验算。

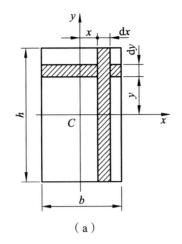 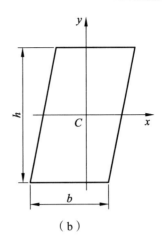

（a） （b）

图 I -5

**例 I -4** 计算如图 I -6 所示圆形截面对形心的惯性矩、惯性积和极惯性矩。

**解** 如图所示取微元面积 $\mathrm{d}A$，根据定义，由对称性，则有：

$$I_y = I_x = \frac{\pi d^4}{64}, \quad I_{xy} = 0$$

$$I_\mathrm{P} = I_x + I_y = \frac{\pi d^4}{32}$$

对于空心圆截面，外径为 $D$，内径为 $d$，则有：

$$I_x = I_y = \frac{\pi D^4}{64}(1-\alpha^4), \quad \alpha = \frac{d}{D}$$

$$I_\mathrm{P} = \frac{\pi D^4}{32}(1-\alpha^4)$$

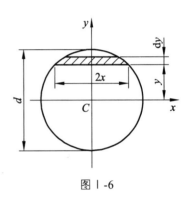

图 I -6

## I.3  惯性矩和惯性积的平行移轴公式  组合截面惯性矩、惯性积的计算

### I.3.1  惯性矩和惯性积的平行移轴公式

如图 I -7 所示，设截面图形的面积为 $A$，截面对任意的 $x$、$y$ 两轴的惯性矩和惯性积分别为 $I_x$、$I_y$ 和 $I_{xy}$。另外 $x_c$、$y_c$ 为通过截面图形形心的坐标轴，称为形心轴，并分别平行于 $x$、$y$ 轴。截面对形心轴的惯性矩和惯性积分别为 $I_{xc}$、$I_{yc}$ 和 $I_{xcyc}$。取微元面积 $\mathrm{d}A$，其在两坐标系下的坐标分别为 $x$、$y$ 和 $x_c$、$y_c$，它们之间的相互关系为：

$$x = x_c + b, \ y = y_c + a$$

式中：$a$、$b$ 是截面形心在 $xOy$ 坐标系中的坐标。

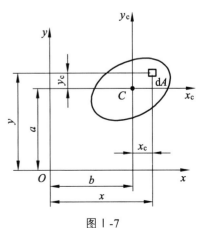

图 I -7

则截面对 $x$、$y$ 轴的惯性矩为：

$$I_x = \int_A y^2 \mathrm{d}A = \int_A (y_c + a)^2 \mathrm{d}A = \int_A y_c^2 \mathrm{d}A + 2a\int_A y_c \mathrm{d}A + a^2 \int_A \mathrm{d}A$$

$$I_y = \int_A x^2 \mathrm{d}A = \int_A (x_c + b)^2 \mathrm{d}A = \int_A x_c^2 \mathrm{d}A + 2a\int_A x_c \mathrm{d}A + b^2 \int_A \mathrm{d}A$$

其中：$\int_A y_c^2 \mathrm{d}A$ 和 $\int_A x_c^2 \mathrm{d}A$ 分别为截面对 $x_c$ 轴及 $y_c$ 轴的惯性矩 $I_{xc}$，$I_{yc}$，而 $\int_A y_c \mathrm{d}A$ 和 $\int_A x_c \mathrm{d}A$ 分别为截面对 $x_c$ 轴及 $y_c$ 轴的静矩，由于 $x_c$、$y_c$ 轴为一对形心轴，所以截面形心轴的静矩 $S_{xc} = S_{yc} = 0$；而 $\int_A \mathrm{d}A = A$，$\int_A y_c^2 \mathrm{d}A = I_{xc}$，$\int_A x_c^2 \mathrm{d}A = I_y$。因此上式可写为：

$$I_x = I_{xc} + a^2 A \tag{I-10a}$$

$$I_y = I_{yc} + b^2 A \tag{I-10b}$$

同理：
$$I_{xy} = I_{xcyc} + ab \cdot A \tag{I-10c}$$

公式（I-10）为惯性矩和惯性积的平行移轴公式。该式表明：截面对平行于形心轴的其他任意轴的惯性矩等于该截面对形心轴的惯性矩加上其面积乘以两轴之间距离的平方；而截面对任一对互相垂直轴的惯性积，则等于该截面对与其平行的一对形心轴的惯性积加上其面积乘以形心坐标之积。这就是惯性矩和惯性积的平行移轴定理。值得注意的是惯性矩与形心坐标（$a$，$b$）正负无关，而惯性积的计算要注意形心坐标（$a$，$b$）的符号。

### I.3.2  组合截面惯性矩、惯性积的计算

在工程中常常要遇到计算组合截面的惯性矩和惯性积。根据惯性矩和惯性积的定义可知，组合截面对某一坐标轴的惯性矩（或惯性积）等于各组成部分对同一坐标轴的惯性矩（或惯性积）之和。如截面由 $n$ 个部分组成，则组合截面对 $x$、$y$ 两轴的惯性矩和惯性积分别为：

$$I_x = \int_A y^2 \mathrm{d}A = \int_A y_1^2 \mathrm{d}A + \int_A y_2^2 \mathrm{d}A + \cdots = \sum_{i=1}^{n} I_{xi} \tag{I-11a}$$

$$I_y = \int_A x^2 \mathrm{d}A = \int_A x_1^2 \mathrm{d}A + \int_A x_2^2 \mathrm{d}A + \cdots = \sum_{i=1}^{n} I_{yi} \tag{I-11b}$$

$$I_{xy} = \int_A xy \mathrm{d}A = \int_A x_1 y_1 \mathrm{d}A + \int_A x_2 y_2 \mathrm{d}A + \cdots = \sum_{i=1}^{n} I_{xyi} \tag{I-11c}$$

式中：$I_{xi}$、$I_{yi}$ 和 $I_{xyi}$ 分别为组合截面中组成部分 $i$ 对 $x$、$y$ 两轴的惯性矩和惯性积。将公式（I-10）及（I-11）联合起来，可方便地求出组合截面的惯性矩和惯性积。

**例 I-5**  计算如图 I-8 所示矩形截面对边界的轴 $x$ 轴的惯性矩和截面对 $x$ 轴的惯性半径。

**解**  矩形截面对形心轴 $x_c$ 轴的惯性矩为：

$$I_{xc} = \frac{bh^3}{12}$$

根据惯性矩的平行移轴公式则有：

$$I_x = I_{xc} + \left(\frac{h}{2}\right)^2 b \cdot h = \frac{bh^3}{12} + \frac{h^3 \cdot b}{4} = \frac{1}{3}bh^3$$

矩形截面的惯性半径为：

$$i_x = \sqrt{\frac{I_x}{A}} = \sqrt{\frac{\frac{1}{3}bh^3}{b \cdot h}} = \frac{\sqrt{3}}{3} \cdot h = 0.577h$$

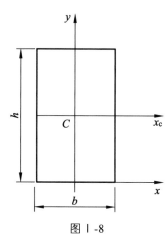

图 I-8

**例 I-6** 计算如图 I-9 所示截面对于对称轴 x 轴的惯性矩 $I_x$。

**解** 此截面可以看作由一个矩形和两个半圆形组成。设矩形对于 x 轴的惯性矩为 $I_{xⅠ}$，每一个半圆形对于 x 轴的惯性矩为 $I_{xⅡ}$，则由公式（I-11a）的可知，所给截面的惯性矩为：

$$I_x = I_{xⅠ} + 2I_{xⅡ} \tag{1}$$

矩形对于 x 轴的惯性矩为：

$$I_{xⅠ} = \frac{d(2a)^3}{12} = \frac{80 \times 200^3}{12} = 5.33 \times 10^7 \, \text{mm}^4 \tag{2}$$

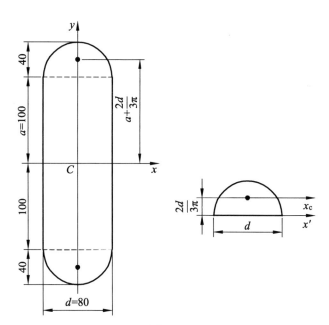

图 I-9

半圆形对于 x 轴的惯性矩可以利用平行移轴公式求得。为此，先求出每个半圆形对于与 x 轴平行的形心轴 $x_c$[图 I-9（b）]的惯性矩 $I_{xc}$。已知半圆形对于其底边的惯性矩为圆形对其直径轴 x′[图 I-9（b）]的惯性矩之半，即 $I_{x'} = \frac{\pi d^4}{128}$。而半圆形的面积为 $A = \frac{\pi d^2}{8}$，其形心到

底边的距离为 $\dfrac{2d}{3\pi}$[图Ⅰ-9（b）]。故由平行移轴公式（Ⅰ-10a），可以求出每个半圆形对其自身形心轴 $x_c$ 的惯性矩为：

$$I_{xc} = I_{x'} - \left(\frac{2d}{3\pi}\right)^2 A = \frac{\pi d^4}{128} - \left(\frac{2d}{3\pi}\right)^2 \frac{\pi d^2}{8} \tag{3}$$

由图Ⅰ-9（a）可知，半圆形形心到 $x$ 轴距离为 $a + \dfrac{2d}{3\pi}$，故再由平行移轴公式，求得每个半圆形对于 $x$ 轴的惯性矩为：

$$I_{x\text{Ⅱ}} = I_{xc} + \left(a + \frac{2d}{3\pi}\right)^2 A = \frac{\pi d^4}{128} - \left(\frac{2d}{3\pi}\right)^2 \frac{\pi d^2}{8} + \left(a + \frac{2d}{3\pi}\right)^2 \frac{\pi d^2}{8}$$

$$= \frac{\pi d^2}{4}\left(\frac{d^2}{32} + \frac{a^2}{2} + \frac{2ad}{3a\pi}\right)$$

将 $d = 80$ mm、$a = 100$ mm[图Ⅰ-9（a）]代入式（4），即得：

$$I_{x\text{Ⅱ}} = \frac{\pi \times (80)^2}{4} \times \left(\frac{80^2}{32} + \frac{100^2}{2} + \frac{2 \times 100 \times 80}{3\pi}\right) = 3.47 \times 10^7 \text{ mm}^4$$

将求得的 $I_{x\text{Ⅰ}}$ 和 $I_{x\text{Ⅱ}}$ 代入式（1），便得：

$$I_x = 5.33 \times 10^7 + 2 \times 3.47 \times 10^7 = 1.227 \times 10^7 \text{ mm}^4$$

## Ⅰ.4　惯性矩和惯性积的转轴公式　截面的主惯性轴和主惯性矩

### Ⅰ.4.1　惯性矩和惯性积的转轴公式

如图Ⅰ-10 所示，设截面图形面积为 $A$，$x$、$y$ 为过任一点 $O$ 的一对正交轴，截面对 $x$、$y$ 轴惯性矩 $I_x$、$I_y$ 和惯性积 $I_{xy}$ 已知。现将 $x$、$y$ 轴绕 $O$ 点旋转 $\alpha$ 角（$\alpha$ 角以逆时针方向为正）得到另一对正交轴 $x_1$、$y_1$ 轴，该截面对 $x_1$、$y_1$ 轴的惯性矩和惯性积分别为 $I_{x1}$、$I_{y1}$ 和 $I_{x1y1}$。

由图Ⅰ-10 的几何关系知道，微元面积 $\mathrm{d}A$ 在两个坐标系中的坐标（$x_1$，$y_1$）和（$x$，$y$）之间的关系为：

$$x_1 = x\cos\alpha + y\sin\alpha$$
$$y_1 = y\cos\alpha - x\sin\alpha$$

已知截面图形对 $x$ 轴和 $y$ 轴的惯性矩和惯性积为：

$$I_x = \int_A y^2 \mathrm{d}A, \; I_y = \int_A y^2 \mathrm{d}A, \; I_{xy} = \int_A xy\,\mathrm{d}A$$

下面求对 $x_1$ 和 $y_1$ 轴的惯性矩。截面图形对 $x_1$ 轴的惯性矩为：

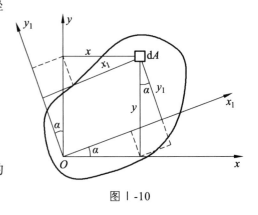

图Ⅰ-10

$$I_{x1} = \int_A y_1^2 \mathrm{d}A = \int_A (y\cos\alpha - x\sin\alpha)^2 \mathrm{d}A$$
$$= \int_A y^2 \cos^2\alpha \mathrm{d}A + \int_A x^2 \sin^2\alpha \mathrm{d}A - 2\int_A xy\cos\alpha\sin\alpha \mathrm{d}A$$
$$= \cos^2\alpha \int_A y^2 \mathrm{d}A + \sin^2\alpha \int_A x^2 \mathrm{d}A - 2\sin\alpha\cos\alpha \int_A xy\mathrm{d}A \qquad （a）$$
$$= \cos^2\alpha I_x + \sin^2\alpha I_y - 2\sin\alpha\cos\alpha I_{xy}$$

同理可得：

$$I_{y1} = \int_A y_1^2 \mathrm{d}A = \cos^2\alpha I_y + \sin^2\alpha I_x + 2\sin\alpha\cos\alpha I_{xy} \qquad （b）$$

$$I_{x1y1} = \int_A x_1 y_1 \mathrm{d}A = \cos^2\alpha I_{xy} - \sin^2\alpha I_{xy} + \sin\alpha\cos\alpha I_x - \sin\alpha\cos\alpha I_y \qquad （c）$$

因为：

$$\cos^2\alpha = \frac{1}{2}(1 + \cos 2\alpha)$$

$$\sin^2\alpha = \frac{1}{2}(1 - \cos 2\alpha)$$

$$2\sin\alpha\cos\alpha = \sin 2\alpha$$

所以得：

$$I_{x1} = \frac{I_x + I_y}{2} + \frac{I_x - I_y}{2}\cos 2\alpha - I_{xy}\sin 2\alpha \qquad （\text{Ⅰ-12a}）$$

$$I_{y1} = \frac{I_x + I_y}{2} - \frac{I_x - I_y}{2}\cos 2\alpha + I_{xy}\sin 2\alpha \qquad （\text{Ⅰ-12b}）$$

$$I_{x1y1} = \frac{I_x - I_y}{2}\sin 2\alpha + I_{xy}\cos 2\alpha \qquad （\text{Ⅰ-12c}）$$

以上三式就是惯性矩和惯性积的转轴公式。从公式可以知道 $I_{x1}$、$I_{y1}$ 和 $I_{x1y1}$ 随 $\alpha$ 角改变而改变，它们都是 $\alpha$ 的函数。

将式（Ⅰ-12a）和式（Ⅰ-12b）中的 $I_{x1}$ 和 $I_{y1}$ 相加，可得

$$I_{x1} + I_{y1} = I_x + I_y$$

上式表明：截面对同一原点的不同的一组互相垂直的坐标轴的惯性矩之和是一常数，并等于截面对该截面坐标原点的极惯性矩。

### Ⅰ.4.2　截面的主惯性轴和主惯性矩

由式（Ⅰ-12c）可以发现：当 $\alpha = 0°$，即两坐标轴互相重合时，有 $I_{x1y1} = I_{xy}$；当 $\alpha = 90°$ 时，有 $I_{x1y1} = -I_{xy}$。因此必定有这样的一对坐标轴，使截面对它的惯性积为零。通常把这样的一对坐标轴称为截面的主惯性轴，简称主轴。截面对主轴的惯性矩叫作主惯性矩。当一对主惯性轴的交点与截面形心重合时，就叫作形心主惯性轴。截面对形心主惯性轴的惯性矩，就叫作形心主惯性矩。

假设将 $x$、$y$ 轴绕 $O$ 点旋转 $\alpha_0$ 角得到主轴 $x_0$、$y_0$，由主轴的定义：

$$I_{x0y0} = \frac{I_x - I_y}{2}\sin 2\alpha_0 + I_{xy}\cos 2\alpha_0 = 0$$

从而得：

$$\tan 2\alpha_0 = \frac{-2I_{xy}}{I_x - I_y} \tag{Ⅰ-13}$$

式（Ⅰ-13）就是确定主惯性轴位置的公式，式中负号放在分子上，为的是和下面两式相符。这样确定的 $\alpha_0$ 角就使得 $I_{x0}$ 等于 $I_{max}$。

将所得 $\alpha_0$ 值代入式（Ⅰ-12a）和（Ⅰ-12b），即得截面的主惯性矩。为计算方便，直接导出主惯性矩的计算公式。为此，利用式（Ⅰ-13），并将 $\cos 2\alpha_0$ 和 $\sin 2\alpha_0$ 写成：

$$\cos 2\alpha_0 = \frac{1}{\sqrt{1 + \tan^2 2\alpha_0}} = \frac{I_x - I_y}{\sqrt{(I_x - I_y)^2 + 4I_{xy}^2}} \tag{d}$$

$$\sin 2\alpha_0 = \frac{\tan 2\alpha_0}{\sqrt{1 + \tan^2 2\alpha_0}} = \frac{-2I_{xy}}{\sqrt{(I_x - I_y)^2 + 4I_{xy}^2}} \tag{e}$$

将此二式代入式（Ⅰ-12a）、（Ⅰ-12b）便可得到截面对主轴 $x_0$、$y_0$ 的主惯性矩 $I_{x0}$、$I_{y0}$ 的计算公式

$$I_{x0} = \frac{I_x + I_y}{2} + \frac{1}{2}\sqrt{(I_x - I_y)^2 + 4I_{xy}^2} \tag{Ⅰ-14a}$$

$$I_{y0} = \frac{I_x + I_y}{2} - \frac{1}{2}\sqrt{(I_x - I_y)^2 + 4I_{xy}^2} \tag{Ⅰ-14b}$$

另外，由式（Ⅰ-12a）和（Ⅰ-12b）知道，$I_{x1}$、$I_{y1}$ 和 $I_{x1y1}$ 随 $\alpha$ 角改变而改变，它们都是 $\alpha$ 的函数。而 $\alpha$ 角可在 0°到 360°的范围内变化，因此，$I_{x1}$、$I_{y1}$ 必然有极值。由于通过同一点的任意一对坐标轴的惯性矩之和等于一常数，因此其极大值和极小值由下式求得：

$$\frac{\mathrm{d}I_{x1}}{\mathrm{d}\alpha} = 0, \ \frac{\mathrm{d}I_{y1}}{\mathrm{d}\alpha} = 0$$

由上式解得的使惯性矩取得极值的坐标轴的位置的表达式，与式（Ⅰ-13）完全相同。因此，截面对于通过任一点的主惯性轴的主惯性矩之值，也就是通过该点所有轴的惯性矩中的极大值和极小值。从式（Ⅰ-14）可见，$I_{x0}$ 就是 $I_{max}$，而 $I_{y0}$ 则为 $I_{min}$。

在确定形心主惯性轴的位置并计算形心主惯性矩时，同样可以应用式（Ⅰ-13）和式（Ⅰ-14），但式中 $I_x$、$I_y$ 和 $I_{xy}$，应为截面对通过形心的某一对轴的惯性矩和惯性积。

在通过截面形心的一对坐标轴中，如有一个为对称轴（例如 T 形截面），则该对称轴就是形心主惯性轴，因为截面对于包括对称轴在内的一对坐标轴的惯性积为零。

在计算组合截面的形心主惯性矩和惯性积时，首先应确定其形心位置，然后通过形心选

择一对便于计算惯性矩和惯性积的坐标轴,算出组合截面对于这一坐标轴的惯性矩和惯性积。将上述结果代入式（Ⅰ-13）和（Ⅰ-14），就可确定表示形心主惯性轴位置的角度 $\alpha_0$ 和形心主惯性矩的数值。

如组合截面具有对称轴，则包括此轴在内的一对互相垂直的形心轴就是形心主惯性轴。此时，只需利用移轴公式（Ⅰ-10）和（Ⅰ-11），就能求得截面的形心主惯性矩。

**例Ⅰ-7**　如图Ⅰ-11所示，截面形心 $C$ 的位置位于截面上边缘以下 20 mm 和左边缘以右 40 mm 处（读者可自行验算），其他尺寸见图。试计算截面形心主惯性矩。

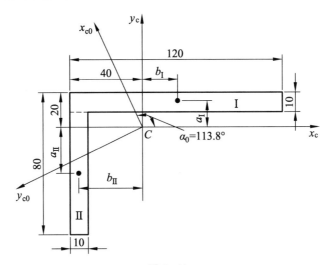

图Ⅰ-11

**解**　过截面形心 $C$ 建立一对形心轴（ $x_c$ ， $y_c$ ），如图所示，将截面分为Ⅰ，Ⅱ两个矩形。由图可知，两矩形形心的坐标分别为：

$$a_{Ⅱ} = 20 - 5 = 15 \text{ mm}, \quad a_{Ⅱ} = -(45 - 20) = -25 \text{ mm}$$

$$b_{Ⅰ} = 60 - 40 = 20 \text{ mm}, \quad b_{Ⅱ} = -(40 - 50) = -35 \text{ mm}$$

然后按平行移轴公式（Ⅰ-10）和（Ⅰ-11），列表计算截面图形对形心轴的惯性矩和惯性积（参看图Ⅰ-11），如表Ⅰ-1所示。

表Ⅰ-1　截面图形对形心轴的惯性矩和惯性积

| 项目 | | $A_i/\text{mm}^2$ | $a_i/\text{mm}$ | $b_i/\text{mm}$ | $a_i^2 A_i /$ ( $10^4 \text{ mm}^2$ ) | $b_i^2 A_i /$ ( $10^4 \text{ mm}^2$ ) | $I'_{xci} /$ ( $10^4 \text{ mm}^2$ ) |
|---|---|---|---|---|---|---|---|
| 列号 | | （1） | （2） | （3） | （4）=（2）$^2$ ×（1） | （5）=（3）$^2$ ×（1） | （6） |
| 分块号 $i$ | Ⅰ | 1 200 | 15 | 20 | 27 | 48 | 1 |
| | Ⅱ | 700 | −25 | −35 | 43.8 | 85.8 | 28.6 |
| | $\sum$ | — | — | — | 70.8 | 133.8 | 29.6 |

| 项目 | | $I'_{yci} /$ $(10^4\ mm^4)$ | $I'_{xci} /$ $(10^4\ mm^4)$ | $I_{yci} /$ $(10^4\ mm^4)$ | $a_i b_i A_i /$ $(10^4\ mm^4)$ | $I'_{xciyci} /$ $(10^4\ mm^4)$ | $I_{xciyci} /$ $(10^4\ mm^4)$ |
|---|---|---|---|---|---|---|---|
| 列号 | | （7） | （8）=（4） +（6） | （9）=（5） +（7） | （10）=（1） ×（2）× （3） | （11） | （12）= （10） +（11） |
| 分块号 $i$ | I | 144 | 28 | 192 | 36 | 0 | 36 |
| | II | 0.6 | 72.4 | 86.4 | 61.3 | 0 | 61.3 |
| | $\sum$ | 144.6 | 100.4 | 278.4 | 97.3 | 0 | 97.3 |

表中（8）（9）和（12）各列的总和分别为整个截面对形心轴（$x_c$，$y_c$）的惯性矩和惯性积，即：

$$I_{xc} = 100.4 \times 10^4 \ mm^4$$

$$I_{yc} = 278.4 \times 10^4 \ mm^4$$

$$I_{xcyc} = 97.3 \times 10^4 \ mm^4$$

将求得的以上三个数值代入式（I-13），得：

$$\tan 2\alpha_0 = \frac{-2I_{xcyc}}{I_{xc} - I_{yc}} = \frac{-2 \times (97.3 \times 10^4)}{100.4 \times 10^4 - 278.4 \times 10^4} = \frac{-194.6}{-178} = 1.093$$

由三角函数关系可知，$\tan 2\alpha_0 = \dfrac{\sin 2\alpha_0}{\cos 2\alpha_0}$，故代表 $\tan 2\alpha_0$ 的分数 $\dfrac{-194.6}{-178}$ 的分子和分母的正负号也分别反映了 $\sin 2\alpha_0$ 和 $\cos 2\alpha_0$ 的正负号。两者均为负值，故 $2\alpha_0$ 应在第三象限中。由此解得：

$$2\alpha_0 = 227.6°, \quad \alpha_0 = 113.8°$$

即形心主惯性轴 $x_{c0}$ 可从形心轴 $x_c$ 沿逆时针向（因 $\alpha_0$ 为正值）转 113.8° 得到，如图 I-11 所示。

将以上求得的 $I_{xc}$、$I_{yc}$ 和 $I_{xcyc}$ 代入式（I-14），即得形心主惯性矩为：

$$
\begin{aligned}
I_{xc0} = I_{max} &= \frac{I_{xc} + I_{yc}}{2} + \frac{1}{2}\sqrt{(I_{xc} - I_{yc})^2 + 4I_{xcyc}^2} \\
&= \frac{100.4 \times 10^4 + 278.4 \times 10^4}{2} + \frac{1}{2} \times \sqrt{(100.4 \times 10^4 - 278.4 \times 10^4)^2 + 4 \times (97.3 \times 10^4)^2} \\
&= (189.4 + 132.0) \times 10^4 \\
&= 321 \times 10^4\ mm^4
\end{aligned}
$$

$$
\begin{aligned}
I_{yc0} = I_{min} &= \frac{I_{xc} + I_{yc}}{2} - \frac{1}{2}\sqrt{(I_{xc} - I_{yc})^2 + 4I_{xcyc}^2} \\
&= (189.4 - 132.0) \times 10^4 = 57.4 \times 10^4\ mm^4
\end{aligned}
$$

# 思 考 题

Ⅰ-1　如何利用静矩确定截面的形心位置？静矩为零的条件是什么？

Ⅰ-2　静矩、惯性矩、惯性积、极惯性矩各有什么特点？

Ⅰ-3　平行移轴公式的应用条件是什么？

Ⅰ-4　如何确定主轴及主惯性矩？

Ⅰ-5　关于过哪些点有主轴，试判断下列说法中哪一种是正确的：

（1）过图形中任意点都有主轴。

（2）过图形内任意点和图形外某些特殊点才有主轴。

（3）过图形内外任意点都有主轴。

（4）只有通过形心才有主轴。

Ⅰ-6　如图所示圆形截面，$x$、$y$ 为形心主轴，试问 $A$—$A$ 线以上面积和以下面积对 $x$ 轴的面积矩有何关系？

Ⅰ-7　如图所示直径为 $D$ 的半圆，已知它对 $x$ 轴的惯性矩 $I_x = \dfrac{\pi D^4}{128}$，则对 $x_1$ 轴的惯性矩为：

$$I_{x1} = I_x + a^2 A = \frac{\pi D^4}{128} + \left(\frac{D}{2}\right)^2 \cdot \frac{\pi D^2}{8} = \frac{5\pi D^4}{128}$$

以上计算是否正确？为什么？

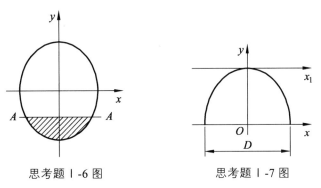

思考题Ⅰ-6 图　　　　　　　　思考题Ⅰ-7 图

Ⅰ-8　如图所示矩形截面，$x$、$y$ 轴为正交形心轴，若已知 $I_x$、$I_y$ 及 $I_{xy}$，试求截面对 $x_1$ 轴的惯性矩。

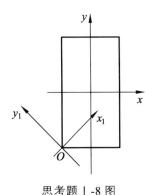

思考题Ⅰ-8 图

# 习 题

Ⅰ-1 试求下列组合图形的形心坐标。

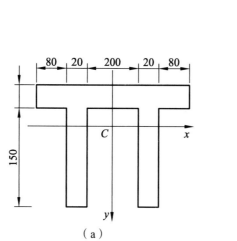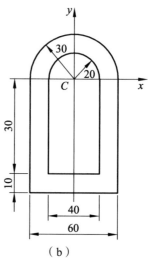

（a）　　　　　　　　　　　　（b）

习题Ⅰ-1 图

Ⅰ-2 试求图示各截面阴影部分的面积对 $x$ 轴的静矩。

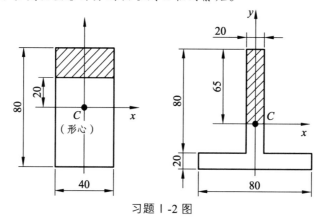

习题Ⅰ-2 图

Ⅰ-3 试计算如图所示图形对 $y$、$x$ 轴的惯性积 $I_{yx}$。

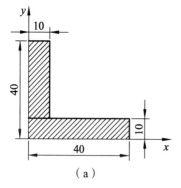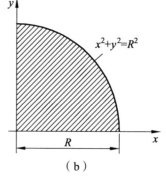

（a）　　　　　　　　　　　　（b）

习题Ⅰ-3 图

Ⅰ-4 如图所示，试求环形截面及箱形截面对 $x$ 轴的惯性矩。

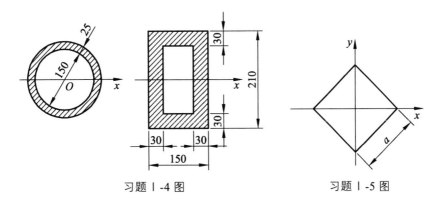

习题Ⅰ-4 图　　　　　　　习题Ⅰ-5 图

Ⅰ-5 如图所示，正方形的静矩 $S_x = S_y = 0$。问：$I_x$ 和 $I_y$ 是否等于零？试计算 $I_x$ 和 $I_y$。

Ⅰ-6 试比较如图所示各截面的形心惯性矩。

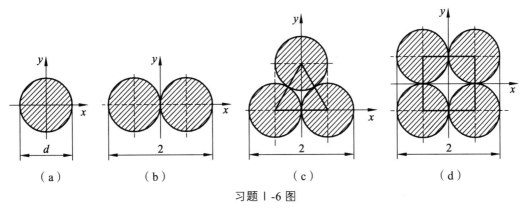

（a）　　　　　　（b）　　　　　　（c）　　　　　　（d）

习题Ⅰ-6 图

Ⅰ-7 带有键槽的圆轴的截面如图所示，当 $b = 10$ mm，$t = 5$ mm，$d = 60$ mm 时，求 $I_x$ 和 $I_y$。

Ⅰ-8 求如图所示组合截面图形对其形心轴的惯性矩 $I_{xc}$ 和 $I_{yc}$。

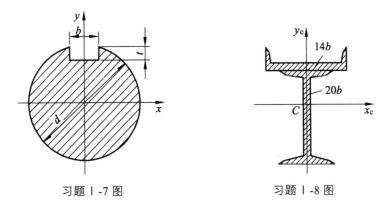

习题Ⅰ-7 图　　　　　　　习题Ⅰ-8 图

Ⅰ-9 由两个 20a 号槽钢截面所组成的图形如图所示，$C$ 为组合图形的形心，如欲使组合图形的惯性矩 $I_x = I_y$，问距离 $b$ 应为多少？

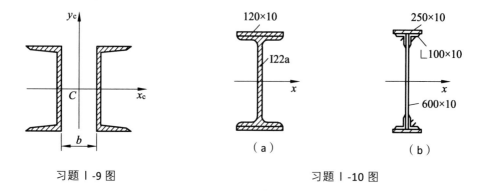

习题 Ⅰ-9 图          习题 Ⅰ-10 图

Ⅰ-10  试求如图所示组合截面对其对称轴 $x$ 的惯性矩。

Ⅰ-11  确定如图所示截面的形心主惯性轴位置，并求形心主惯性矩。

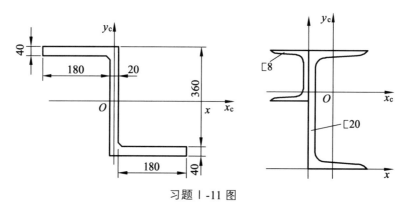

习题 Ⅰ-11 图

## 附录 II　常用截面的面积、形心、形心惯性矩

表 II　常用截面的面积、形心、形心惯性矩

| 截面图形 | 面积 | 形心位置 | 惯性矩 |
|---|---|---|---|
| | $bh$ | 对称轴的交点 | $I_x = \dfrac{bh^3}{12}$, $I_y = \dfrac{hb^3}{12}$ |
| | $\dfrac{bh}{2}$ | 距底边 $h/3$ 处 | $I_x = \dfrac{bh^3}{36}$, $I_y = \dfrac{hb^3}{36}$ |
| | $\dfrac{\pi d^2}{4}$ | 对称轴的交点 | $I_x = \dfrac{\pi d^4}{64}$, $I_y = \dfrac{\pi d^4}{64}$ |
| | $\dfrac{\pi D^2}{4}(1-\alpha^2)$ $\alpha = \dfrac{d}{D}$ | 对称轴的交点 | $I_x = \dfrac{\pi D^4}{64}(1-\alpha^4)$ $I_y = \dfrac{\pi D^4}{64}(1-\alpha^4)$ |
| | $\dfrac{1}{2}\pi R^2$ | 距圆心 $\dfrac{4R}{3\pi}$ 处 | $I_x = \dfrac{(9\pi^2 - 64)R^4}{72\pi}$ |

| 截面图形 | 面积 | 形心位置 | 惯性矩 |
|---|---|---|---|
| | $\dfrac{d^2\theta}{4}$ | 距圆心 $\dfrac{d\sin\theta}{3\theta}$ 处 | $I_x = \dfrac{d^4}{64}(\theta + \sin\theta\cos\theta) - \dfrac{16\sin^2\theta}{9\theta}$ <br> $I_y = \dfrac{d^4}{64}(\theta - \sin\theta\cos\theta)$ |
| | $\pi ab$ | 对称轴的交点 | $I_x = \dfrac{\pi}{4}ab^3,\ I_y = \dfrac{\pi}{4}a^3b$ |
| | $\dfrac{h}{2}(a+b)$ | 在上、下底边中线连线上 <br> $y_c = \dfrac{h(a+2b)}{3(a+b)}$ | $I_x = \dfrac{h^3(a^2 + 4ab + b^2)}{36(a+b)}$ |

## 附录Ⅲ　位移法等直线杆的形常数和载常数

表Ⅲ-1　位移法等截面直杆的形常数（$i = EI/l$）

| 编号 | | 简图 | 弯矩 | | 剪力 | |
|---|---|---|---|---|---|---|
| | | | $M_{AB}$ | $M_{BA}$ | $Q_{AB}$ | $Q_{BA}$ |
| 两端固定 | 1 | | $4i$ | $2i$ | $-6i/l$ | $-6i/l$ |
| | 2 | | $-6i/l$ | $-6i/l$ | $12i/l^2$ | $12i/l^2$ |
| 一端固定一端铰支 | 3 | | $3i$ | $0$ | $-3i/l$ | $-3i/l$ |
| | 4 | | $-3i/l$ | $0$ | $3i/l^2$ | $3i/l^2$ |
| 一端固定一端滑动 | 5 | | $i$ | $-i$ | $0$ | $0$ |

表 Ⅲ-2 位移法等截面直杆的载常数（ $i = EI/l$ ）

| 编号 | | 简图 | 弯矩 | | 剪力 | |
|---|---|---|---|---|---|---|
| | | | $M_{AB}$ | $M_{BA}$ | $Q_{AB}$ | $Q_{BA}$ |
| 两端固定 | 1 | | $-Pl/8$ | $+Pl/8$ | $+P/2$ | $-P/2$ |
| | 2 | | $-Pab^2/l^2$ | $+Pa^2b/l^2$ | $+Pb^2(1+2a/l)$ $/l^2$ | $-Pb^2(1+2b/l)$ $/l^2$ |
| 两端固定 | 3 | | $-ql^2/12$ | $+ql^2/12$ | $+ql/2$ | $-ql/2$ |
| | 4 | | $-ql^2/30$ | $+ql^2/20$ | $+3ql/20$ | $-7ql/20$ |
| 一端固定一端铰支 | 5 | | $-3Pl/16$ | $0$ | $+11P/16$ | $-5P/16$ |
| | 6 | | $-Pb(l^2-b^2)$ $/(2l^2)$ | $0$ | $+Pb(3l^2-b^2)$ $/(2l^3)$ | $-Pa^2(3l-a)$ $/(2l^3)$ |
| | 7 | | $-ql^2/8$ | $0$ | $+5ql/8$ | $-3ql/8$ |
| | 8 | | $-ql^2/15$ | $0$ | $+2ql/5$ | $-ql/10$ |
| | 9 | | $-7ql^2/120$ | $0$ | $+9ql/40$ | $-11ql/40$ |

| 编号 | | 简图 | 弯矩 | | 剪力 | |
|---|---|---|---|---|---|---|
| | | | $M_{AB}$ | $M_{BA}$ | $Q_{AB}$ | $Q_{BA}$ |
| 一端固定一端滑动 | 10 | | $-Pl/2$ | $-Pl/2$ | $+P$ | $B_{左}:+P$<br>$B_{右}:\ 0$ |
| | 11 | | $-Pa(2l-a)$<br>$/(2l)$ | $+Pa^2$<br>$/(2l)$ | $+P$ | $0$ |
| | 12 | | $-ql^2/3$ | $-ql^2/6$ | $+ql$ | $0$ |
| | 13 | | $-ql^2/8$ | $-ql^2/24$ | $+ql/2$ | $0$ |
| | 14 | | $-5ql^2/24$ | $-ql^2/8$ | $+ql/2$ | $0$ |

# 参考文献

[ 1 ] 龙驭球，包世华. 结构力学教程. 3 版. 北京：高等教育出版社，1988.

[ 2 ] 朱慈勉. 结构力学. 3 版. 北京：高等教育出版社，2004.

[ 3 ] 刘明辉. 建筑力学. 3 版. 北京：北京大学出版社，2017.

[ 4 ] 曾宪桃. 结构力学. 郑州：郑州大学出版社，2008.

[ 5 ] 孙训方，方孝淑，关来泰. 材料力学（Ⅰ）. 6 版. 北京：高等教育出版社，2019.

[ 6 ] 张来仪，王达诠. 材料力学. 结构力学. 武汉：武汉大学出版社，2013.

[ 7 ] 武昭辉，郭磊魁. 工程力学. 重庆：重庆大学出版社，2004.

[ 8 ] 沈养中. 建筑力学. 北京：科学出版社，2016.

[ 9 ] 孙俊，董羽蕙. 建筑力学. 重庆：重庆大学出版社，2016.

[10] 于学成，李福志. 建筑力学. 北京：中央广播电视大学出版社，2014.